Elemente der Mathematik

EdM

HESSEN G9

8. Schuljahr
Lösungen

Herausgegeben von
Heinz Griesel
Helmut Postel
Friedrich Suhr
Werner Ladenthin
Matthias Lösche

Schroedel
westermann

ELEMENTE DER MATHEMATIK 8
Hessen G9
Lösungen zum Schülerband Best.-Nr. 87364

Herausgegeben und bearbeitet von
Prof. Dr. Heinz Griesel, Prof. Helmut Postel, Friedrich Suhr, Werner Ladenthin, Matthias Lösche

Bearbeitet von
Lutz Breidert, Gabriele Dybowski, Christine Fiedler, Dr. Beate Goetz, Reinhard Kind,
Werner Ladenthin, Matthias Lösche, Kerstin Schäfer, Thomas Sperlich, Friedrich Suhr,
Prof. Dr. Hans-Georg Weigand, Ulrike Willms

Für Niedersachsen bearbeitet von
Julia Berlin-Bonn, Prof. Dr. Regina Bruder, Gabriele Dybowski, Catherine Enderlein, Daniel Kiok

Druck A^9 / Jahr 2023
Alle Drucke der Serie A sind im Unterricht parallel verwendbar.

Redaktion: Lena Schenk, Claus Peter Witt
Umschlaggestaltung: LIO Design GmbH, Braunschweig
Zeichnungen: Langner & Partner, Hemmingen; Birgit und Olaf Schlierf, Lachendorf
Taschenrechner: Texas Instruments Education Technology GmbH, Freising
Druck und Bindung: Westermann Druck GmbH, Georg-Westermann-Allee 66, 38104 Braunschweig

ISBN 978-3-507-**87370**-4

Inhaltsverzeichnis

Bildquellen:

|iStockphoto.com, Calgary: grinvalds Titel. |Texas Instruments Education Technology GmbH, Freising: 31.1, 117.1, 117.2, 127.1, 127.2, 127.3, 138.1, 138.2. |Thinkstock, Sandyford/Dublin: Purestock Titel.

Bleib fit im Umgang mit den rationalen Zahlen

9

1. a) (1) $6 \cdot 20\,€ = 120\,€$ (2) $(-3) \cdot 20\,€ = -60\,€$
   b) (1) Hier werden die Beträge addiert und das Vorzeichen „–" gesetzt.
   $5 \cdot (-3{,}50\,€) = -17{,}50\,€$
   (2) Indem man die Beträge addiert
   $2 \cdot (3{,}40\,€)$
   c) $6 \cdot 20\,€ - 3 \cdot 20\,€ - 5 \cdot 3{,}50\,€ + 2 \cdot 3{,}50\,€ = 49{,}50\,€$
   Regeln siehe „Zum Erinnern" im Schülerband Seite 45 und Seite 46.

10

2. a) $-25{,}5 < -\frac{99}{4} < -15 < -\frac{25}{2} < 5{,}5 < 12{,}1 < 25$
   b) $25{,}5 > 25 > \frac{99}{4} > 15 > \frac{25}{2} > 12{,}1 > 5{,}5$

3. a)

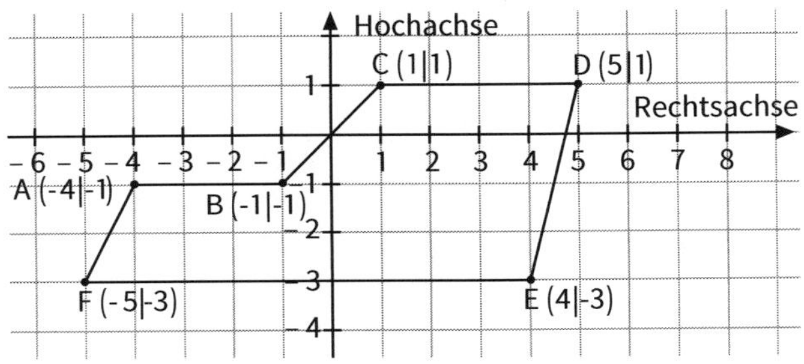

b)

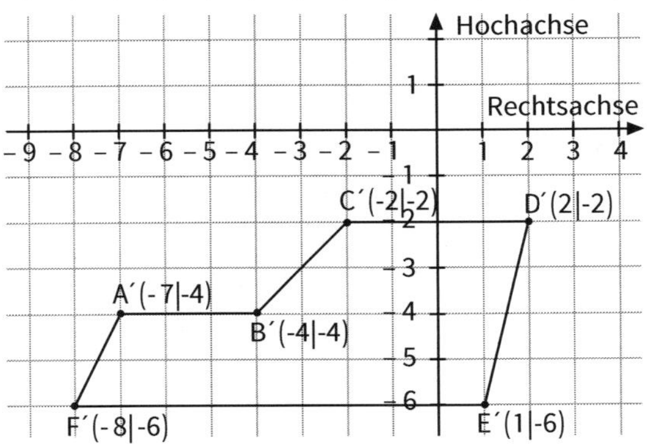

Das neue Vieleck ist kongruent zum alten, allerdings um 3 Einheiten nach links und 3 Einheiten nach unten verschoben.

4.

a)	b)	c)	d)
+4	+23	−15	−5
+40	+8	+64	+3
−7	−3	−75	−2
−11	−30	−180	+13
+16	−8	−77	−12
−26	+6	+132	nicht definiert
0	0	0	0
−54	+50	−64	nicht definiert

10

5. a) -46 b) -60 c) -8 d) $\frac{2}{15}$

	a)	b)	c)	d)
	-46	-60	-8	$\frac{2}{15}$
	2,2	-60	-70	0,9
	1,3	25	25	$-\frac{1}{2}$

6. Hier einige Beispiele:
   $2 + (-8) + (-12)$
   $-2 + 2 - 12$
   $(-8) \cdot 2 + 8$
   $8 : (-8) + (-12)$
   $(-12) \cdot 2 + 8$
   $-8 - 2 + (-2)$

7. a) 20,00 € – (7,36 € – 1,50 €) = 14,14 €
   b) Einen Betrag mit 86 Cent, z. B. 10,86 €.
   c) 12,64 € Rückgeld
   d) 14,64 € mit Schokolade aus Teilaufgabe c)
   16,14 € ohne Schokolade aus Teilaufgabe c)

1. Gleichungen mit einer Variablen

11 **Einstiegsseite:**
Wenn man auf beiden Seiten der Waage zwei Marmeladengläser wegnimmt, ist die Waage noch immer im Gleichgewicht. Die Katze wiegt also soviel wie die sechs Marmeladengläser zusammen: $6 \cdot 500\,g = 3\,000\,g = 3\,kg$

Lernfeld: Zahlen gesucht

12 **1. Auftrag: Entdeckungen an Zahlenmauern**
Mit der Idee der Zahlenmauern wird algebraisches Denken angebahnt. Beim Ausfüllen der Zahlenmauern können als Leitlinien z. B. folgende Fragestellungen dienen:
- Wie hängen Input und Output zusammen?
- Wie wirken sich Veränderungen in den Belegungen der Grundbausteine auf die übrigen Bausteine aus?
- Kann man aus den Startzahlen die Belegung des Schlusssteines direkt berechnen, ohne die Zwischenfelder auszufüllen?
- Wie kann man Zusammenhänge und Veränderungen darstellen?

Wir untersuchen zunächst allgemein den Aufbau einer Zahlenmauer.

Feld ① + 3·Feld ② + 3·Feld ③ + Feld ④

Feld ① + 2·Feld ② + Feld ③ | Feld ② + 2·Feld ③ + Feld ④

Feld ① + Feld ② | Feld ② + Feld ③ | Feld ③ + Feld ④

Feld ① | Feld ② | Feld ③ | Feld ④

→ Siehe Lösungen zum 2. Pfeil.

→ *Linke Zahlenmauer:*
Aus dem allgemeinen Aufbau der Zahlenmauer (siehe oben) wissen wir, dass im oberen Stein die Summe der Zahlen aus den unteren Feldern ① und ④ und dem Dreifachen der Zahlen aus den unteren Feldern ② und ③ steht. Wenn wir von der Zahl im oberen Feld die Zahlen in den Feldern ① und ④ und das Dreifache der Zahl in dem Feld ② subtrahieren, erhalten wir das Dreifache der Zahl im Feld ③.
$33 - 7 - 5 - 3 \cdot 3 = 12$
Im Feld ③ steht also die Zahl $12 : 3 = 4$. Wir können nun die Mauer ergänzen:

33

17 | 16

10 | 7 | 9

7 | 3 | 4 | 5

12

→ **1. Auftrag:** Fortsetzung

Mittlere Zahlenmauer:

Wir können zunächst die Zahl im unteren Feld ③ direkt berechnen: $12-4=8$

Wie bei der linken Zahlenmauer können wir nun das Dreifache der Zahl im Feld ②
berechnen:

$100-6-4-3\cdot 8=66$

Im Feld ② steht also die Zahl $66:3=22$.

Wir können nun die Mauer ergänzen:

			100				
		58		42			
	28		30		12		
6		22		8		4	

Rechte Zahlenmauer:

Wir können zunächst die Zahl im unteren Feld ① direkt berechnen: $14-6=8$

Aus dem allgemeinen Aufbau der Zahlenmauer (siehe oben) wissen wir, dass in dem Feld mit der Zahl 50 die Summe der Zahlen in den Feldern ② und ④ und dem Doppelten der Zahl im Feld ③ steht. Wenn wir von 50 die Zahlen in den Feldern ② und ④ subtrahieren, erhalten wir das Doppelte der Zahl im Feld ③:

$50-6-10=34$

Im Feld 3 steht also die Zahl $34:2=17$.

Wir können nun die Mauer ergänzen:

			87				
		37		50			
	14		23		27		
8		6		17		10	

→ Keine Lösungen

→ Wenn man zwei gerade Zahlen addiert, so ist das Ergebnis eine gerade Zahl. Wenn man zwei ungerade Zahlen addiert, so ist das Ergebnis eine gerade Zahl. Wenn man eine gerade Zahl und eine ungerade Zahl addiert, so ist das Ergebnis eine ungerade Zahl. Wenn man eine ungerade Zahl und eine gerade Zahl addiert, so ist das Ergebnis eine ungerade Zahl.

Man erhält so für gerade Zahlen (g) und ungerade Zahlen (u):

$g+g=g$

$g+u=u$

$u+g=u$

$u+u=g$

Linke Zahlenmauer:

Diese Mauer kann man eindeutig ausfüllen:

		g		
	g		g	
u		u		u

12

→ **1. Auftrag:** Fortsetzung

Mittlere Zahlenmauer:

Im zweiten Feld in der mittleren Reihe muss eine gerade Zahl stehen. Für die unteren Felder gibt es aber zwei Möglichkeiten.

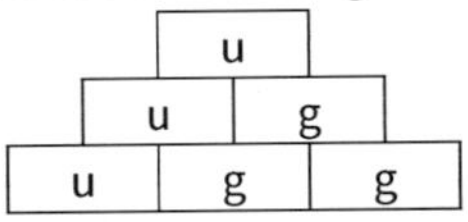

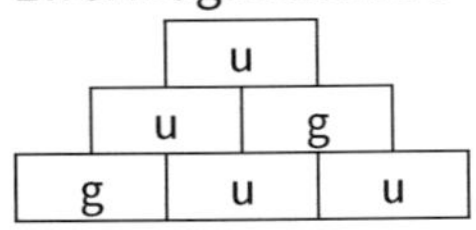

Rechte Zahlenmauer:

Im ersten Feld in der unteren Reihe muss eine gerade Zahl stehen. Für das dritte Feld in der unteren Reihe gibt es zwei Möglichkeiten.

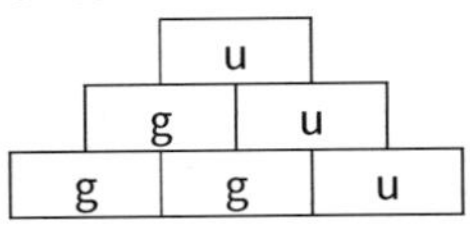

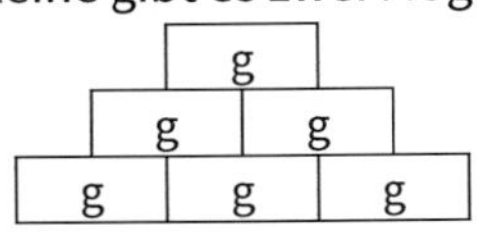

2. Auftrag: Zahlenknobeleien

→ *Linkes Bild:*

Es kommen noch dreimal so viele Jahre hinzu, das sind 36 Jahre. Das Mädchen ist heute also $36:3 = 12$ Jahre alt und in 36 Jahren ist sie 48 Jahre alt.

Mittleres Bild:

Dreimal so viele Autos kommen hinzu, das sind 45 Autos. Es waren also $45:3 = 15$ Autos im Parkhaus. Hinterher waren $15 + 45 = 60$ Autos im Parkhaus.

Rechtes Bild:

Zwei Drittel der Münzen wurden entnommen, das sind 6 Münzen. Insgesamt waren also 9 Münzen im Beutel. Im Beutel sind nun noch 3 Münzen.

→ Keine Lösungen

1.1 Lösen einer Gleichung durch Probieren

13

Einstieg:

Wie legen eine Tabelle an.

Zahl	Quadrat der Zahl	Summe aus der Zahl und 12	Ergebnis gleich groß? Wahr oder falsch?
−6	+ 36	+6	falsch
−5	+25	+7	falsch
−4	+16	+8	falsch
−3	+9	+9	wahr
−2	+4	+10	falsch
−1	+1	+11	falsch
0	0	+12	falsch
+1	+1	+13	falsch
+2	+4	+14	falsch
+3	+9	+15	falsch
+4	+16	+16	wahr
+5	+25	+17	falsch
+6	+36	+18	falsch

Man sieht, dass das Quadrat der Zahlen für noch größere Zahlen schneller anwächst als die Summe aus der Zahl und 12. Für noch kleinere Zahlen wird das Quadrat der Zahlen immer größer und die Summe aus der Zahl und 12 immer kleiner. In beiden Fällen wurden die beiden Ergebnisse nie gleich groß sein.
−3 und +4 sind die einzigen ganzen Zahlen, die die Angaben auf dem Steckbrief erfüllen.

14

3. (1)

x	x + 1	Gleichung ist eine
−2	−1	falsche Aussage
−1	0	falsche Aussage
0	1	falsche Aussage
1	2	falsche Aussage
2	3	falsche Aussage

Eine Zahl kann nie gleich der um 1 größeren Zahl sein. Keine Zahl gehört zur Lösungsmenge. Die Lösungsmenge ist leer.

(2)

x	2·x	3·x	Gleichung ist eine
−2	−4	−6	falsche Aussage
−1	−2	−3	falsche Aussage
0	0	0	wahre Aussage
1	2	3	falsche Aussage
2	4	6	falsche Aussage

Das Doppelte einer Zahl und das Dreifache der Zahl stimmen nur für die Zahl 0 überein. Die Lösungsmenge ist $L = \{0\}$.

14

3. (3)

x	2·x	2,5·x	$\frac{x}{2}$	$2{,}5 \cdot x - \frac{x}{2}$	Gleichung ist eine
−2	−4	−5	−1	−4	wahre Aussage
−1	−2	−2,5	−0,5	−2	wahre Aussage
0	0	0	0	0	wahre Aussage
1	2	2,5	0,5	2	wahre Aussage
2	4	5	1	4	wahre Aussage

Die Gleichung hat jede Zahl als Lösung. Die Lösungsmenge ist die Menge aller rationalen Zahlen: $L = \{\mathbb{Q}\}$

15

4. Gleichung: $x \cdot x = 3x + 10$

x	x·x	3x	3x + 10	Gleichung ist eine
−7	49	−21	−11	falsche Aussage
−6	36	−18	−8	falsche Aussage
−5	25	−15	−5	falsche Aussage
−4	16	−12	−2	falsche Aussage
−3	9	−9	1	falsche Aussage
−2	4	−6	4	wahre Aussage
−1	1	−3	7	falsche Aussage
0	0	0	10	falsche Aussage
1	1	3	13	falsche Aussage
2	4	6	16	falsche Aussage
3	9	9	19	falsche Aussage
4	16	12	22	falsche Aussage
5	25	15	25	wahre Aussage
6	36	18	28	falsche Aussage
7	49	21	31	falsche Aussage

Für noch kleinere Zahlen wird die linke Seite der Gleichung immer größer und die rechte Seite der Gleichung immer kleiner.
Für noch größere Zahlen ist die linke Seite der Gleichung immer größer als die rechte Seite der Gleichung.
Nur die Zahlen −2 und +5 sind Lösungen der Gleichung: $L = \{-2; 5\}$

15

5. a) Gleichung: $x^2 = 6 \cdot x - 5$

x	x·x	6·x	6·x − 5	Gleichung ist eine
−7	49	−42	−47	falsche Aussage
−6	36	−36	−41	falsche Aussage
−5	25	−30	−35	falsche Aussage
−4	16	−24	−29	falsche Aussage
−3	9	−18	−23	falsche Aussage
−2	4	−12	−17	falsche Aussage
−1	1	−6	−11	falsche Aussage
0	0	0	−5	falsche Aussage
1	1	6	1	wahre Aussage
2	4	12	7	falsche Aussage
3	9	18	13	falsche Aussage
4	16	24	19	falsche Aussage
5	25	30	25	wahre Aussage
6	36	36	31	falsche Aussage
7	49	42	37	falsche Aussage

Für noch kleinere Zahlen ist die linke Seite der Gleichung immer positiv und die rechte Seite der Gleichung immer negativ.
Für noch größere Zahlen wächst die linke Seite der Gleichung schneller als die rechte Seite der Gleichung.
Nur die Zahlen 1 und 5 sind Lösungen der Gleichung: $L = \{1; 5\}$

5. b) Gleichung: $x^2 = 4 \cdot x + 12$

x	x^2	4·x	4·x + 12	Gleichung ist eine
−7	49	−28	−16	falsche Aussage
−6	36	−24	−12	falsche Aussage
−5	25	−20	−8	falsche Aussage
−4	16	−16	−4	falsche Aussage
−3	9	−12	0	falsche Aussage
−2	4	−8	4	wahre Aussage
−1	1	−4	8	falsche Aussage
0	0	0	12	falsche Aussage
1	1	4	16	falsche Aussage
2	4	8	20	falsche Aussage
3	9	12	24	falsche Aussage
4	16	16	28	falsche Aussage
5	25	20	32	falsche Aussage
6	36	24	36	wahre Aussage
7	49	28	40	falsche Aussage
8	64	32	44	falsche Aussage
9	81	36	48	falsche Aussage
10	100	40	52	falsche Aussage

15

5. b) Fortsetzung
Für noch kleinere Zahlen ist die linke Seite der Gleichung immer positiv und die rechte Seite der Gleichung immer negativ. Für noch größere Zahlen wächst die linke Seite der Gleichung schneller als die rechte Seite der Gleichung. Nur die Zahlen –2 und +6 sind Lösungen der Gleichung: $L = \{-2; 6\}$

c) Gleichung: $5 \cdot x = x^2$

x	$5 \cdot x$	x^2	Gleichung ist eine
–7	–35	49	falsche Aussage
–6	–30	36	falsche Aussage
–5	–25	25	falsche Aussage
–4	–20	16	falsche Aussage
–3	–15	9	falsche Aussage
–2	–10	4	falsche Aussage
–1	–5	1	falsche Aussage
0	0	0	wahre Aussage
1	5	1	falsche Aussage
2	10	4	falsche Aussage
3	15	9	falsche Aussage
4	20	16	falsche Aussage
5	25	25	wahre Aussage
6	30	36	falsche Aussage
7	35	49	falsche Aussage
8	40	64	falsche Aussage
9	45	81	falsche Aussage

Für noch kleinere Zahlen ist die linke Seite der Gleichung immer negativ und die rechte Seite der Gleichung immer positiv.
Für noch größere Zahlen wächst die linke Seite der Gleichung langsamer als die rechte Seite der Gleichung.
Nur die Zahlen 0 und 5 sind Lösungen der Gleichung: $L = \{0; 5\}$

15

5. d) Gleichung: $x^2 = +11 \cdot x = -24$

x	x^2	$11 \cdot x$	$x^2 + 11 \cdot x$	−24	Gleichung ist eine
−14	196	−154	42	−24	falsche Aussage
−13	169	−143	26	−24	falsche Aussage
−12	144	−132	12	−24	falsche Aussage
−11	121	−121	0	−24	falsche Aussage
−10	100	−110	−10	−24	falsche Aussage
−9	81	−99	−18	−24	falsche Aussage
−8	64	−88	−24	−24	wahre Aussage
−7	49	−77	−28	−24	falsche Aussage
−6	36	−66	−30	−24	falsche Aussage
−5	25	−55	−30	−24	falsche Aussage
−4	16	−44	−28	−24	falsche Aussage
−3	9	−33	−24	−24	wahre Aussage
−2	4	−22	−18	−24	falsche Aussage
−1	1	−11	−10	−24	falsche Aussage
0	0	0	0	−24	falsche Aussage
1	1	11	12	−24	falsche Aussage
2	4	22	26	−24	falsche Aussage

Für noch kleinere und noch größere Zahlen ist die linke Seite der Gleichung immer positiv, also nicht gleich −24.
Nur die Zahlen −8 und −3 sind Lösungen der Gleichung: $L = \{-8; -3\}$

6. a)

x	$3 \cdot x$	$3 \cdot x - 10$	$-x^2$	Gleichung ist eine
0	0	−10	0	falsche Aussage
1	3	−7	−1	falsche Aussage
2	6	−4	−4	wahre Aussage
3	9	−1	−9	falsche Aussage
4	12	2	−16	falsche Aussage
5	15	5	−25	falsche Aussage

Für noch größere natürliche Zahlen ist die linke Seite der Gleichung positiv und die rechte Seite der Gleichung negativ.
Nur die natürliche Zahl 2 ist Lösung der Gleichung: $L = \{2\}$

15

6. b)

z	z^2	$4 \cdot z$	$4 \cdot z - 4$	Gleichung ist eine
0	0	0	−4	falsche Aussage
1	1	4	0	falsche Aussage
2	4	8	4	wahre Aussage
3	9	12	8	falsche Aussage
4	16	16	12	falsche Aussage
5	25	20	16	falsche Aussage

Für noch größere natürliche Zahlen wächst die linke Seite der Gleichung schneller als die rechte Seite der Gleichung.
Nur die natürliche Zahl 2 ist Lösung der Gleichung: $L = \{2\}$

c)

x	x^2	$3 \cdot x$	$x^2 + 3 \cdot x$	Gleichung ist eine
0	0	0	0	wahre Aussage
1	1	3	4	falsche Aussage
2	4	6	10	falsche Aussage
3	9	9	18	falsche Aussage
4	16	12	28	falsche Aussage
5	25	15	40	falsche Aussage

Für noch größere natürliche Zahlen wächst die linke Seite der Gleichung immer schneller als die rechte Seite der Gleichung.
Nur die natürliche Zahl 0 ist Lösung der Gleichung: $L = \{0\}$

d)

x	x^2	$5 \cdot x$	$x^2 - 5 \cdot x$	Gleichung ist eine
0	0	0	0	wahre Aussage
1	1	5	−4	falsche Aussage
2	4	10	−6	falsche Aussage
3	9	15	−6	falsche Aussage
4	16	20	−4	falsche Aussage
5	25	25	0	wahre Aussage
6	36	30	6	falsche Aussage
7	49	35	14	falsche Aussage

Für noch größere natürliche Zahlen wächst die linke Seite der Gleichung immer schneller als die rechte Seite der Gleichung.
Nur die natürlichen Zahlen 0 und 5 sind Lösungen der Gleichung: $L = \{0; 5\}$

e)

x	$3 \cdot x$	x^2	$10 \cdot x^2$	Ungleichung ist eine
0	0	0	0	falsche Aussage
1	3	1	10	wahre Aussage
2	6	4	40	wahre Aussage
3	9	9	90	wahre Aussage
4	12	16	160	wahre Aussage

Die rechte Seite der Ungleichung wächst schneller als die linke Seite der Ungleichung.
Alle Zahlen größer oder gleich 1 sind Lösungen der Ungleichung:
$L = \{1; 2; 3; \ldots\}$

15 6. f)

x	x^2	$7 \cdot x$	$7 \cdot x - 6$	Ungleichung ist eine
0	0	0	−6	falsche Aussage
1	1	7	1	falsche Aussage
2	4	14	8	wahre Aussage
3	9	21	15	wahre Aussage
4	16	28	22	wahre Aussage
5	25	35	29	wahre Aussage
6	36	42	36	falsche Aussage
7	49	49	43	falsche Aussage
8	64	56	50	falsche Aussage

Für noch größere natürliche Zahlen wächst die linke Seite der Ungleichung schneller als die rechte Seite der Ungleichung.
Nur die natürlichen Zahlen 2, 3, 4, 5 sind Lösungen der Ungleichung:
$L = \{2; 3; 4; 5\}$

g)

y	$8 \cdot y$	$12 - 8 \cdot y$	y^2	Ungleichung ist eine
0	0	12	0	wahre Aussage
1	8	4	1	wahre Aussage
2	16	−4	4	falsche Aussage
3	24	−12	9	falsche Aussage
4	32	−20	16	falsche Aussage
5	40	−28	25	falsche Aussage

Für noch größere natürliche Zahlen ist die linke Seite der Ungleichung negativ und die rechte Seite der Ungleichung positiv.
Nur die natürlichen Zahlen 0 und 1 sind Lösungen der Ungleichung:
$L = \{0; 1\}$

h)

z	z^2	$4 \cdot z$	$4 \cdot z + 5$	Ungleichung ist eine
0	0	0	5	falsche Aussage
1	1	4	9	falsche Aussage
2	4	8	13	falsche Aussage
3	9	12	17	falsche Aussage
4	16	16	21	falsche Aussage
5	25	20	25	falsche Aussage
6	36	24	29	wahre Aussage
7	49	28	33	wahre Aussage
8	64	32	37	wahre Aussage

Für noch größere natürliche Zahlen wächst die linke Seite der Ungleichung schneller als die rechte Seite der Ungleichung.
Alle natürlichen Zahlen größer als 5 sind Lösungen der Ungleichung:
$L = \{6; 7; 8; 9; \ldots\}$

15 7. a)

x	x^2	$3 \cdot x$	$3 \cdot x - 2$	Gleichung ist eine
0	0	0	−2	falsche Aussage
1	1	3	1	wahre Aussage
2	4	6	4	wahre Aussage
3	9	9	7	falsche Aussage
4	16	12	10	falsche Aussage
5	25	15	13	falsche Aussage

Für noch größere natürliche Zahlen wächst die linke Seite der Gleichung schneller als die rechte Seite der Gleichung.
Nur die natürlichen Zahlen 1 und 2 sind Lösungen der Gleichung: $L = \{1; 2\}$

b)

x	x^2	$5 \cdot x$	$5 \cdot x - 6$	Gleichung ist eine
0	0	0	−6	falsche Aussage
1	1	5	−1	falsche Aussage
2	4	10	4	wahre Aussage
3	9	15	9	wahre Aussage
4	16	20	14	falsche Aussage
5	25	25	19	falsche Aussage

Für noch größere natürliche Zahlen wächst die linke Seite der Gleichung schneller als die rechte Seite der Gleichung.
Nur die natürlichen Zahlen 2 und 3 sind Lösungen der Gleichung: $L = \{2; 3\}$

c)

x	x^2	$4 \cdot x$	$4 \cdot x - 3$	Gleichung ist eine
0	0	0	−3	falsche Aussage
1	1	4	1	wahre Aussage
2	4	8	5	falsche Aussage
3	9	12	9	wahre Aussage
4	16	16	13	falsche Aussage
5	25	20	17	falsche Aussage

Für noch größere natürliche Zahlen wächst die linke Seite der Gleichung schneller als die rechte Seite der Gleichung.
Nur die natürlichen Zahlen 1 und 3 sind Lösungen der Gleichung: $L = \{1; 3\}$

d)

x	x^2	$5 \cdot x$	Ungleichung ist eine
0	0	0	falsche Aussage
1	1	5	wahre Aussage
2	4	10	wahre Aussage
3	9	15	wahre Aussage
4	16	20	wahre Aussage
5	25	25	falsche Aussage
6	36	30	falsche Aussage
7	49	35	falsche Aussage
8	64	40	falsche Aussage

Für noch größere natürliche Zahlen wächst die linke Seite der Ungleichung schneller als die rechte Seite der Ungleichung. Nur die natürlichen Zahlen 1, 2, 3 und 4 sind Lösungen der Ungleichung: $L = \{1; 2; 3; 4\}$

15

8. Eine Lösung der Gleichung ist 1,5.
Für $x = 4{,}5$ ist die linke Seite der Gleichung kleiner als die rechte Seite.
Für $x = 5$ ist die linke Seite der Gleichung größer als die rechte Seite.
Man kann vermuten, dass zwischen $x = 4{,}5$ und $x = 5$ eine weitere Lösung der Gleichung liegt. Wenn man als Schrittweite nicht 0,5 sondern 0,25 wählt, findet man $x = 4{,}75$ als zweite Lösung der Gleichung. Beide Seiten der Gleichung haben für $x = 4{,}75$ den Wert 85,5.

9. a) $L = \{0{,}5;\ 3{,}5\}$
b) $L = \{-0{,}75;\ 2{,}5\}$
c) Für Zahlen kleiner als 3,75 ist die linke Seite der Gleichung positiv und die rechte Seite negativ.
Für größere Zahlen wächst die linke Seite der Gleichung schneller als die rechte Seite.
Es gibt keine Lösung: $L = \{\ \}$
d) $L = \{0;\ 1;\ 2;\ 3;\ 4;\ 5;\ 6\}$

10. a) $L = \{10\}$ c) $L = \{2\}$ e) $L = \{-3;\ 3\}$ g) $L = \{-6;\ 6\}$
b) $L = \{-6\}$ d) $L = \{4\}$ f) $L = \{-2\}$ h) $L = \{2;\ 6\}$

11. *Beispiele:*
a) $x - 8 = 0$ c) $2 \cdot x = 5$ e) $x + 5 = 5$
b) $3x + 12 = -3$ d) $8 \cdot x = -6$ f) $2 \cdot x = 2{,}4$

1.2 Lösen von Gleichungen durch Umformen

1.2.1 Lösen von Gleichungen des Typs $a \cdot x + b = c$ – Umformungsregeln

16

Einstieg:
Das Vierfache der Zahl ist dann $17 + 5 = 22$. Die gesuchte Zahl ist dann $22 : 4 = 5{,}5$.
Die gesuchte Zahl ist 5,5.

18

2. Die beiden Gleichungen haben verschiedene Lösungsmengen. Die Multiplikation mit 0 auf beiden Seiten der Gleichung ist *keine* Äquivalenzumformung.

3. Wir bezeichnen den Ziegelstein mit x.

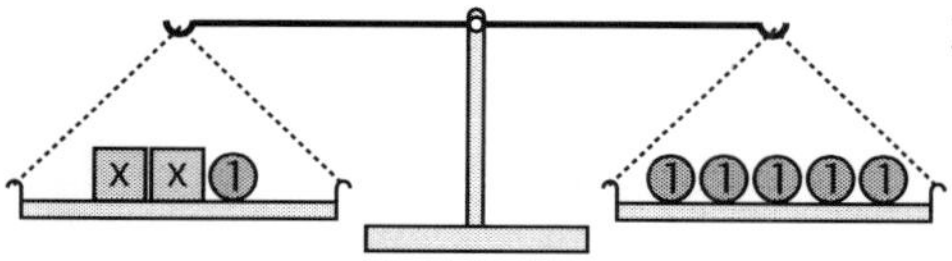

$2x + 1 = 5 \quad |-1$

Auf beiden Waagschalen nehmen wir 1 weg. Die Waage bleibt im Gleichgewicht.

18 **3.** Fortsetzung:

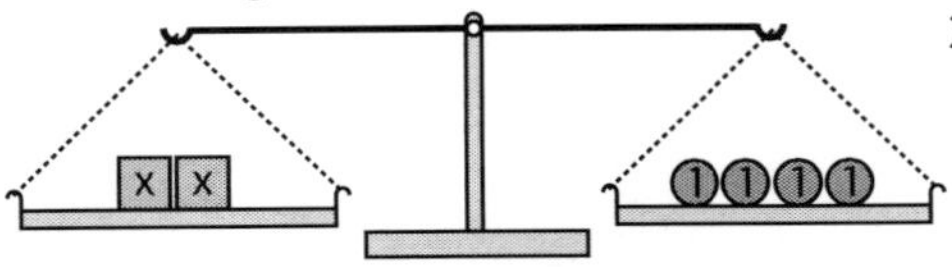

$2x = 4 \quad |:2$

Auf beiden Waagschalen nehmen wir die Hälfte weg (teilen wir durch 2).
Die Waage bleibt im Gleichgewicht.

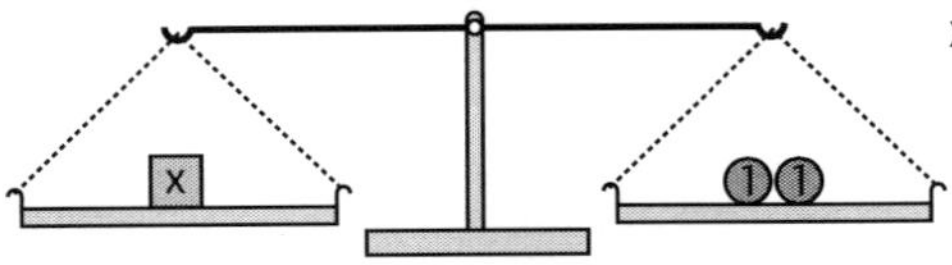

$x = 2$

Ein Ziegelstein wiegt soviel wie zwei Gewichtsstücke.
Die Gleichung $2x + 1 = 5$ hat die Lösungsmenge $L = \{2\}$.

19 **4.** Die Veranschaulichung an der Waage ist nur für positive Zahlen möglich. Hier wird die Veranschaulichung an der Zahlengeraden vorgenommen.

a) $4 \cdot x + 3 = 11 \quad |-3$

$4 \cdot x = 8 \quad |:2$

$x = 2$

$L = \{2\}$

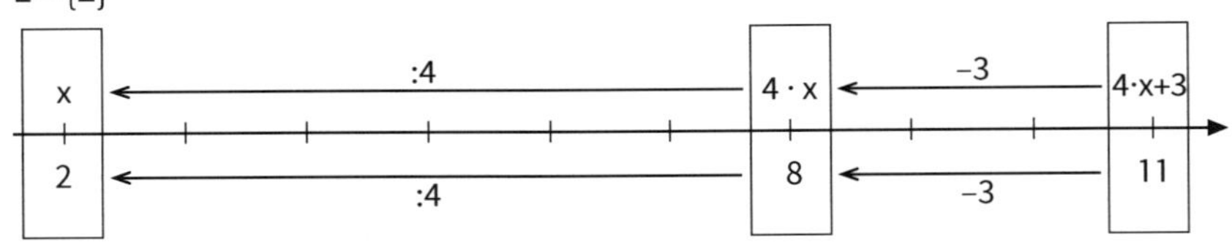

b) $3 \cdot x + 6 = 7 \quad |-6$

$3 \cdot x = 1 \quad |:3$

$x = \frac{1}{3}$

$L = \left\{\frac{1}{3}\right\}$

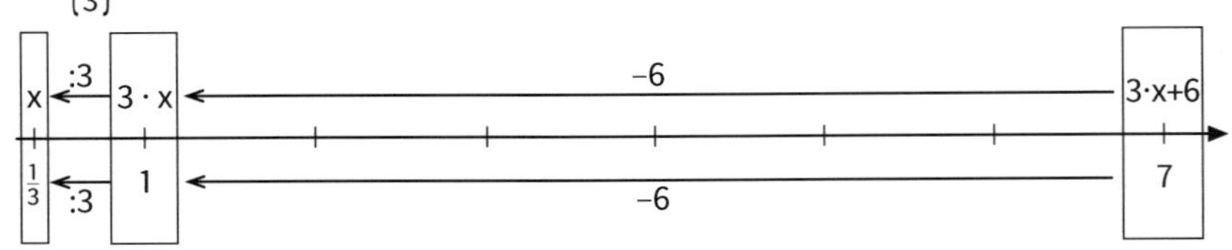

19

4. c) $2 \cdot x + 5 = 1 \quad | -5$
$2 \cdot x = -6 \quad | :2$
$x = -3$
$L = \{-3\}$

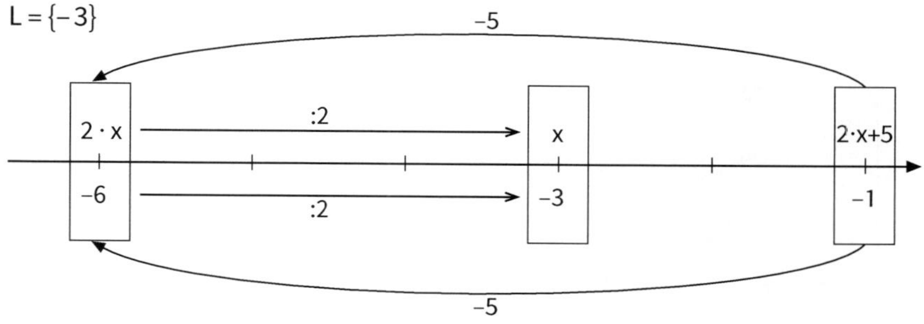

d) $5 \cdot x - 2 = 3 \quad | +2$
$5 \cdot x = 5 \quad | :5$
$x = 1$
$L = \{1\}$

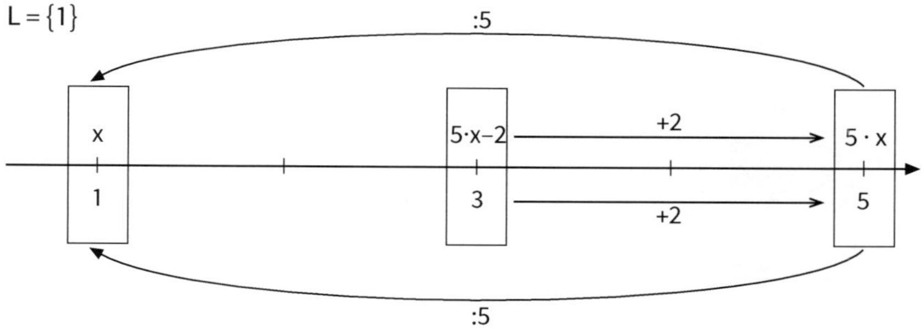

e) $2 \cdot x - 4 = -10 \quad | +4$
$2 \cdot x = -6 \quad | :2$
$x = -3$
$L = \{-3\}$

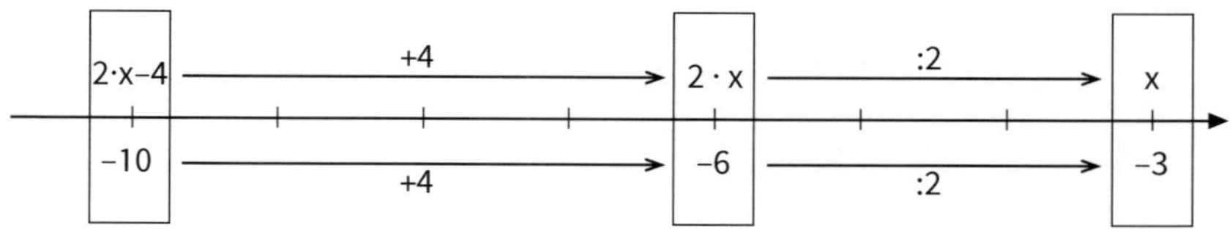

f) $4 \cdot x + 7 = 7 \quad | -7$
$4 \cdot x = 0 \quad | :4$
$x = 0$
$L = \{0\}$

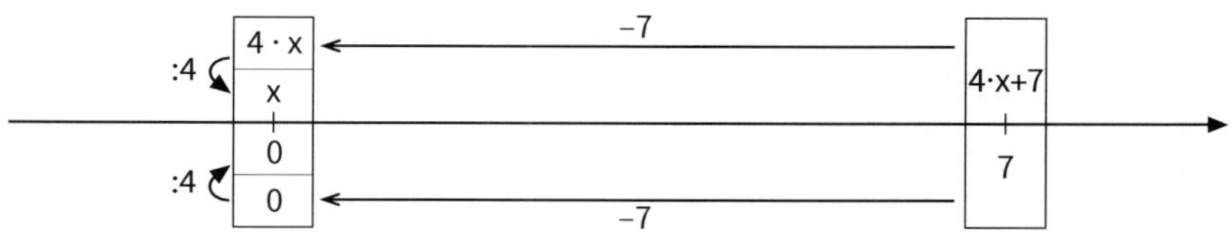

19

4. g) $3 \cdot x - 6 = 0 \quad | +6$
$3 \cdot x = 6 \quad | :3$
$x = 2$
$L = \{2\}$

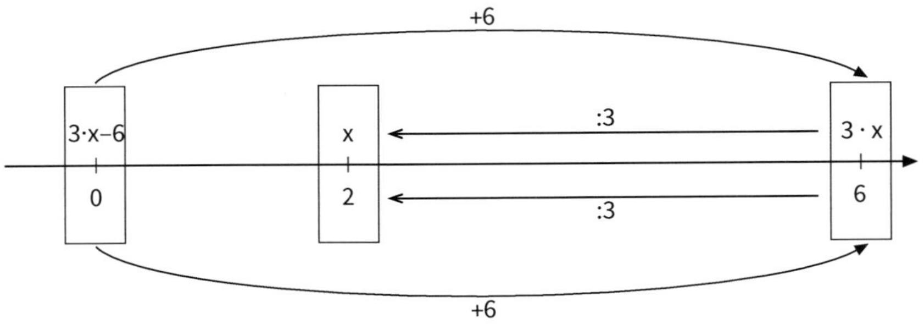

h) $7 \cdot x + 7 = 0 \quad | -7$
$7 \cdot x = -7 \quad | :7$
$x = -1$
$L = \{-1\}$

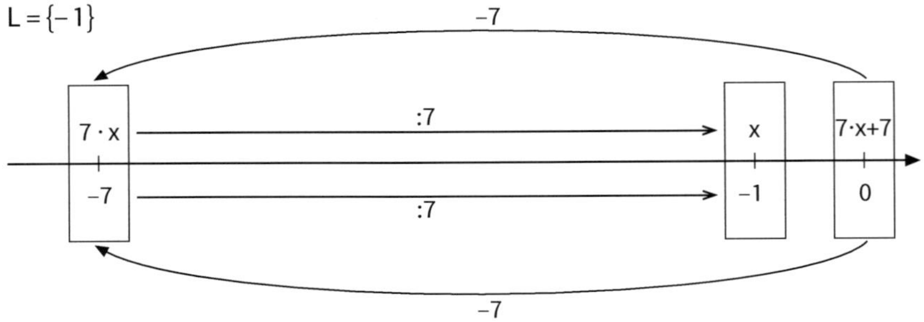

5. a) -12 ($x + 12 = 38$ → $x = 26$) -12
b) -11 ($x + 11 = 3$ → $x = -8$) -11
c) $+3{,}6$ ($x - 3{,}6 = 0$ → $x = 3{,}6$) $+3{,}6$
d) $:15$ ($x \cdot 15 = 60$ → $x = 4$) $:15$
e) $:1{,}2$ ($1{,}2 \cdot x = -10{,}8$ → $x = -9$) $:1{,}2$
f) $\cdot 7$ ($x : 7 = 5$ → $x = 35$) $\cdot 7$
g) $:(-5)$ ($-5 \cdot x = -20$ → $x = 4$) $:(-5)$
h) $:(-1)$ ($-x = 5$ → $x = -5$) $:(-1)$

6. a) $x - 18 = 12 \quad | +18$
$x = 30$
Additionsregel
b) $x + 10 = 7 \quad | -10$
$x = -3$
Subtraktionsregel
c) $x : 8 = -4 \quad | \cdot 8$
$x = -32$
Multiplikationsregel
d) $5 \cdot x = 45 \quad | :5$
$x = 9$
Divisionsregel
e) $-x = 20 \quad | :(-1)$
$x = -20$
Divisionsregel
f) $-\frac{1}{2} \cdot x = -8 \quad | \cdot (-2)$
$x = 16$
Multiplikationsregel

19

6. g) $x - 2{,}5 = -4 \quad |+2{,}5$
$x = -1{,}5$
Additionsregel

h) $-\frac{x}{5} = 5 \quad |\cdot(-5)$
$x = -25$
Multiplikationsregel

7. a) $3 \cdot a = 3a$
b) $4 \cdot 5 \cdot x = 4 \cdot 5x$
c) $7 \cdot (a - 8 \cdot 6) = 7(a - 8 \cdot 6)$
d) $2 \cdot \frac{1}{2} + \frac{3 \cdot x}{2} = 2 \cdot \frac{1}{2} + \frac{3x}{2}$
e) $3 \cdot 5^2 - 1 \cdot x = 3 \cdot 5^2 - 1x$
f) $(4 + x) \cdot (4 - x) = (4 + x)(4 - x)$
g) $7 \cdot b \cdot 5 = 7b \cdot 5$

8. $4x = 18 \quad |:4$ Malte hat auf der rechten Seite 4 subtrahiert statt durch 4 zu teilen.
$x = 4{,}5$
$3x + 6 = 21 \quad |:3$ Malte hat nur 3x durch 3 dividiert, nicht aber 6 bzw. 21.
$x + 2 = 7 \quad |-2$
$x = 5$

9. a) $4x + 9 = 21 \quad |-9$
$4x = 12 \quad |:4$
$x = 3$

b) $7x - 5 = -26 \quad |+5$
$7x = -21 \quad |:7$
$x = -3$

c) $-20x - 10 = 0 \quad |+10$
$-20x = 10 \quad |:(-20)$
$x = -\frac{1}{2}$

d) $10x + 8 = 38 \quad |-8$
$10x = 30 \quad |:10$
$x = 3$

10. Die Gleichungen $3x = 7$ und $3x + 2 = 9$ und $6x + 4 = 18$ und $6x = 14$ sind äquivalent zueinander, da man sie durch Äquivalenzumformungen ineinander umformen kann.
$6x + 4 = 18 \quad |-4$
$6x = 14 \quad |:2$
$3x = 7$

$6x + 4 = 18 \quad |:2$
$3x + 2 = 9$

Ebenso sind die Gleichungen $3x + 2 = 7$ und $3x + 7 = 12$ äquivalent zueinander:
$3x + 2 = 7 \quad |+5$
$3x + 7 = 12$

11. Alle Gleichungen, die man beim Umformen erhält, sind zueinander äquivalent.
a) $8x + 10 = 34 \quad |-10$
$8x = 24$
$x = 3$

b) $11y - 8 = 47 \quad |+8$
$11y = 55 \quad |:11$
$y = 5$

c) $20x + 40 = 0 \quad |-40$
$20x = -40 \quad |:20$
$x = -2$

d) $6z + 1 = -23 \quad |-1$
$6z = -24 \quad |:6$
$z = -4$

e) $2x = 50 \quad |:2$
$x = 25 \quad |+3$
$x + 3 = 28$

f) $x = -3 \quad |\cdot 4$
$4x = -12 \quad |-2$
$4x - 2 = -14$

19

12. a) $L=\{3\}$ b) $L=\{7\}$ c) $L=\{2{,}5\}$ d) $L=\{1\}$ e) $L=\{4\}$ f) $L=\{-5\}$ i) $L=\{0\}$ g) $L=\{0\}$ h) $L=\{-1\}$ j) $L=\{-5\}$ k) $L=\{2\}$ l) $L=\{4\}$

20

13. a) $5x+17=52;\ L=\{7\}$
Die gesuchte Zahl ist 7.

b) $37+3x=19;\ L=\{-6\}$
Die gesuchte Zahl ist –6.

14. Mit der Probe kann man prüfen, ob die Zahl Lösung der Gleichung ist oder ob man eventuell Fehler beim Umformen gemacht hat.

15. Anna vermeidet die Division durch negative Zahlen. Achmeds Lösungsweg führt schneller zum Ziel.

16. a) $L=\{8\}$ b) $L=\{9\}$ c) $L=\{-10\}$ d) $L=\{1\}$ e) $L=\{0{,}5\}$ f) $L=\{0{,}08\}$ g) $L=\{-0{,}25\}$ h) $L=\{0{,}5\}$ i) $L=\{1{,}1\}$ j) $L=\{-6\}$ k) $L=\{2\}$ l) $L=\{-10\}$

17. Sophie:
$$\frac{2}{3}x=\frac{4}{9} \quad \Big|:\frac{2}{3}$$
$$x=\frac{4}{9}:\frac{2}{3}=\frac{4}{9}\cdot\frac{3}{2}=\frac{2}{3}$$

Bastian:
$$\frac{2}{3}x=\frac{4}{9} \quad |\cdot 3$$
$$2x=\frac{4}{3} \quad |:2$$
$$x=\frac{2}{3}$$

Fatima:
$$\frac{2}{3}x=\frac{4}{9} \quad |:2$$
$$\frac{1}{3}x=\frac{2}{9} \quad |\cdot 3$$
$$x=\frac{2}{3}$$

David:
$$\frac{2}{3}x=\frac{4}{9} \quad \Big|\cdot\frac{3}{2}$$
$$x=\frac{4}{9}\cdot\frac{3}{2}=\frac{2}{3}$$

Sophies und Davids Lösungswege sind am kürzesten. Bastian und Fatima vermeiden das Multiplizieren mit einem Bruch bzw. das Dividieren durch einen Bruch.

18. a) $L=\{-2\}$ b) $L=\{14\}$ c) $L=\{21\}$ d) $L=\{-1\}$ e) $L=\{8\}$ f) $L=\{1\}$ g) $L=\left\{-\frac{1}{2}\right\}$ h) $L=\left\{\frac{9}{10}\right\}$ i) $L=\{20\}$ j) $L=\left\{\frac{1}{3}\right\}$ k) $L=\left\{\frac{1}{3}\right\}$ l) $L=\{4\}$ m) $L=\left\{1\frac{1}{8}\right\}$ n) $L=\{3\}$ o) $L=\{-1\}$ p) $L=\left\{-\frac{1}{10}\right\}$ q) $L=\left\{\frac{3}{8}\right\}$ r) $L=\left\{-2\frac{1}{4}\right\}$ s) $L=\{22\}$ t) $L=\{1\}$

19. a) Die Subtraktion einer Zahl kann man durch das Addieren der Gegenzahl ersetzen.
Man könnte also auf die Subtraktionsregel verzichten.

b) Da die Umformungsregel für die Multiplikation nur für Zahlen ungleich 0 gelten, kann man die Multiplikation mit einer Zahl durch die Division durch den Kehrwert dieser Zahl ersetzen. Allerdings führt man dann die Division durch einen Bruch wieder auf die Multiplikation mit dem Kehrwert zurück. Man benötigt dann doch wieder die Multiplikationsregel.

20

20. –

21. *Beispiele:*

a) $3x + 7 = 22$
b) $3 + 4y = 19$
c) $8x - 3 = 1$
d) $16z - 25 = -13$
e) $5a + 10 = 5$
f) $4x + 12 = 12$

1.2.2 Lösen einfacher Gleichungen des Typs $a \cdot x = b \cdot x + c$

22

1. a)
$$\begin{aligned} 3x &= x + 3 \quad &|-x \\ 2x &= 3 \quad &|:2 \\ x &= 1{,}5 \end{aligned}$$
b)
$$\begin{aligned} 8x &= 3x + 3 \quad &|-3x \\ 5x &= 3 \quad &|:5 \\ x &= 0{,}6 \end{aligned}$$
c)
$$\begin{aligned} x + 6 &= 4x \quad &|-x \\ 6 &= 3x \quad &|:3 \\ 2 &= x \end{aligned}$$

2. a) $L = \{7\}$ b) $L = \{2\}$ c) $L = \{6\}$ d) $L = \{4\}$ e) $L = \{0{,}5\}$ f) $L = \{7\}$

3.
$$\begin{aligned} 2x + 1 &= 4x \quad &|-2x \\ 1 &= 2x \quad &|:2 \\ 0{,}5 &= x \end{aligned}$$

4. a)
$$\begin{aligned} 8x &= 40 + 3x \quad &|-3x \quad &\text{Subtraktionsregel} \\ 5x &= 40 \quad &|:5 \quad &\text{Divisionsregel} \\ x &= 8 \end{aligned}$$
b)
$$\begin{aligned} 11x &= 48 - x \quad &|+x \quad &\text{Additionsregel} \\ 12x &= 48 \quad &|:12 \quad &\text{Divisionsregel} \\ x &= 4 \end{aligned}$$
c)
$$\begin{aligned} 15x - 21 &= 12x \quad &|-12x \quad &\text{Subtraktionsregel} \\ 3x - 21 &= 0 \quad &|+21 \quad &\text{Additionsregel} \\ 3x &= 21 \quad &|:3 \quad &\text{Divisionsregel} \\ x &= 7 \end{aligned}$$
d)
$$\begin{aligned} 9x &= 24 + 11x \quad &|-11x \quad &\text{Subtraktionsregel} \\ -2x &= 24 \quad &|:(-2) \quad &\text{Divisionsregel} \\ x &= -12 \end{aligned}$$
e)
$$\begin{aligned} 7x - 41 &= 8x \quad &|-7x \quad &\text{Subtraktionsregel} \\ -41 &= x \end{aligned}$$
f)
$$\begin{aligned} -15x &= 80 - 5x \quad &|+5x \quad &\text{Additionsregel} \\ -10x &= 80 \quad &|:(-10) \quad &\text{Divisionsregel} \\ x &= -8 \end{aligned}$$
g)
$$\begin{aligned} 12x &= 7x - 15 \quad &|-7x \quad &\text{Subtraktionsregel} \\ 5x &= -15 \quad &|:5 \quad &\text{Divisionsregel} \\ x &= -3 \end{aligned}$$
h)
$$\begin{aligned} -4x &= 28 - 8x \quad &|+8x \quad &\text{Additionsregel} \\ 4x &= 28 \quad &|:4 \quad &\text{Divisionsregel} \\ x &= 7 \end{aligned}$$
i)
$$\begin{aligned} 20x + 14 &= 13x \quad &|-20x \quad &\text{Subtraktionsregel} \\ 14 &= -7x \quad &|:(-7) \quad &\text{Divisionsregel} \\ -2 &= x \end{aligned}$$

22 **4.** j) $-5x+0{,}05=-x \quad |+5x$ — Additionsregel

$0{,}05=4x \quad |:4$ — Divisionsregel

$0{,}0125=x$

k) $7x+0{,}27=10x \quad |-7x$ — Subtraktionsregel

$0{,}27=3x \quad |:3$ — Divisionsregel

$0{,}09=x$

l) $5a=2a+\frac{6}{7} \quad |-2a$ — Subtraktionsregel

$3a=\frac{6}{7} \quad |:3$ — Divisionregel

$a=\frac{2}{7}$

5. Antonio und Elena vermeiden die Division durch negative Zahlen. Antonio subtrahiert – 12, Elena addiert die Gegenzahl 12. Antonio dividiert durch 3, Elena multipliziert mit dem Kehrwert $\frac{1}{3}$. Fabians Lösungsweg ist am kürzesten.

6.

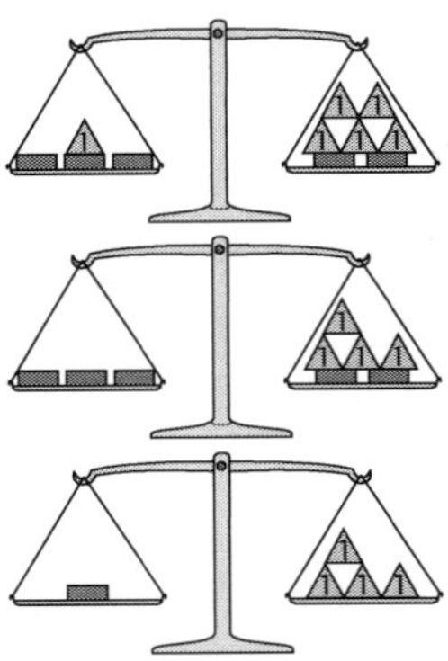

$3x+1=2x+5 \quad |-1$

$3x=2x+4 \quad |-2x$

$x=y$

7. a) $L=\{2\}$ b) $L=\{4\}$ c) $L=\{0{,}5\}$ d) $L=\{7\}$ e) $L=\{-2\}$ f) $L=\{-5\}$ g) $L=\{-9\}$ h) $L=\{-13\}$ i) $L=\{0\}$ j) $L=\{-3\}$

1.2.3 Lösen von Gleichungen mit Zusammenfassen von Vielfachen einer Variablen

23 **Einstieg:**

$3x+5x=8x$ $\quad 7x+x=8x$ $\quad 6x-x=5x$ $\quad 5x-4x=x$

24 **3.**

a)	b)	c)	d)
$6x$	$-0{,}2r$	r	$-2{,}47x$
$8y$	$-1{,}32x$	$-7s$	$-0{,}3h$
$4x$	$12x$	$-10z$	$\frac{1}{8}r$
0	0	$-0{,}7a$	$\frac{1}{12}x$

24

4. *Beispiele:*

a) $16x = 8x + 8x = 2x + 14x = 15x + x = 11x + 5x$

b) $9h = 4h + 5h = 8h + 1h = 2h + 7h = 6h + 3h$

c) $24b = 12b + 12b = 8b + 16b = 13b + 11b = 9b + 15b$

d) $20z = 10z + 10z = 12z + 8z = 5z + 15z = 19z + z$

5. Anna: $7x - 7$ kann man nicht zusammenfassen.
Ben, Christina und Dominik haben richtig zusammengefasst.

6. a) $9x + 2$ b) $7x + 1$ c) $-x - 12$ d) $28x + 9$ e) $19x - 6$ f) $-2x + 4$ g) $-x - 2$ h) $-3x - 13$ i) 0

25

7. a) $3x + 7x + 2x = 12x$ b) $-4a - 3a + 8a = a$ c) $4y - 9y + 2y = -3y$

8. –

9.
a) $4x + 1 = 2x + 17$; $L = \{8\}$
b) $15x + 4 = 5x - 86$; $L = \{-9\}$
c) $-8x + 3 = -4x - 33$; $L = \{9\}$
d) $5x + 33 = 9x - 7$; $L = \{10\}$
e) $5 = -3x + 26$; $L = \{7\}$
f) $3x + 2 = -3x + 26$; $L = \{4\}$
g) $2x + 9 = -20x + 20$; $L = \{0{,}5\}$
h) $9a + 26 = -9a + 20$; $L = \left\{\frac{1}{3}\right\}$
i) $4t - 4 = 0$; $L = \{1\}$
j) $-4u - 5 = u - 91$; $L = \{17{,}2\}$
k) $-30y - 4 = 10y + 11$; $L = \{-0{,}375\}$
l) $-2b - 4 = 4b - 10$; $L = \{1\}$
m) $-12r = 0$; $L = \{0\}$
n) $319b = 311b + 12$; $L = \{1{,}5\}$

10. Maria wollte vorher beide Seiten der Gleichung durch Zusammenfassen vereinfachen: $2x - 5 = x - 2$

11. a) $L = \{1\}$ b) $L = \{0{,}5\}$ c) $L = \{3\}$ d) $L = \{6\}$

12.

$$\begin{aligned} 3x + 2x + x &= 7x + 14 & & \\ 6x &= 7x + 14 & & \mid -7x \\ -x &= 14 & & \mid :(-1) \\ x &= -14 & & \end{aligned}$$

$$\begin{aligned} 4 - 2x &= 8 + x & & \mid -x \\ 4 - 3x &= 8 & & \mid -4 \\ -3x &= 4 & & \mid :(-3) \\ x &= -\tfrac{4}{3} = -1\tfrac{1}{3} & & \end{aligned}$$

13. a) $x + 11 = 3x$; $L = \{5{,}5\}$
b) $25 - x = 4x$; $L = \{5\}$
c) $7x - 12 = 2x + 8$; $L = \{4\}$

14. –

15. a) Addiert man 5 zum Vierfachen einer Zahl, so erhält man dasselbe, wie wenn man 19 und das Doppelte der Zahl addiert.
$L = \{7\}$ Die gesuchte Zahl ist 7.

b) Subtrahiert man 3 von der Hälfte der Zahl, so erhält man 7.
$L = \{20\}$ Die gesuchte Zahl ist 20.

25 **15. c)** Subtrahiert man das Doppelte der Zahl von 50, so erhält man dasselbe, wie wenn man die Zahl zu 17 addiert.
$L = \{11\}$ Die gesuchte Zahl ist 11.

d) Addiert man 7 zum Fünffachen einer Zahl, so erhält man dasselbe, wie wenn man 2 von dem Sechsfachen der Zahl subtrahiert.
$L = \{9\}$ Die gesuchte Zahl ist 9.

26 **16. a)** $7x - 3 = x;\ L = \left\{\frac{1}{2}\right\}$ und $\frac{1}{2}x + \frac{1}{4} = x;\ L = \left\{\frac{1}{2}\right\}$
Maria hat Recht.

b) *Beispiele:*

$L = \{2\}$: $4x + 3 = 3x + 5;\ -2x + 3 = 3x - 7;\ 2x - 4 = -3x + 6$

$L = \{13\}$: $2x - 5 = x + 8;\ -x + 8 = x - 18;\ -4x + 25 = 3x - 66$

$L = \{-4\}$: $-x - 14 = -2x - 18;\ 3x + 10 = 4x + 14;\ 0{,}5x - 3{,}2 = 1{,}5x + 0{,}8$

$L = \left\{\frac{1}{4}\right\}$: $4x - 3 = 8x - 4;\ -2x + 5 = 6x + 3;\ 5x + 10 = -2x + 11\frac{3}{4}$

$L = \left\{-\frac{1}{2}\right\}$: $2x + 4 = -3x + 1\frac{1}{2};\ -4x - 12 = -3x - 11\frac{1}{2};\ x - 18 = -x - 19$

17. a) Wir bezeichnen die fehlende Zahl in der Mitte der unteren Reihe mit x und erhalten folgende Mauer:

	$2x + 7$	
$3 + x$		$x + 4$
3	x	4

Damit erhalten wir für das obere Feld die Gleichung $2x + 7 = 23$ mit der Lösung $x = 8$.
Wir erhalten so die Mauer:

	23	
11		12
3	8	4

b) Die Zahl im rechten Feld in der unteren Reihe können wir direkt berechnen:
$11 - 7 = 4$
Die fehlende Zahl im zweiten Feld in der unteren Reihe bezeichnen wir mit x und erhalten so folgende Mauer:

	$3x + 31$		
	$2x + 13$	$x + 18$	
$6 + x$	$x + 7$	11	
6	x	7	4

Für das obere Feld der Mauer erhalten wir die Gleichung $3x + 31 = 37$ mit der Lösung $x = 2$.
Wir erhalten so die Mauer:

	37		
	17	20	
8	9	11	
6	2	7	4

26

17. c) Wir bezeichnen die fehlende Zahl in der Mitte der unteren Reihe mit x und erhalten folgende Mauer:

$6x+23$				
$3x+12$	$3x+11$			
$x+9$	$2x+3$	$x+8$		
8	$1+x$	$x+2$	6	
7	1	x	2	4

Damit erhalten wir für das obere Feld die Gleichung $6x+23=35$ mit der Lösung $x=2$.
Wir erhalten so die Mauer:

35				
18	17			
11	7	10		
8	3	4	6	
7	1	2	2	4

d) Wir bezeichnen die fehlende Zahl in der Mitte der unteren Reihe mit x und erhalten folgende Mauer:

$2x+12$		
$5+x$	$x+7$	
5	x	7

Damit erhalten wir für das obere Feld die Gleichung $2x+12=38$ mit der Lösung $x=13$.
Wir erhalten so die Mauer:

38		
18	20	
5	13	7

e) Wir bezeichnen die fehlende Zahl im zweiten Feld der unteren Reihe mit x und erhalten folgende Mauer:

$3x+29$			
$2x+10$	$x+19$		
$3+x$	$x+7$	12	
3	x	7	5

Damit erhalten wir für das linke Feld in der 3. Reihe von unten die Gleichung $2x+10=26$ mit der Lösung $x=8$.
Wir erhalten so die Mauer:

53			
26	27		
11	15	12	
3	8	7	5

26 **17. f)** Wir bezeichnen die fehlende Zahl im linken Feld in der unteren Reihe mit x und erhalten folgende Mauer:

		$x+69$		
	$x+34$	35		
	$x+14$	20	15	
$x+4$	10	10	5	
x	4	6	4	1

Damit erhalten wir für das linke Feld in der 4. Reihe von unten die Gleichung $x + 34 = 50$ mit der Lösung $x = 16$. Wir erhalten so die Mauer:

		85		
	50	35		
	30	20	15	
20	10	10	5	
16	4	6	4	1

18. –

Das kann ich noch!

A) 1) Kongruenzsatz sws; $c \approx 5{,}9\,\text{cm}$; $\alpha \approx 45°$; $\beta \approx 79°$

2) Das Dreieck ist nicht konstruierbar, da die Dreiecksgleichung nicht erfüllt ist, denn $a + c < b$.

3) Kongruenzsatz wsw; $a \approx 8{,}9\,\text{cm}$; $c \approx 6{,}9\,\text{cm}$; $\beta = 68°$

4) Kongruenzsatz sss; $\alpha \approx 127°$; $\beta \approx 21°$; $\gamma = 32°$

5) Kongruenzsatz Ssw; $c \approx 9{,}4\,\text{cm}$; $\beta \approx 12°$; $\gamma \approx 138°$

6) Das Dreieck ist nicht konstruierbar, da $\alpha + \beta > 180°$.

7) Kongruenzsatz wsw; $b \approx 9{,}6\,\text{cm}$; $c \approx 12{,}4\,\text{cm}$; $\alpha = 22°$

8) Der Winkel β liegt der kürzeren Seite gegenüber.
Es gibt zwei Lösungsdreiecke, die nicht kongruent zueinander sind.
$c_1 \approx 9{,}3\,\text{cm}$; $\alpha_1 \approx 48°$; $\gamma_1 \approx 100°$ $\quad$ $c_2 \approx 2{,}6\,\text{cm}$; $\alpha_2 \approx 132°$; $\gamma_2 \approx 16°$

1.3 Sonderfälle bei der Lösungsmenge

27 **Einstieg:**

Anna: $2x + 6 + 3x - 2 = 9 + 5x - 3$

$$5x + 4 = 5x + 6$$
$$0 = 2$$

Die letzte Gleichung ist eine falsche Aussage. Es gibt keine rationale Zahl, die Lösung der Gleichung sein kann. Die Lösungsmenge ist leer: $L = \{\ \}$

Lukas: $2x + 7 - 3x - 8 = 4 - x - 5$

$$-x - 1 = -x - 1 \quad |+x$$
$$-1 = -1$$

Die letzte Gleichung ist eine wahre Aussage. Jede rationale Zahl ist Lösung der Gleichung: $L = \mathbb{Q}$

28

1. a) Der 2. Weg ist falsch. Die Variable x könnte den Wert 0 annehmen. In diesem Fall ist die Division nicht möglich. Die Gleichungen haben verschiedene Lösungsmengen.
   b) 0 ist keine Lösung für (1); 3 ist keine Lösung für (2). Die Umformungen sind keine Äquivalenzumformungen, weil sich die Lösungsmenge ändert. Der Term ist für $x = 0$ null; der Term $(x - 3)$ wird für $x = 3$ null.

2. a) $L = \mathbb{Q}$
   b) $L = \{\ \}$
   c) $L = \{\ \}$
   d) $L = \{\ \}$
   e) $L = \mathbb{Q}$
   f) $L = \mathbb{Q}$
   g) $L = \{0\}$
   h) $L = \{\ \}$
   i) $L = \mathbb{Q}$

3. Tom: falsch; richtig: $L = \{0\}$
   Uta: falsch; richtig: $L = \{0\}$
   Victor: falsch; richtig:
$$3 - 4x + 2 = x - 5x$$
$$5 - 4x = -4x$$
$$5 = 0$$
$$L = \{\ \}$$

4. –

5. a) $L = 2$
   b) $L = \{0\}$
   c) $L = \{\ \}$
   d) $L = \left\{\frac{1}{4}\right\}$
   e) $L = \mathbb{Q}$
   f) $14x - 6{,}1 = 0{,}2$; $L = \{0{,}45\}$
   g) $-11y + 18{,}3 = 1 - 11y$; $L = \{\ \}$
   h) $3{,}9x = 0{,}7x$; $L = \{0\}$
   i) $-10a - 1 = 0$; $L = \{-0{,}1\}$
   j) $\frac{17}{60}x = 0$; $L = \{0\}$

Im Blickpunkt: Lösen von Gleichungen mit einem Computer-Algebra-System (CAS)

29

1. a) –
   b) Der Rechner formt im letzten Beispiel den Term um in einen Term mit Klammern.

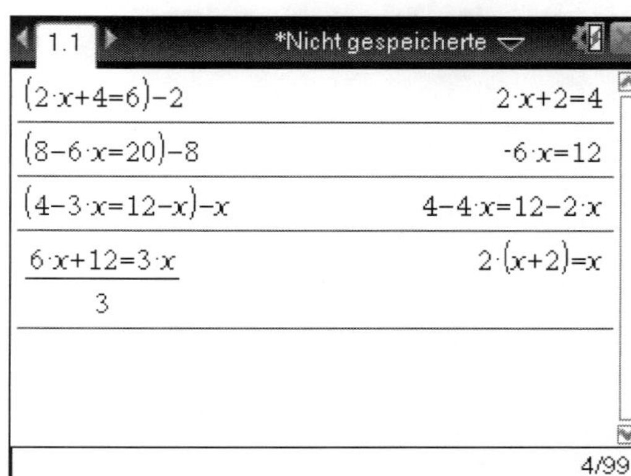

29 2. a) – b) –

3. a) True bedeutet, dass die Gleichung für alle Zahlen eine wahre Aussage ist, also $L = \mathbb{Q}$.
False bedeutet, dass die Gleichung für alle Zahlen eine falsche Aussage ist, also $L = \{\ \}$.
b) Die Lösungen werden alle mit $x = \ldots$ angegeben und durch ein „oder" (or) verbunden.

1.4 Modellieren – Anwenden von Gleichungen

30 **Einstieg:**

Linker Rahmen:

$$\begin{aligned} x + 1{,}5x - 4 + x + 1{,}5x - 4 &= 100 \\ 5x - 8 &= 100 \\ 5x &= 108 \\ x &= 21{,}6 \end{aligned}$$

Das Bild hat die Außenmaße 21,6 cm und 32,4 cm.

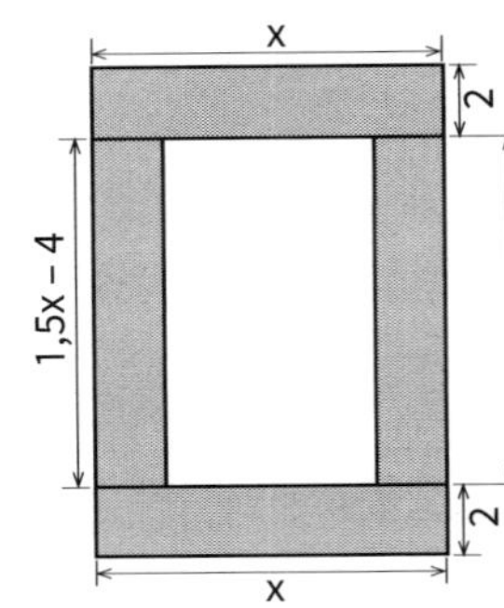

Mittlerer Rahmen:

$$\begin{aligned} x - 2 + 1{,}5x - 2 + x - 2 + 1{,}5x - 2 &= 100 \\ 5x - 8 &= 108 \\ x &= 21{,}6 \end{aligned}$$

Die Maße des Bildes sind wie beim linken Rahmen.

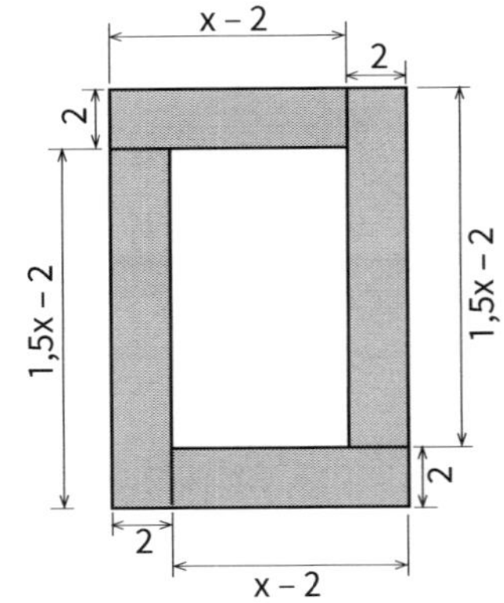

30 **Einstieg:** Fortsetzung

Rechter Rahmen:

$$x + 1{,}5x + x + 1{,}5x = 100$$
$$5x = 100$$
$$x = 20$$

Das Bild hat die Außenmaße 20 cm und 30 cm, ist also kleiner, da beim Abschneiden der Ecken Abfall entsteht.

Man hat dabei vorausgesetzt, dass man die Leiste nicht umdrehen kann, also Vorderseite und Hinterseite nicht vertauschen kann. Sonst würde der Abfall nur an den beiden Enden der Leiste entstehen.

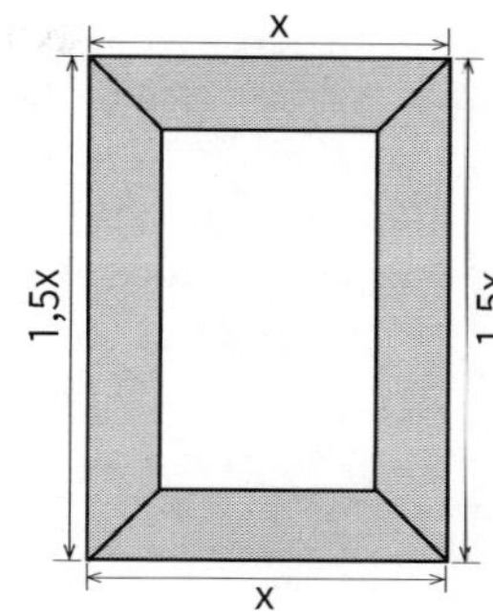

31 1. x: Anzahl der Fische

Einschränkende Bedingung: x ist eine natürliche Zahl

Gleichung: $\frac{1}{5}x + \frac{2}{3}x + 1 = x$ *Lösung:* $x = \frac{15}{2} = 7{,}5$

7,5 ist keine natürliche Zahl; die Lösungsmenge ist $L = \{\ \}$.

32 2. Die Diagonale gehört auch zur Abgrenzung des Spielfeldes.

Gleichung:

$$2x + 2x + 2x + 2x + x = 75$$
$$9x = 75$$
$$x = 8\tfrac{1}{3} \approx 8{,}33$$

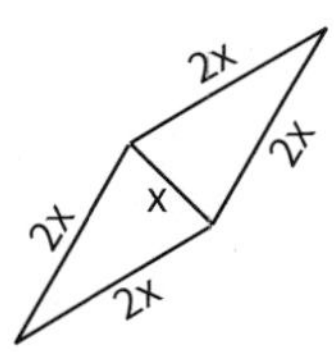

Das Spielfeld wird so eingegrenzt, dass die „Basis“ 8,30 m und die „Schenkel“ 16,60 m lang sind; gegebenenfalls auch nur 8 m und 16 m, wenn man das Umwickeln der Pfosten und das Durchhängen noch stärker berücksichtigt.

3. a) Länge der kürzeren Kante (in cm): x

Länge der mittleren Kante (in cm): 2x

Länge der längeren Kante (in cm): 4x

Gleichung: $4 \cdot x + 4 \cdot 2x + 4 \cdot 4x = 150$

$$4x + 8x + 16x = 150$$
$$28x = 150$$
$$x = \frac{75}{14} = 5\tfrac{5}{14} \approx 5{,}357$$

Man darf hier nicht aufrunden, da sonst 150 cm Plastikrohr nicht ausreichen würden. Die kürzere Kante ist ungefähr 5,35 cm, die mittlere Kante 10,7 cm und die längere 21,4 cm lang.

b) –

32

4. Alter des Sohnes (in Jahren): x
Alter des Vaters (in Jahren): $x + 26$
Gleichung: $x + (x + 26) = 40$ *Lösung:* $x = 7$
Antwort: Der Sohn ist 7 Jahre, der Vater 33 Jahre alt.

5. Alter von Paul (in Jahren): x
Alter von Peter (in Jahren): $x + 4$
Alter von Mary (in Jahren): $2x$
Gleichung: $(x + 4) + x + 2x = 44$ *Lösung:* $x = 10$
Antwort: Paul ist 10 Jahre, Peter 14 Jahre und Mary 20 Jahre alt.

6. Seitenlänge eines kleinen Dreiecks (in cm): x
Ohne „Füße" erhält man die Gleichung:
$27x = 150$, also $x = \frac{50}{9} = 5\frac{5}{9} \approx 5{,}556$
Man darf hier nicht aufrunden, da man sonst mehr als 1,50 m Stange benötigen würde.
Die Seite eines kleinen Dreiecks ist also ungefähr 5,5 cm lang. Eine Seite des Topfuntersetzers ist dann ungefähr 22 cm lang.

7. **a)** Zwei Bretter sind zusammen 4 m lang. Das eine Brett ist 30 cm länger als das andere Brett.
Länge des kürzen Bretts (in cm): x
Länge des längeren Bretts (in cm): $x + 30$
Gleichung: $x + (x + 30) = 400$ *Lösung:* $x = 185$
Das kürzere Brett ist 185 cm lang, das längere Brett 215 cm.

b) Wenn Marie von 20 € die Hälfte ihres Taschengeldes subtrahiert sind es genau 0 €.
Wie viel Taschengeld hat Marie?
Taschengeld von Marie (in €): x
Gleichung: $20 - 0{,}5x = 0$ *Lösung:* $x = 40$
Marie hat 40 € Taschengeld.

c) Der Umfang eines Dreiecks beträgt 30 cm. Die längste Seite ist doppelt so lang wie die mittlere. Die kürzeste Seite ist 3 cm kürzer als die mittlere.
Länge der mittleren Seite (in cm): x
Länge der längsten Seite (in cm): $2x$
Länge der kürzesten Seite (in cm): $x - 3$
Gleichung: $x + 2x + (x - 3) = 30$ *Lösung:* $x = 8{,}25$ cm
Die mittlere Seite ist 8,25 cm lang, die längste Seite 16,5 cm und die kürzeste Seite 5,25 cm.

8. Höhe des gesamten Turms (in Schuh): x
Gleichung: $\frac{1}{4}x + \frac{1}{5}x + 100 = x$ Lösung: $x = 181\frac{9}{11}$
Antwort: Der Turm ist insgesamt $181\frac{9}{11}$ Schuh hoch, davon $45\frac{5}{11}$ Schuh im Erdreich und $36\frac{4}{11}$ Schuh im Wasser.

1.5 Lösen von Ungleichungen

33

Einstieg:

a) $5x + 1\,195 < 1\,530 \quad |-1\,195$

$5x < 335 \quad |:5$

$x < 67$

Ein Motor muss weniger als 67 kg wiegen.

b) $L = \{x \in \mathbb{Q} \mid x < 2\}$

Die Ungleichung gilt für alle rationalen Zahlen kleiner als 2.

35

2. a) $5 + 3x < x + 8 + 2x$

$5 + 3x < 3x + 8 \quad |-3x$

$5 < 8$

Die Ungleichung ergibt für alle rationalen Zahlen eine wahre Aussage:

$L = \mathbb{Q}$

b) $5 - x < 2x + 1 - 3x$

$5 - x < 1 - x \quad |+x$

$5 < 1$

Die Ungleichung ergibt für alle rationalen Zahlen eine falsche Aussage:

$L = \{\ \}$

3. a)

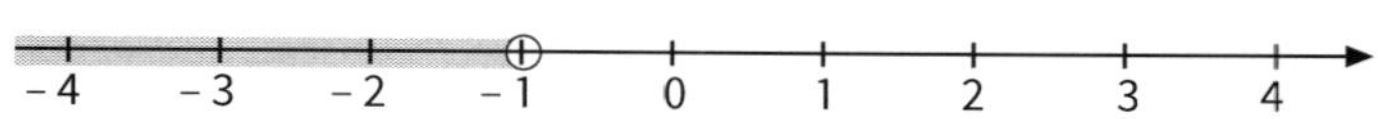

b)

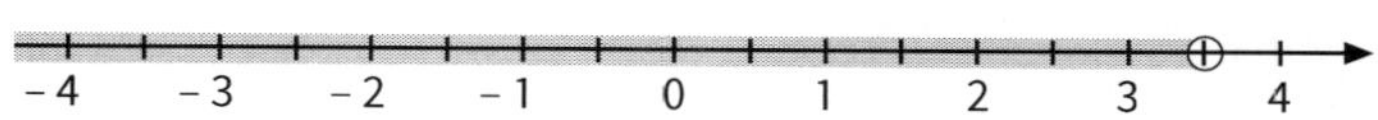

c)

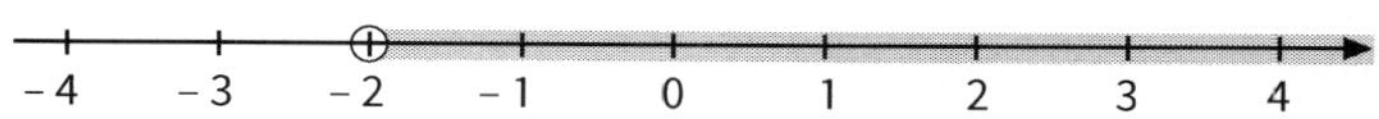

d)

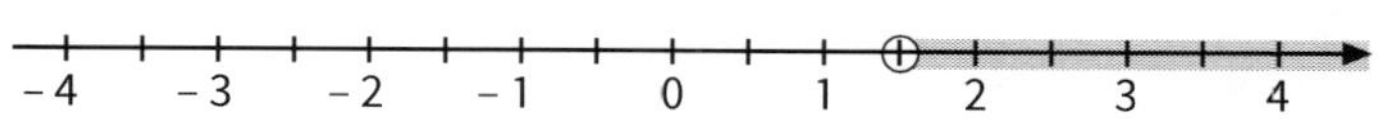

4. a) $\{x \in \mathbb{Q} \mid x < 4\}$ b) $\{x \in \mathbb{Q} \mid x > 1\}$ c) $\{x \in \mathbb{Q} \mid x < -3\}$ d) $\{x \in \mathbb{Q} \mid x > -7\}$

5. a) $2x + 8 < 18 \quad |-8$ Subtraktionsregel

$2x < 10 \quad |:2$ Divisionsregel a)

$x < 5$

$L = \{x \in \mathbb{Q} \mid x < 5\}$

b) $6r - 9 > -3 \quad |+9$ Additionsregel

$6r > 6 \quad |:6$ Divisionsregel a)

$r > 1$

$L = \{r \in \mathbb{Q} \mid r > 1\}$

c) $13x - 7 < 84 \quad |+7$ Additionsregel

$13x < 91 \quad |:13$ Divisionsregel a)

$x < 7$

$L = \{x \in \mathbb{Q} \mid x < 7\}$

d) $16x - 1{,}7 > 4{,}7 \quad |+1{,}7$ Additionsregel

$16x > 6{,}4 \quad |:16$ Divisionsregel a)

$x > 0{,}4$

$L = \{x \in \mathbb{Q} \mid x > 0{,}4\}$

35

5. e) $2{,}3 + 1{,}4x < 9{,}3 \quad |-2{,}3$ Subtraktionsregel

$1{,}4 < 7 \quad |:1{,}4$ Divisionsregel a)

$x < 5$

$L = \{x \in \mathbb{Q} \mid x < 5\}$

f) $\frac{1}{8}x - 0{,}2 > -7{,}45 \quad |+0{,}2$ Additionsregel

$\frac{1}{8}x > -7{,}25 \quad |\cdot 8$ Multiplikationsregel a)

$x > -58$

$L = \{x \in \mathbb{Q} \mid x > -58\}$

g) $0 < \frac{2}{5} + \frac{1}{3}x + 0{,}6$

$0 < \frac{1}{3}x + 1 \quad |-1$ Subtraktionsregel

$-1 < \frac{1}{3}x \quad |\cdot 3$ Multiplikationsregel a)

$-3 < x$

$L = \{x \in \mathbb{Q} \mid x > -3\}$

h) $1 > \frac{3}{4}x + \frac{3}{4} - x$

$1 > -\frac{1}{4}x + \frac{3}{4} \quad |-\frac{3}{4}$ Subtraktionsregel

$\frac{1}{4} > -\frac{1}{4}x \quad |\cdot(-4)$ Multplikationsregel b)

$-1 < x$

$L = \{x \in \mathbb{Q} \mid x > -1\}$

36

6. a) Stefan hat direkt umgeformt und dann die Multiplikationsregel b) angewandt.
Laura hat die Ungleichung so umgeformt, dass sie die Multiplikationsregel b) vermeidet.
Bastian rechnet wie Laura, hat aber vorher die beiden Seiten der Ungleichung vertauscht (aus kleiner als wird größer als), damit x auf der linken Seite der Ungleichung steht.

b) **(1)** $18 - 8x < 6 \quad |-18$

$-8x < -24 \quad |:(-8)$

$x > 3$

$L = \{x \in \mathbb{Q} \mid x > 3\}$

(2) $-24 - 7x > 11 \quad |+24$

$-7x > 35 \quad |:(-7)$

$x < -5$

$L = \{x \in \mathbb{Q} \mid x < -5\}$

7. a) $L = \{x \in \mathbb{Q} \mid x < 4\}$

b) $L = \{x \in \mathbb{Q} \mid x > 7\}$

c) $L = \left\{x \in \mathbb{Q} \mid x > -\frac{1}{8}\right\}$

d) $L = \{x \in \mathbb{Q} \mid x > 0{,}5\}$

e) $L = \{x \in \mathbb{Q} \mid x > -45\}$

f) $L = \left\{x \in \mathbb{Q} \mid x - \frac{3}{5}\right\}$

g) $L = \left\{x \in \mathbb{Q} \mid x > \frac{1}{100}\right\}$

h) $L = \left\{x \in \mathbb{Q} \mid x < \frac{6}{95}\right\}$

8. a) *Ungleichung:* $12 + x < 3$ $\quad L = \{x \in \mathbb{Q} \mid x < -9\}$

b) *Ungleichung:* $\frac{x}{3} < -10$ $\quad L = \{x \in \mathbb{Q} \mid x < -30\}$

c) *Ungleichung:* $3x - 18 < 0$ $\quad L = \{x \in \mathbb{Q} \mid x < 6\}$

36

9. Länge der kürzeren Seite (in cm): x
Länge der längeren Seite (in cm): $x + 2$
Ungleichung: $x + (x + 2) + x + (x + 2) = 4x + 4 > 20$
Lösungsmenge: $L = \{x \in \mathbb{Q} \mid x > 4\}$
Antwort: Die kürzere Seite ist länger als 4 cm, die längere Seite länger als 6 cm.

10. *Beispiele:*
a) *Ungleichung:* $3x - 16 \geq -13$; $L = \{x \in \mathbb{Q} \mid x \geq 1\}$
b) *Ungleichung:* $-2x + 5 \leq 19$; $L = \{x \in \mathbb{Q} \mid x \geq -7\}$

11. a) b) c) d)

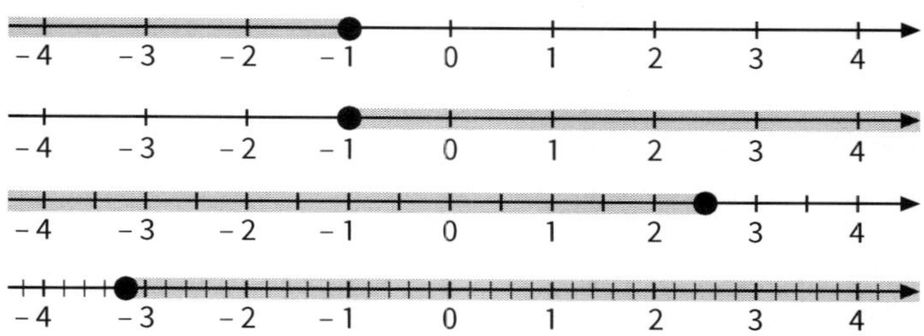

12. a) $L = \{x \in \mathbb{Q} \mid x \leq 5\}$
b) $L = \{a \in \mathbb{Q} \mid x \geq 7\}$
c) $L = \{a \in \mathbb{Q} \mid x \geq -1{,}2\}$
d) $L = \{z \in \mathbb{Q} \mid x \leq 4\}$
e) $L = \{x \in \mathbb{Q} \mid x \geq -4\}$
f) $L = \{y \in \mathbb{Q} \mid x \geq -6\}$
g) $L = \{z \in \mathbb{Q} \mid z \geq -1\}$
h) $L = \{u \in \mathbb{Q} \mid u \leq -2\}$

13. (1) $L = \mathbb{Q}$
(2) $L = \{\ \}$
(3) $L = \{x \in \mathbb{Q} \mid x \geq 0\}$
(4) $L = \mathbb{Q}$
(5) $L = \mathbb{Q}$

14. a) (1) $L = \mathbb{Q}$
(2) $L = \{\ \}$
b) (1) $L = \mathbb{Q}$
(2) $L = \{\ \}$
c) (1) $L = \{\ \}$
(2) $L = \mathbb{Q}$

Wenn bei einer Ungleichung mit dem Zeichen $\leq$ die Lösungsmenge $\mathbb{Q}$ ist, dann ist bei dieser Ungleichung mit dem Zeichen $>$ die Lösungsmenge die leere Menge. Entsprechendes gilt für $\geq$ und $<$, für $<$ und $\geq$ und für $>$ und $\leq$.

15. a) $L = \{\ \}$
b) $L = \mathbb{Q}$
c) $L = \mathbb{Q}$
d) $L = \mathbb{Q}$
e) $L = \mathbb{Q}$
f) $L = \{\ \}$

2. Dreiecke und Kreise

39 **Einstiegsseite:**
Zu jeder Sehne $\overline{AB}$ des Kreises geht die Mittelsenkrechte von $\overline{AB}$ durch den Kreismittelpunkt M. Man muss also nur zwei nicht zueinander parallele Sehnen zeichnen sowie zu beiden jeweils die Mittelsenkrechte. Der Schnittpunkt der beiden Mittelsenkrechten ist der Mittelpunkt M des Kreises.

Lernfeld: Abstand halten – Nicht zu dicht dran, nicht zu weit weg!

40 **1. Auftrag: Gas-Flaring**
- → Die Punkte liegen auf einem Kreis um die Fackel (Mittelpunkt) mit dem Radius 10 m.
- → Die Punkte liegen auf einem Kreis um den Punkt P mit dem Radius 3 cm.
- → Die Punkte liegen auf den beiden zu g parallelen Geraden, die zu g den gleichen Abstand haben (auf beiden Seiten von g).
- → Die Punkte liegen auf der Mittenparallelen zu g und h, das ist die Parallele zu g und zu h, die genau in der Mitte zwischen g und h verläuft, also zu g und h den gleichen Abstand hat.
- → Die Punkte liegen auf der Mittelsenkrechten zu $\overline{PQ}$.
- → Die Punkte liegen auf den beiden Geraden, die die Schnittwinkel von a und b halbieren.

2. Auftrag: Forschungsstation
Die drei Forschungsstationen bilden ein Dreieck. Man zeichnet die Mittelsenkrechten der Dreieckseiten. Die drei Mittelsenkrechten schneiden sich in einem Punkt M. Wählt man diesen Punkt als Mittelpunkt eines Kreises durch einen Eckpunkt, so liegen alle drei Eckpunkte auf diesem Kreis. Die Forschungsstationen haben also von diesem Schnittpunkt M alle den gleichen Abstand, sind also alle gleich weit entfernt. Das Depot sollte beim Punkt M errichtet werden. Die Entfernung zu den einzelnen Stationen beträgt etwa 5 km.
- → Die drei gegebenen Punkte bilden ein Dreieck. Man zeichnet die Mittelsenkrechte der Dreieckseiten. Die drei Mittelsenkrechten schneiden sich in einem Punkt M.
  Wählt man diesen Punkt als Mittelpunkt eines Kreises durch einen Eckpunkt, so liegen alle drei Eckpunkte auf diesem Kreis. Die Eckpunkte des Dreiecks haben also von diesem Schnittpunkt M alle den gleichen Abstand.
- → Alle Vierecke, deren Eckpunkte auf einem Kreis liegen, erfüllen diese Bedingung. Der Mittelpunkt des Kreises ist von allen Eckpunkten gleich weit entfernt. Von den besonderen Vierecken erfüllen Quadrate, Rechtecke und gleichschenklige Trapeze diese Bedingung.

40 **2. Auftrag:** Fortsetzung

→ Die drei Winkelhalbierenden, die die drei Innenwinkel des Dreiecks halbieren, schneiden sich in einem Punkt. Dieser Punkt hat von allen drei Dreieckseiten den gleichen Abstand.

→ Alle Vierecke, deren Seiten einen Kreis berühren, erfüllen diese Bedingung. Der Kreis liegt innerhalb des Vierecks und berührt alle vier Seiten. Von den besonderen Vierecken erfüllen Quadrat, Rhomben und Drachenvierecke diese Bedingung.

2.1 Kreis und Geraden

42 **1.** Der Mittelpunkt M ist der Schnittpunkt der Mittelsenkrechten zu $\overline{AB}$ und der Geraden $\overline{PQ}$; (3,5 | 4,5); Radius ≈ 2,9

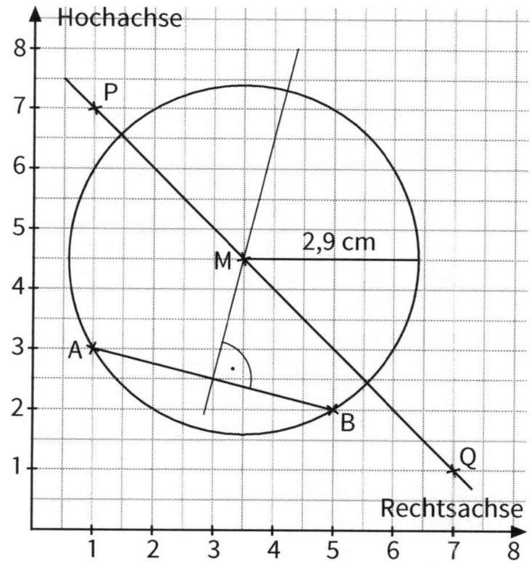

2.

Sekanten:	$\overline{AD}$, $\overline{AC}$, $\overline{DB}$
Tangenten:	$\overline{DE}$, $\overline{EC}$
Passanten:	EF
Durchmesser:	$\overline{DB}$

3. (1) Zeichne den Kreis um M mit dem Radius r = 3 cm und eine Gerade d durch M.

(2) Konstruiere auf d einen Punkt mit
a) |PM| = 2 cm;
b) |PM| = 3 cm;
c) |PM| = 5 cm.

(3) Konstruiere die Orthogonale zu d durch P. Diese ist die gesuchte Gerade g. g ist in
a) eine Sekante; b) eine Tangente; c) eine Passante.

4. Konstruiere die Orthogonale zum Radius $\overline{MP}$. Die Orthogonale ist die gesuchte Tangente.

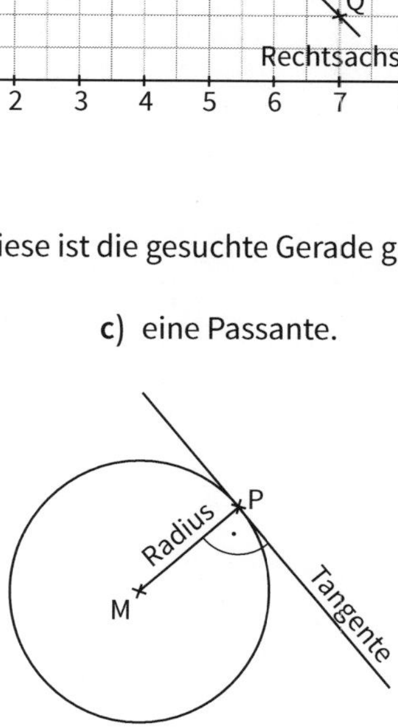

42

5\. a) Konstruiere die Orthogonale zu g durch M.
Den Schnittpunkt der Orthogonalen mit g nenne S_1, den Schnittpunkt der Halbgeraden mit dem Kreis nenne S_2. Der Mittelpunkt M_1 der Strecke $\overline{S_1S_2}$ ist der Mittelpunkt des gesuchten Kreises (durch S_1 und S_2).

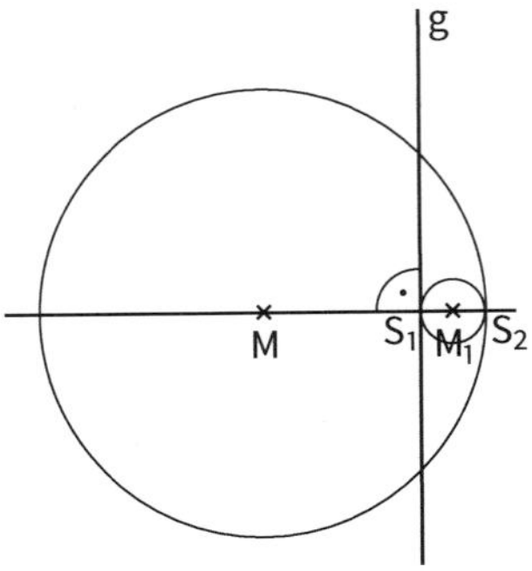

5\. b) Konstruiere die Orthogonale zu g durch M. Den Schnittpunkt der Senkrechten mit g nenne S_1, den Schnittpunkt mit dem Kreis nenne S_2. Der Mittelpunkt M_1 der Strecke $\overline{S_1S_2}$ ist der Mittelpunkt des gesuchten Kreises (durch S_1 und S_2).

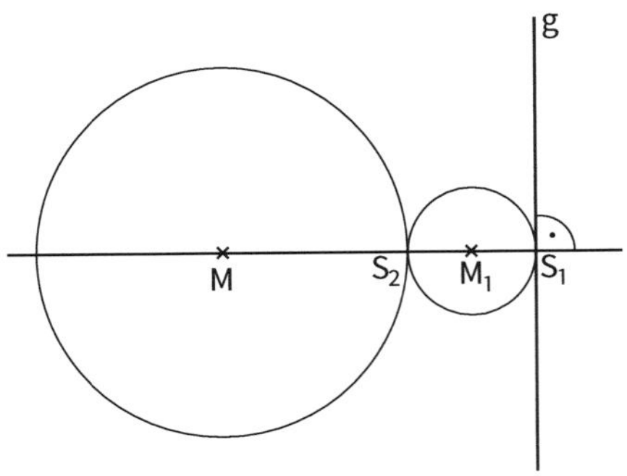

6\. a) Die Gerade P_1M schneidet den Kreis im Punkt S_1. Der Mittelpunkt M_1 der Strecke $\overline{P_1S_1}$ ist der Mittelpunkt des Kreises durch P_1 und berührt den Kreis in S_1.
b) Der Mittelpunkt M_2 der Strecke $\overline{P_2M}$ ist der Mittelpunkt des Kreises durch P_2 und berührt den Kreis in P_2.
c) Die Gerade P_3M schneidet den Kreis im Punkt S_3. Der Mittelpunkt der Strecke $\overline{P_3S_3}$ ist der Mittelpunkt des Kreises durch P_3 und berührt den Kreis in S_3.

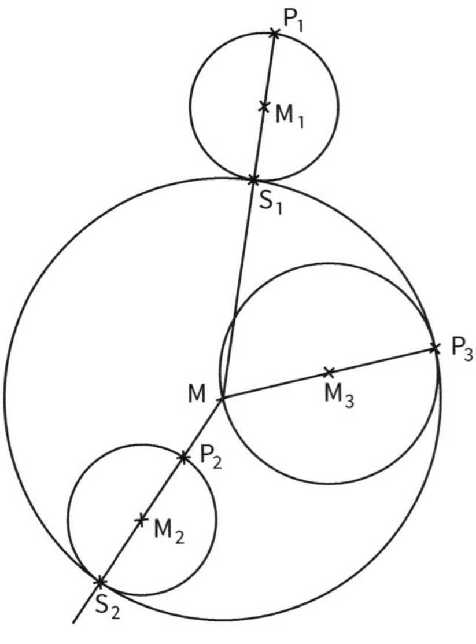

42

7. Aus der Zeichnung geht hervor, wie die vier inneren und die vier äußeren Kreise zu konstruieren sind. Hier sind g und h die sich unter einem Winkel von 110° kreuzenden Autobahnen; w_α und w_β sind Winkelhalbierende.

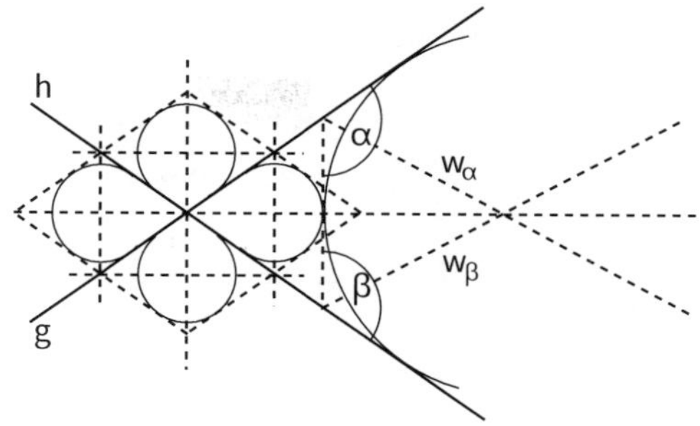

2.2 Besondere Punkte und Linien eines Dreiecks

2.2.1 Mittelsenkrechte – Umkreis eines Dreiecks

43

Einstieg 1:
Man erhält die Mittelsenkrechte zu $\overline{AB}$.

Einstieg 2:
Die Punkte liegen auf der Symmetrieachse der Strecke $\overline{AB}$, das ist die Mittelsenkrechte m zu $\overline{AB}$.

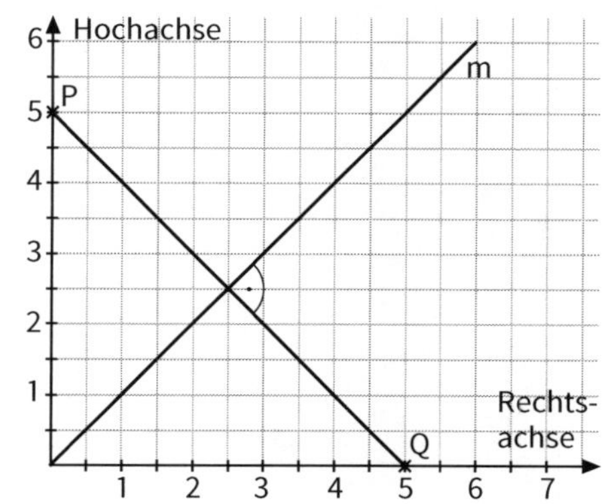

46

3. Bei stumpfwinkligen Dreiecken liegt der Mittelpunkt des Umkreises außerhalb des Dreiecks, bei rechtwinkligen Dreiecken liegt er auf der dem rechten Winkel gegenüberliegenden Seite (Mittelpunkt der Seite). Sonst liegt er innerhalb der Dreiecke.

4. a) (1) Zeichne einen Kreis mit $r = 4{,}3\,\text{cm}$.
(2) Wähle auf dem Kreis einen Punkt A. Zeichne um A einen Kreis mit dem Radius $c = 5{,}7$ cm und einen Kreis mit dem Radius $b = 3{,}8$ cm. Die Schnittpunkte mit dem Kreis aus (1) sind die Eckpunkte B bzw. C des Dreiecks ABC mit:
$a \approx 8{,}0\,\text{cm}$, $\alpha \approx 112°$, $\beta \approx 26°$, $\gamma \approx 42°$

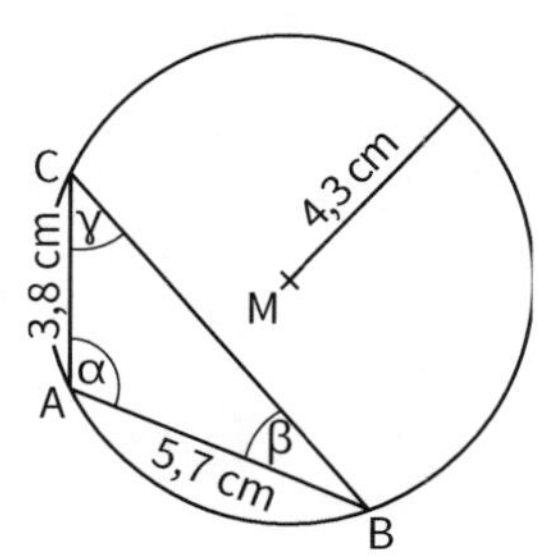

46

4. **b)** (1) Zeichne einen Kreis mit dem Radius $r = 3{,}1\,cm$.

(2) Wähle auf dem Kreis einen Punkt B und zeichne um B einen Kreis mit dem Radius $a = 4{,}7\,cm$. Der Schnittpunkt mit dem Kreis aus (1) ist der Eckpunkt C.

(3) Trage an $\overline{BC}$ in B den Winkel $\beta = 49°$ an. Der Schnittpunkt des anderen Schenkels mit dem Kreis aus (1) ist der Eckpunkt A des Dreiecks ABC mit: $b \approx 4{,}7\,cm$, $c \approx 6{,}1\,cm$, $\alpha \approx 49°$, $\gamma \approx 82°$

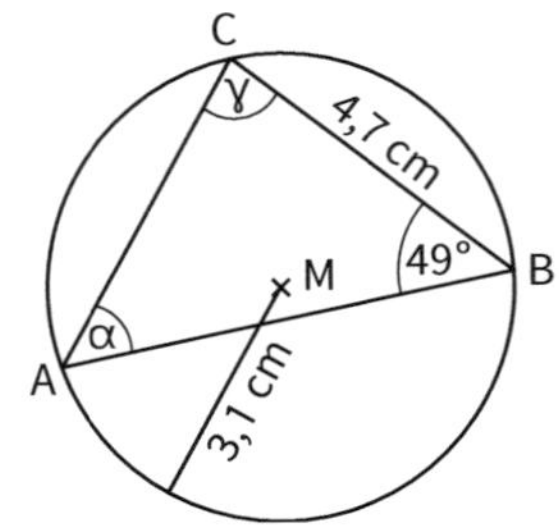

5. Konstruiere die Mittelsenkrechte zu $\overline{PQ}$. Der Schnittpunkt der Mittelsenkrechten mit der Geraden AB ist der gesuchte Punkt S.

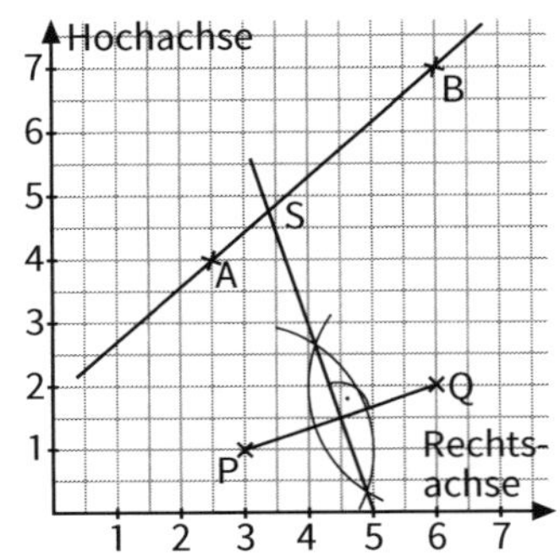

6. **a)** Alle Punkte „rechts" der Mittelsenkrechten m von $\overline{PQ}$ sind von P weiter entfernt als von Q.

b) Alle Punkte „links" der Mittelsenkrechten m von $\overline{PQ}$ und auf m liegen von P höchstens so weit entfernt wie von Q.

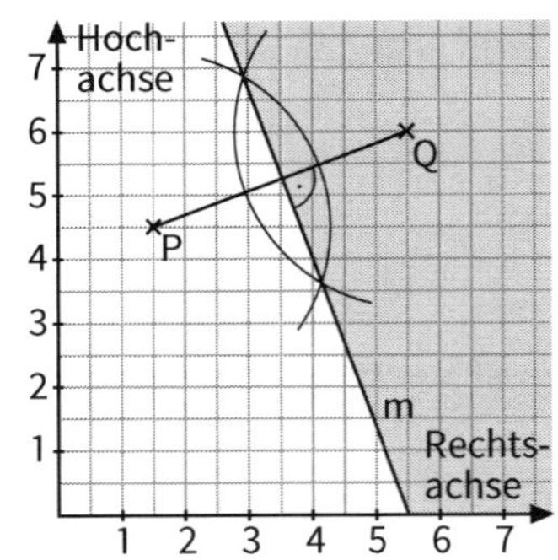

7. Man konstruiert die Mittelsenkrechte zur Verbindungsstrecke der beiden Ortschaften. Die Anschlussstelle kann an einem der beiden Schnittpunkte der Straße mit der Mittelsenkrechten liegen.

8. Die Mittelsenkrechten schneiden sich in einem Punkt, dem Mittelpunkt des Umkreises.

47

9. Das Depot liegt am Mittelpunkt des Umkreises. Die Entfernung zu den drei Stationen beträgt in der Zeichnung etwa 5,5 cm, in Wirklichkeit also etwa 5,5 km.

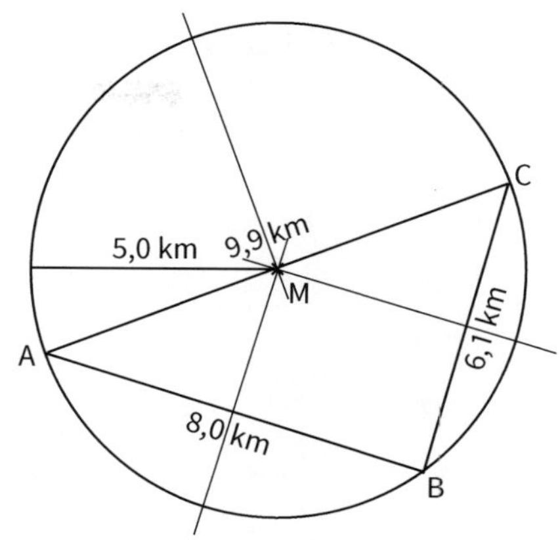

10. a) r ≈ 2,95 cm ≈ 3 cm,
b ≈ 4,7 cm
α ≈ 75°
γ ≈ 56°

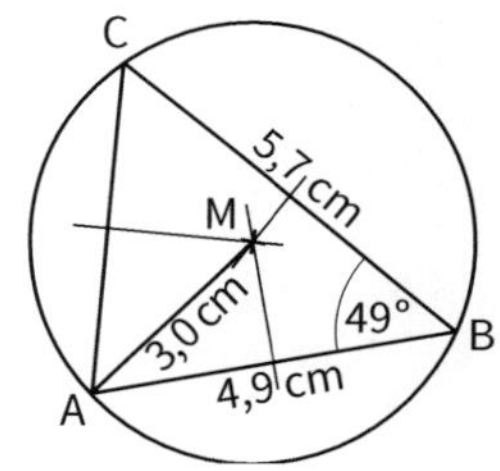

b) r ≈ 3,4 cm,
b ≈ 4,2 cm
α ≈ 39°
β ≈ 64°

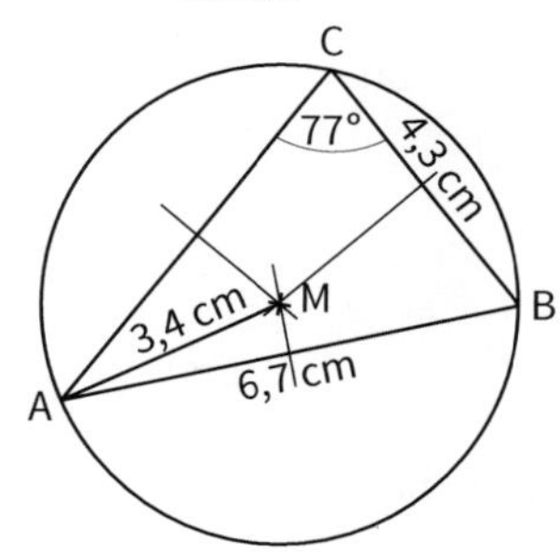

c) r ≈ 4,1 cm
α ≈ 30°
β ≈ 38°
γ ≈ 112°

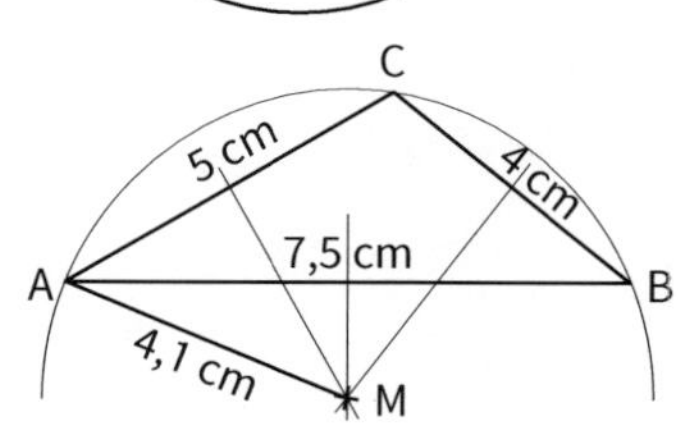

d) r ≈ 2,9 cm
b ≈ 5,2 cm
c ≈ 5,3 cm
β ≈ 62°

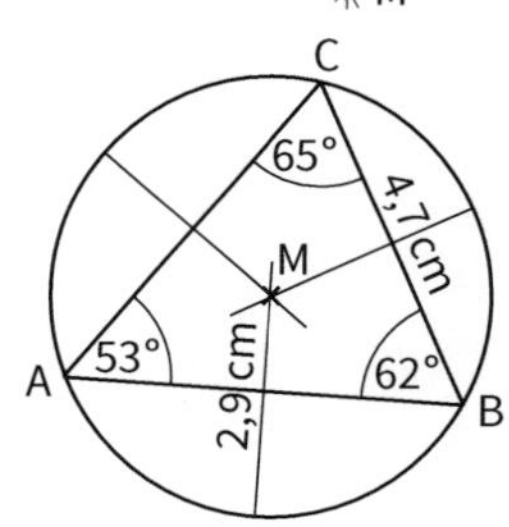

47

11. Für ein stumpfwinkliges Dreieck ist der Umkreis nicht der kleinste Kreis, der das Dreieck enthält. Für alle anderen Dreiecke ist der Umkreis der kleinste Kreis, der das Dreieck enthält.

12. Der Bogen überspannt eine Breite von 27 m. Aus dem Foto können wir dann abschätzen, dass der Stich eine Länge von etwa 4 m bis 5 m hat.

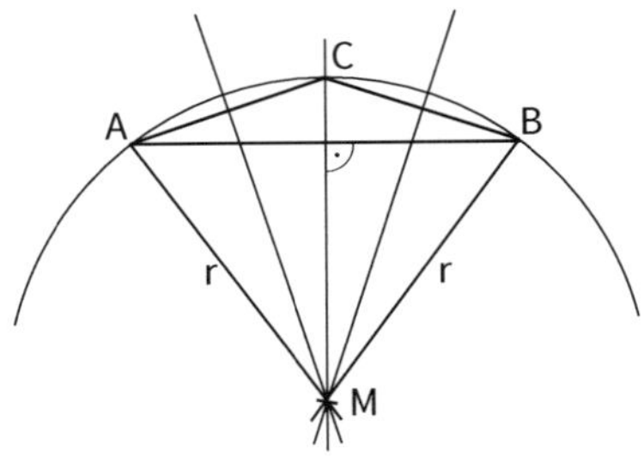

Wir zeichnen nun ein Dreieck aus den Endpunkten A und B des Bogens und dem oberen Ende des Stichs. Diesen Punkt nennen wir C. Den Radius des Brückenbogens erhalten wir, wenn wir den Umkreismittelpunkt von ABC bestimmen. Der Stich liegt auf der Mittelsenkrechten zur Strecke $\overline{AB}$. Wir konstruieren das gleichschenklige Dreieck und wählen dafür den Maßstab 1 : 900, also 1 cm für 9 m:

(1) Zeichne die Strecke $\overline{AB}$ mit $|AB| = 3\,cm$.
(2) Konstruiere die Mittelsenkrechte zu $\overline{AB}$.
(3) Der Punkt C liegt auf der Mittelsenkrechten 0,5 cm über $\overline{AB}$.
(4) Konstruiere die anderen Mittelsenkrechten des Dreiecks ABC und zeichne den oberen Bogen des Umkreises.

Durch Messen erhalten wir für den Radius des Umkreises $r \approx 2{,}5\,cm$, also umgerechnet $r \approx 22{,}5\,m$.

13. Zeichne das Dreieck aus der 14 cm langen Seite und den anliegenden 60° und 50° großen Winkeln die Mittelsenkrechten und den Umkreis des Dreiecks. Die Holzscheibe muss der Größe des Umkreises entsprechen und hat einen Durchmesser von ungefähr 14,9 cm.

14. a) (1) Zeichne einen Kreis um den Umkreismittelpunkt M mit $r = 3\,cm$ und einen Punkt A auf dem Umkreis.
(2) Der Schnittpunkt des Kreisbogens um A mit $r = 5\,cm$ und dem Umkreis ergibt den Punkt B.
(3) Der Schnittpunkt des Kreisbogens um B mit $r = 4{,}5\,cm$ und dem Umkreis ergibt den Punkt C.

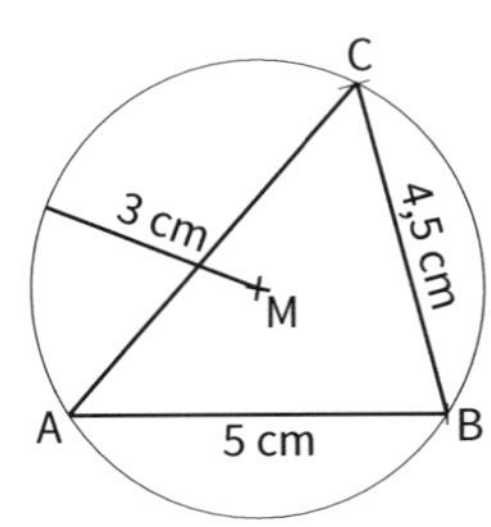

ABC ist das gesuchte Dreieck.
$b \approx 5{,}8\,cm$, $\alpha \approx 49°$, $\beta \approx 75°$, $\gamma \approx 56°$

47

14. b) (1) Zeichne einen Kreis um den Umkreismittelpunkt M mit $r = 4{,}5\,\text{cm}$ und einen Punkt C auf dem Umkreis.
(2) Der Schnittpunkt des Kreisbogens um C mit $r = 3{,}5\,\text{cm}$ und dem Umkreis ergibt den Punkt B.
(3) Der Schnittpunkt des Kreisbogens um C mit $r = 2{,}0\,\text{cm}$ und dem Umkreis ergibt den Punkt A.
ABC ist das gesuchte Dreieck.
$b \approx 5{,}3\,\text{cm}$, $\alpha \approx 23°$, $\beta \approx 13°$, $\gamma \approx 144°$

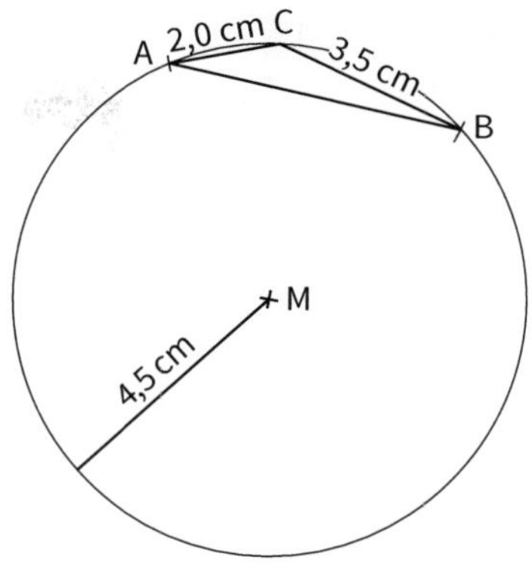

c) (1) Zeichne einen Kreis um den Umkreismittelpunkt M mit $r = 2{,}7\,\text{cm}$ und einen Punkt A auf dem Umkreis.
(2) Der Schnittpunkt des Kreisbogens um A mit $r = 4{,}8\,\text{cm}$ und dem Umkreis ergibt den Punkt B.
(3) Trage in A den Winkel $\alpha = 48°$ an. Der Schnittpunkt des freien Schenkels mit dem Umkreis ergibt den Punkt C.
ABC ist das gesuchte Dreieck.
$a \approx 4{,}0\,\text{cm}$, $b \approx 5{,}1\,\text{cm}$, $\beta \approx 69°$, $\gamma \approx 63°$

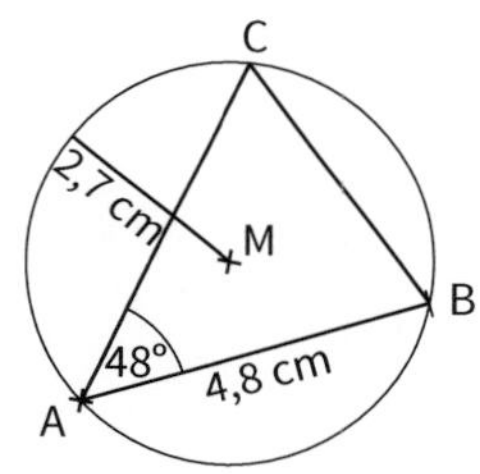

d) (1) Zeichne einen Kreis um den Umkreismittelpunkt M mit $r = 2{,}5\,\text{cm}$ und einen Punkt C auf dem Umkreis.
(2) Der Schnittpunkt des Kreisbogens um C mit $r = 3{,}7\,\text{cm}$ und dem Umkreis ergibt den Punkt A.
(3) Trage in C den Winkel $\gamma = 55°$ an. Der Schnittpunkt des freien Schenkels mit dem Umkreis ergibt den Punkt B.
ABC ist das gesuchte Dreieck.
$a \approx 4{,}9\,\text{cm}$, $c \approx 4{,}1\,\text{cm}$, $\alpha \approx 77°$, $\beta \approx 48°$

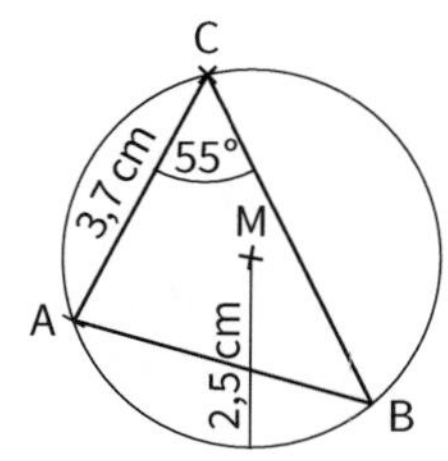

47 **15. a)** Von den besonderen Vierecken besitzen Quadrate, Rechtecke und gleichschenklige Trapeze einen Umkreis.

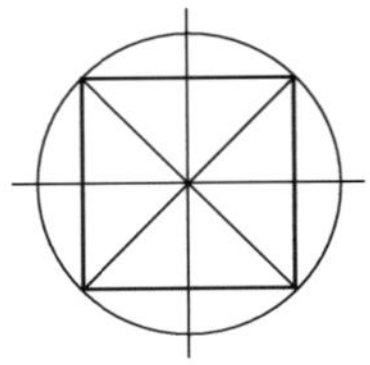
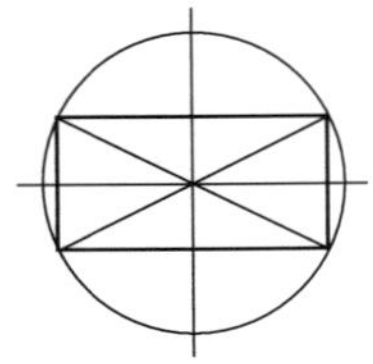
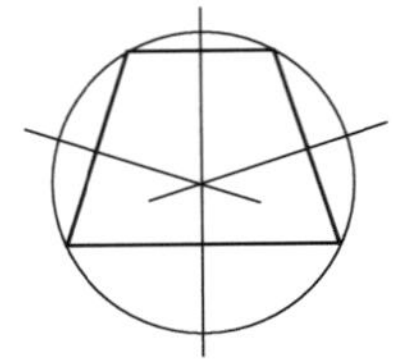

Quadrat — Rechteck — Gleichschenkliges Trapez

b) Rauten, Parallelogramme, Drachenvierecke und Trapeze besitzen im Allgemeinen keinen Umkreis, außer wenn sie eines der in Teilaufgabe a) genannten besondere Viereck mit einem Umkreis sind.

2.2.2 Winkelhalbierende – Inkreis eines Dreiecks

48 **Einstieg 1:**
Die Punkte liegen auf der Winkelhalbierenden des Winkels.

Einstieg 2:
Der Schatz liegt auf de Winkelhalbierenden des Winkels, den die Weggabelung bildet.

51 **3.** Der Mittelpunkt des Inkreises liegt immer innerhalb des Dreiecks.

4. Der Mittelpunkt liegt auf der Winkelhalbierenden des Winkels, den die Weggabelung bildet.

5. *Kehrsatz:* Für Winkel, die höchstens 180° groß sind, gilt:
Wenn ein Punkt P von den beiden Schenkeln denselben Abstand hat, dann liegt P auf der Winkelhalbierenden.

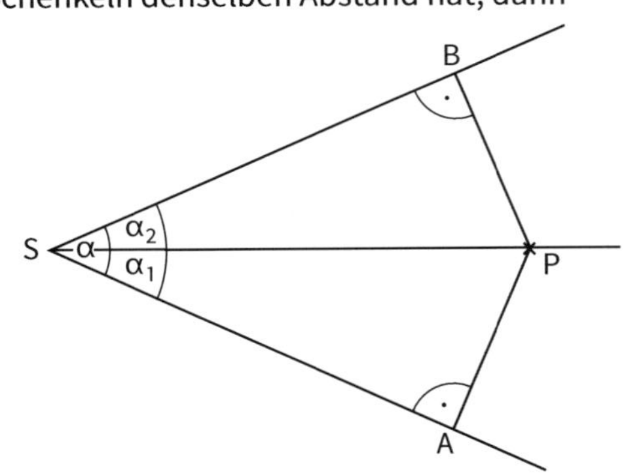

Beweis des Kehrsatzes:
Wir zeichnen die Halbgerade $\overline{SP}$.
Für die Dreiecke SAP und SPB gilt:
$|SP| = |SP|$ gleiche Strecke
$|PA| = |PB|$ nach Voraussetzung
Die Winkel bei A und B sind rechte Winkel.
Die Dreiecke SAP und SPB sind nach dem Kongruenzsatz Ssw zueinander kongruent, denn dem rechten Winkel liegt die längste Strecke gegenüber.
Dann stimmen entsprechende Stücke überein, also auch $\alpha_1 = \alpha_2$.
Der Punkt P liegt also auf der Winkelhalbierenden von α.

51

6\. a) Man erhält die Punkte S_1, S_2, S_3 und S_4 als Schnittpunkte der Winkelhalbierenden der Geradenkreuzung mit den Kreisen um den Schnittpunkt von AB und CD mit dem Radius 2,5 cm.

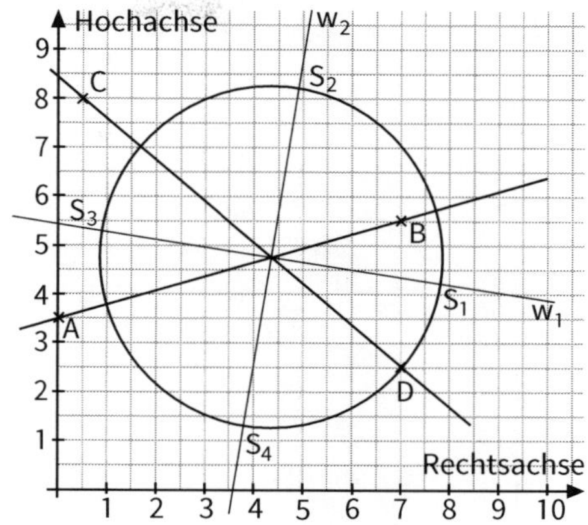

b) Man erhält die Punkte S_1, S_2, S_3 und S_4 als Schnittpunkte der Winkelhalbierenden der Geradenkreuzung mit dem Kreis um P mit dem Radius 4,2 cm.

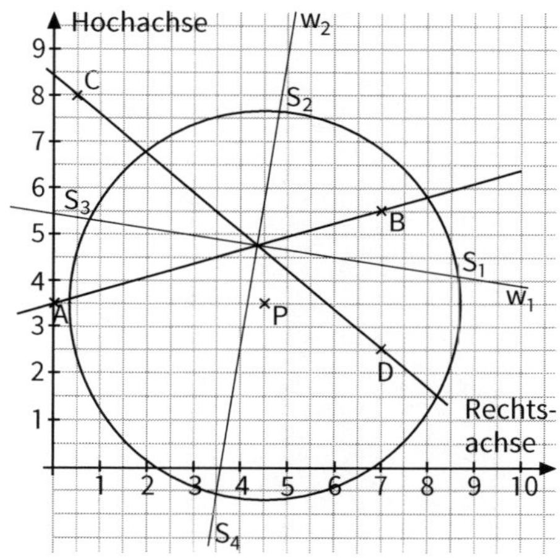

c) Man erhält die Punkte S_1 und S_2 als Schnittpunkte der Winkelhalbierenden der Geradenkreuzung mit der Mittelsenkrechten zu $\overline{PQ}$.

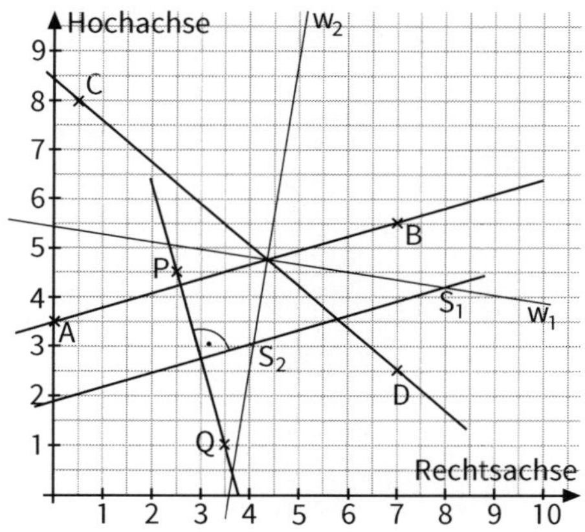

7\. Die Winkelhalbierenden schneiden sich in einem Punkt.

51 **8.** **a)** $\varrho \approx 1{,}2\,\text{cm}$
$c \approx 8{,}5\,\text{cm}$
$\alpha \approx 36°$
$\beta \approx 29°$

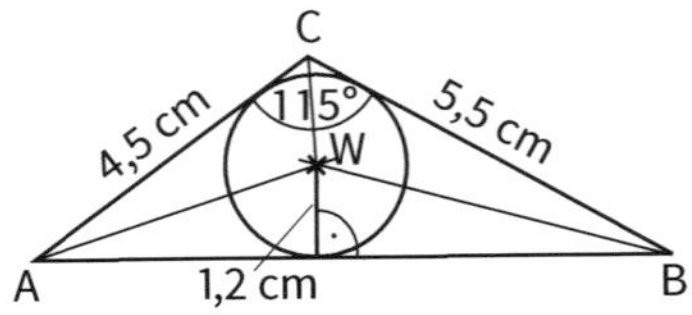

b) $\varrho \approx 1{,}4\,\text{cm}$
$\alpha \approx 86°$
$\beta \approx 59°$
$\gamma \approx 35°$

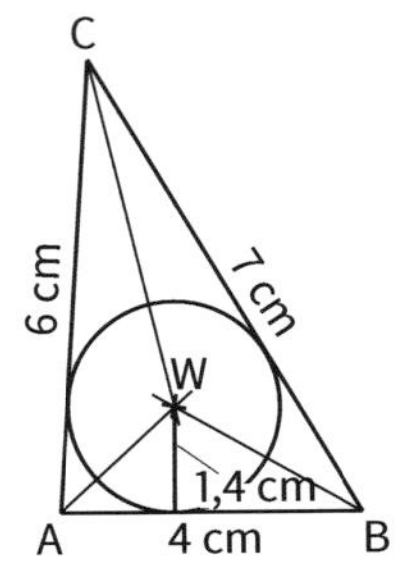

c) $\varrho \approx 1{,}5\,\text{cm}$
$a \approx 4{,}2\,\text{cm}$
$b \approx 5{,}7\,\text{cm}$
$\gamma \approx 80°$

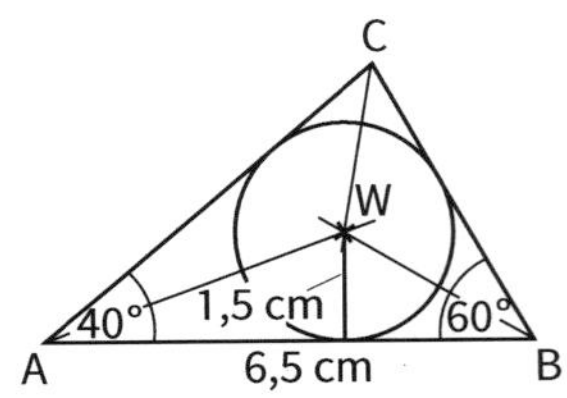

d) $\varrho \approx 1{,}4\,\text{cm}$
$c \approx 8{,}3\,\text{cm}$
$\beta \approx 28°$
$\gamma \approx 102°$

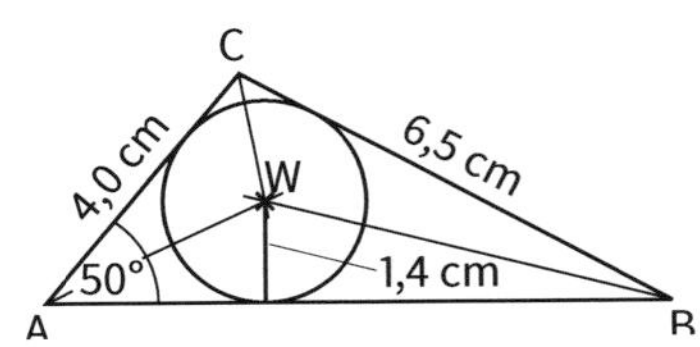

52 **9.** Der Mittelpunkt des Inkreises hat von den drei Dreieckseiten denselben Abstand.

10. *1. Fall:* Alle drei Geraden sind parallel zueinander. Dann gibt es keine Kreise, die alle drei Geraden berühren.

2. Fall: Zwei Geraden sind zueinander parallel. Die dritte Gerade schneidet diese Geraden:

$a \parallel b$, $a \nparallel c$, $b \nparallel c$

Die Gerade c schneidet die Geraden a und b in den Punkten S_a bzw. S_b.
Die Mittelpunkte der Kreise sind die Schnittpunkte der Winkelhalbierenden zwischen a und c bei S_a bzw. b und c bei S_b.

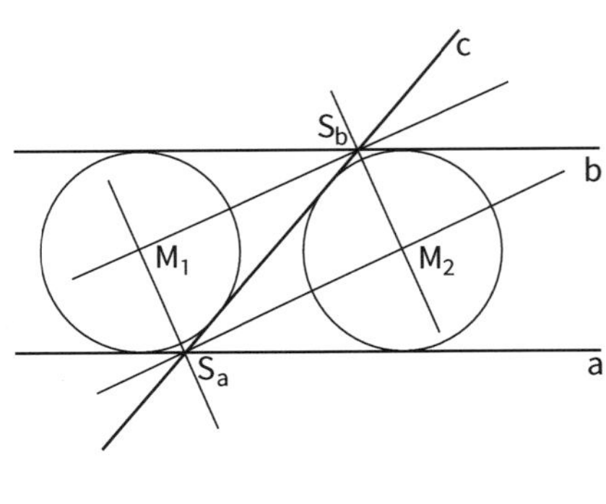

52

10. Fortsetzung:
3. Fall: Die drei Geraden a, b, und c sind nicht parallel zueinander und schneiden sich in drei Punkten A, B und C. Die Punkte bilden das Dreieck ABC. Der Inkreis berührt alle drei Geraden, aber auch die außen liegenden Kreise berühren die drei Geraden. Die Mittelpunkte der Kreise erhält man als Schnittpunkt der Winkelhalbierenden eines Innenwinkels mit den Winkelhalbierenden der Außenwinkel bei den anderen beiden Punkten.

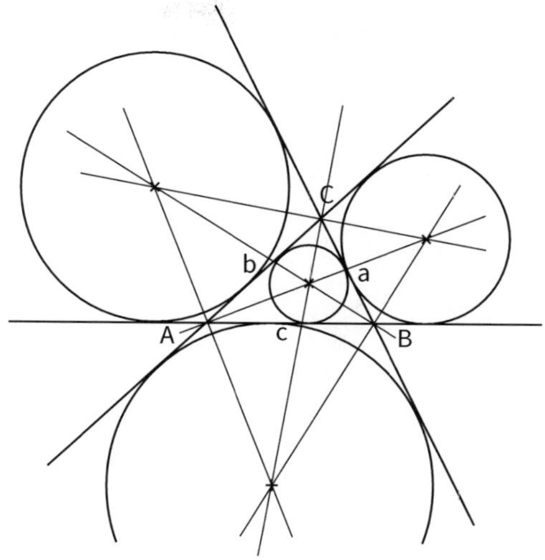

Die Außenwinkel erhält man durch Verlängern der Dreieckseiten.

11. a) W(≈ 6,6 | ≈ 3,8),
$\rho \approx 0{,}8$ cm,
a ≈ 4,2 cm,
b ≈ 10,8 cm,
c ≈ 7,1 cm, $\alpha \approx 14°$,
$\beta \approx 143°$, $\gamma \approx 23°$

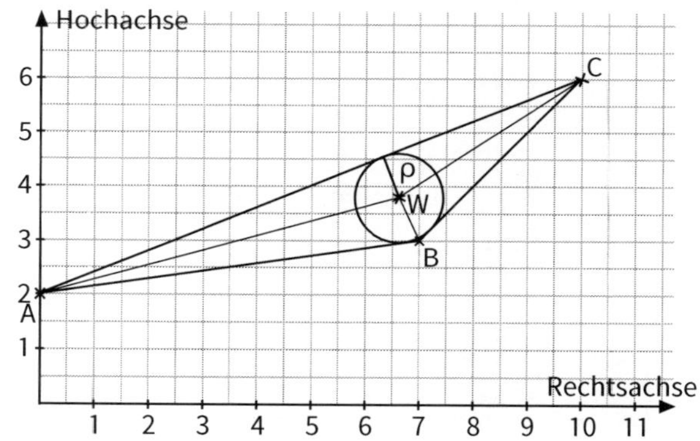

b) W(≈ 6,4 | ≈ 7,4),
$\rho \approx 1{,}7$ cm,
a ≈ 4,5 cm,
b ≈ 8,6 cm,
c ≈ 9,1 cm, $\alpha \approx 29°$,
$\beta \approx 70°$, $\gamma \approx 81°$

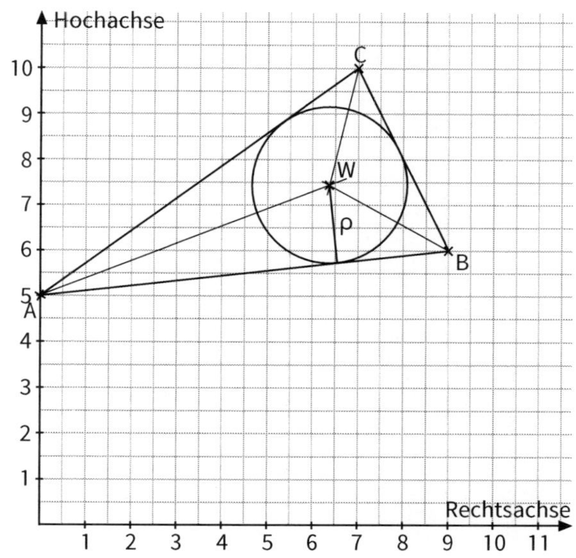

52

11.c) W(≈ 4,4 | ≈ 8,1),
ϱ ≈ 2,3 cm,
a ≈ 8,1 cm,
b ≈ 7,6 cm,
c ≈ 9,4 cm, α ≈ 55°,
β ≈ 51°, γ ≈ 74°

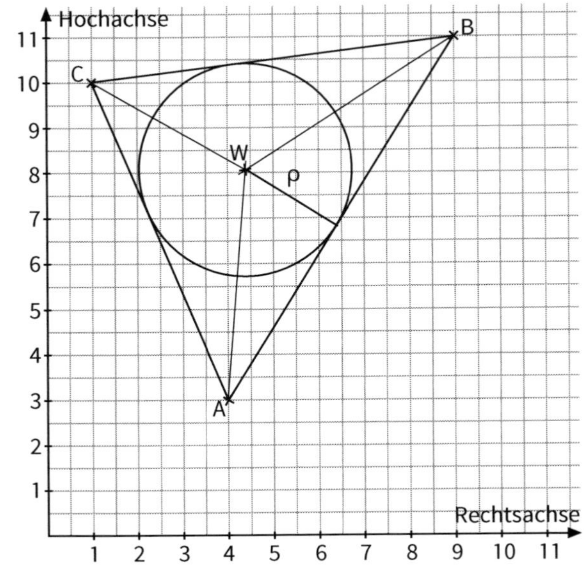

d) W(≈ −0,8 | ≈ 1,6),
ϱ ≈ 2,0 cm,
a ≈ 10,6 cm,
b ≈ 9,5 cm,
c ≈ 5,4 cm, α ≈ 87°,
β ≈ 63°, γ ≈ 30°

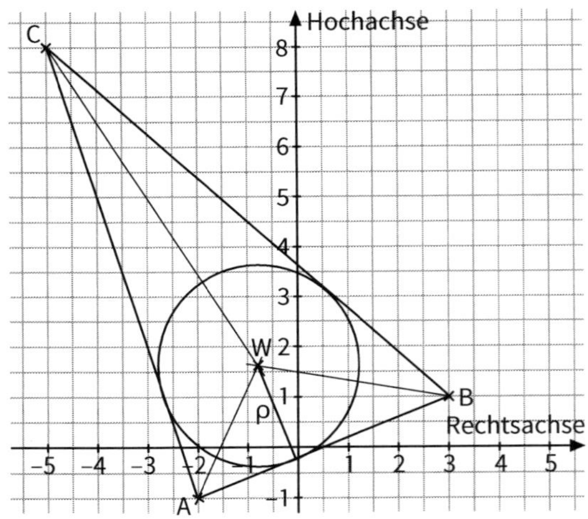

12. Der Untersetzer kann so groß werden wie der Inkreis des Dreiecks. Der Durchmesser beträgt 9,1 cm.

13. Nur bei gleichseitigen Dreiecken sind alle Winkelhalbierenden auch Mittelsenkrechten der gegenüberliegenden Seiten. Hier fallen die Mittelpunkte von Inkreis und Umkreis zusammen.

14. Der Inkreis des rechtwinkligen Dreiecks mit den Seitenlängen 28 m und 21 m hat einen Radius von 7 m. Hiervon geht der Sicherheitsabstand von 3 m ab. Der Durchmesser des Hochhauses ist also $(7\,\text{m} - 3\,\text{m}) \cdot 2 = 8\,\text{m}$.

52

15. Die Winkelhalbierende des Zentrierwinkels geht durch den Kreismittelpunkt. Man benötigt also nur zwei verschiedene Stellungen des Zentrierwinkels. Der Schnittpunkt der markierten Winkelhalbierenden ist der Kreismittelpunkt.

Das kann ich noch!

A) 1) −5 2) −14 3) −2 4) 5 5) −26 6) 36 7) 0 8) −8 9) 9 10) Durch 0 kann man nicht dividieren.

2.2.3 Die Höhengeraden eines Dreiecks

53

Einstieg:
Die Höhen schneiden sich in einem Punkt.

54

2. Man zeichnet die Dreiecke im Maßstab 1 : 100 (1 cm in der Zeichnung entspricht 1 m in der Wirklichkeit) und misst die zur unteren Seite gehörende Höhe. Die Bauteile sind ungefähr 3,7 m bzw. 2,9 m hoch.

55

3. a) $a \approx 9{,}2\,\text{cm}$, $b \approx 7{,}1\,\text{cm}$, $c \approx 6{,}1\,\text{cm}$
$\alpha \approx 89°$, $\beta \approx 50°$, $\gamma \approx 41°$, $H(2{,}1\,|\,1{,}2)$
b) $a \approx 8{,}2\,\text{cm}$, $b \approx 4{,}2\,\text{cm}$, $c \approx 7{,}1\,\text{cm}$
$\alpha \approx 90°$, $\beta \approx 31°$, $\gamma \approx 59°$, $H(0\,|\,5)$
c) $a \approx 10{,}0\,\text{cm}$, $b \approx 4{,}5\,\text{cm}$, $c \approx 6{,}1\,\text{cm}$
$\alpha \approx 144°$, $\beta \approx 15°$, $\gamma \approx 21°$, $H(2{,}6\,|\,-11{,}7)$
d) $a \approx 10{,}6\,\text{cm}$, $b \approx 7{,}3\,\text{cm}$, $c \approx 5{,}1\,\text{cm}$
$\alpha \approx 117°$, $\beta \approx 38°$, $\gamma \approx 25°$, $H(-6{,}1\,|\,-4{,}6)$

4. $\alpha = 80°$, $b \approx 3{,}0\,\text{cm}$, $c \approx 3{,}9\,\text{cm}$, $h_a \approx 2{,}6\,\text{cm}$, $h_b \approx 3{,}9\,\text{cm}$, $h_c \approx 3{,}0\,\text{cm}$

5. Zeichne das Dreieck mit den Seitenlängen $a = 3{,}6\,\text{km}$, $b = 2{,}7\,\text{km}$ und $c = 3{,}5\,\text{km}$ im Maßstab 1 : 100 000 (1 cm in der Zeichnung entspricht 1 km in der Wirklichkeit). Die Höhe h_c ist ungefährt 1,7 cm lang. Achtstedt liegt also etwa 1,7 km von der Autobahn entfernt. Das Waldstück muss also aufgeforstet werden.

6. a) $\alpha \approx 41°$, $\beta \approx 56°$, $\gamma \approx 83°$, $h_a \approx 5{,}0\,\text{cm}$, $h_b \approx 4{,}0\,\text{cm}$, $h_c \approx 3{,}3\,\text{cm}$
b) $c \approx 10{,}3\,\text{cm}$, $\alpha \approx 43°$, $\beta \approx 32°$, $h_a \approx 5{,}4\,\text{cm}$, $h_b \approx 7{,}1\,\text{cm}$, $h_c \approx 3{,}8\,\text{cm}$
c) $b \approx 9{,}0\,\text{cm}$, $\beta \approx 91°$, $\gamma \approx 41°$, $h_a \approx 5{,}9\,\text{cm}$, $h_b \approx 4{,}4\,\text{cm}$, $h_c \approx 6{,}7\,\text{cm}$
d) $a \approx 3{,}5\,\text{cm}$, $c \approx 2{,}1\,\text{cm}$, $\beta = 90°$, $h_a = c \approx 2{,}1\,\text{cm}$, $h_b \approx 1{,}8\,\text{cm}$, $h_c = a \approx 3{,}5\,\text{cm}$

55

7. (1) Zeichne die Punkte A, B und H in ein Koordinatensystem.
   (2) Zeichne die Strecke $\overline{AB}$.
   (3) Zeichne die Halbgerade $\overrightarrow{AH}$ und die Halbgerade $\overrightarrow{BH}$.
   (4) Konstruiere die Orthogonale zu AH durch B.
   (5) Konstruiere die Orthogonale zu BH durch A.
   (6) Den Schnittpunkt der beiden Orthogonalen aus (4) und (5) ist der Punkt C; ungefähre Koordinaten C(4 | 15).
   ABC ist das gesuchte Dreieck.

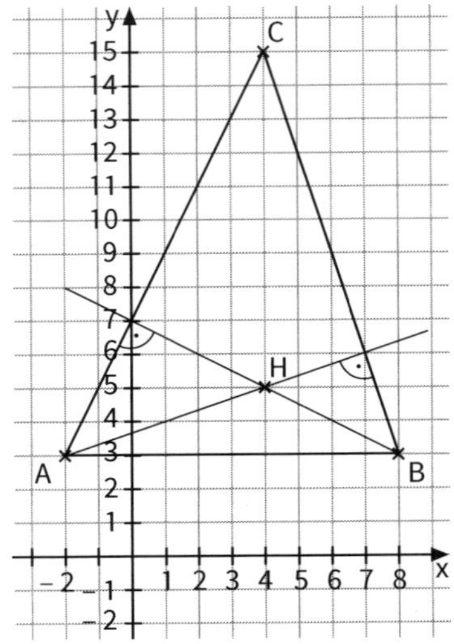

8. a) $\overline{AB}$ ist die Basis des gleichschenkligen Dreiecks ABC.
   Voraussetzung: $a = b$; $h_a \perp a$, $h_b \perp b$.
   Behauptung: $h_a = h_b$
   Beweis: Zunächst zeigen wir, dass Dreieck CAD kongruent zu Dreieck BCE ist.
   (1) $|AC| = |BC| = a$ (nach Voraussetzung)
   (2) $\gamma = \gamma$ (gleicher Winkel)
   (3) Rechte Winkel bei D und E (nach Voraussetzung)
   Nach dem Kongruenzsatz wsw sind die Dreiecke CAD und BCE kongruent zueinander.
   Daraus folgt $|AD| = |BE|$, also $h_a = h_b$.

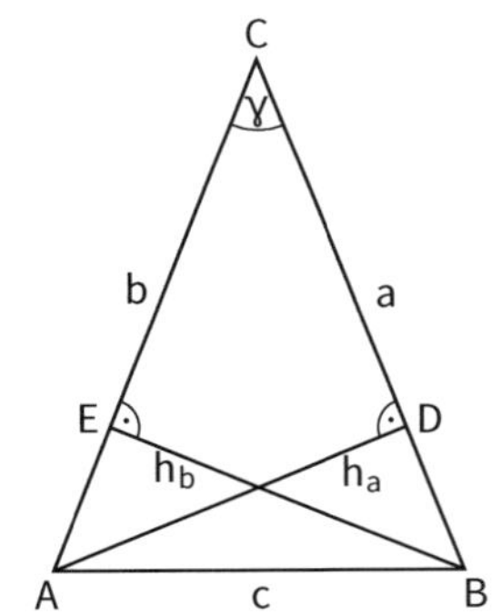

   b) *Voraussetzung:* $h_a = h_b$.
   Behauptung: $a = b$
   Beweis: Wir zeigen zunächst Dreieck CAD ist kongruent zu Dreieck BCE:
   (1) $\gamma = \gamma$ (gleicher Winkel)
   (2) $h_a = h_b$ (nach Voraussetzung)
   (3) Rechte Winkel bei D und E (nach Voraussetzung)
   Nach dem Kongruenzsatz wsw sind die Dreiecke CAD und BCE kongruent zueinander.
   Daraus folgt $|AC| = |BC|$, also $a = b$.

9. a) Die Höhengerade durch die Spitze des gleichschenkligen Dreiecks ist Symmetrieachse. Sie fällt mit der Mittelsenkrechten zur Basis und der Winkelhalbierenden des Winkels an der Spitze zusammen.
   b) Im gleichseitigen Dreieck fallen die Höhengeraden mit den Winkelhalbierenden der Innenwinkel und den Mittelsenkrechten der Dreieckseiten zusammen.

2.2.4 Seitenhalbierende – Schwerpunkt eines Dreiecks

55 **Einstieg 1:**
Die Linien schneiden sich in einem Punkt.

56 **Einstieg 2:**
a) Die Seitenhalbierenden schneiden sich in einem Punkt.
b) Der Schnittpunkt S der Seitenhalbierenden teilt jede Seitenhalbierende in zwei Teilstrecken. Die am Eckpunkt liegende Teilstrecke ist doppelt so lang wie die andere.

57 2. $\alpha \approx 38°$, $\beta \approx 57°$, $\gamma \approx 85°$, $s_a \approx 5{,}7\,cm$, $s_b \approx 4{,}6\,cm$, $s_c \approx 3{,}5\,cm$

3. a) $a \approx 9{,}2\,cm$, $b \approx 7{,}1\,cm$, $c \approx 6{,}1\,cm$, $\alpha \approx 89°$, $\beta \approx 50°$, $\gamma \approx 41°$, $S\,(2{,}7\,|\,3{,}7)$
b) $a \approx 8{,}2\,cm$, $b \approx 4{,}2\,cm$, $c \approx 7{,}1\,cm$, $\alpha = 90°$, $\beta \approx 31°$, $\gamma \approx 59°$, $S\,(2{,}7\,|\,5{,}3)$
c) $a \approx 3{,}2\,cm$, $b \approx 5{,}7\,cm$, $c \approx 3{,}2\,cm$, $\alpha \approx 26{,}5°$, $\beta \approx 127°$, $\gamma \approx 26{,}5°$, $S\,(3{,}3\,|\,2{,}6)$
d) $a = 4{,}0\,cm$, $b \approx 4{,}5\,cm$, $c \approx 4{,}5\,cm$, $\alpha \approx 53°$, $\beta \approx 63{,}5°$, $\gamma \approx 63{,}5°$, $S\,(-2{,}0\,|\,-0{,}7)$

4. Die Schwerpunkte sind identisch, da alle vier kleinen Dreiecke zueinander kongruent sind.

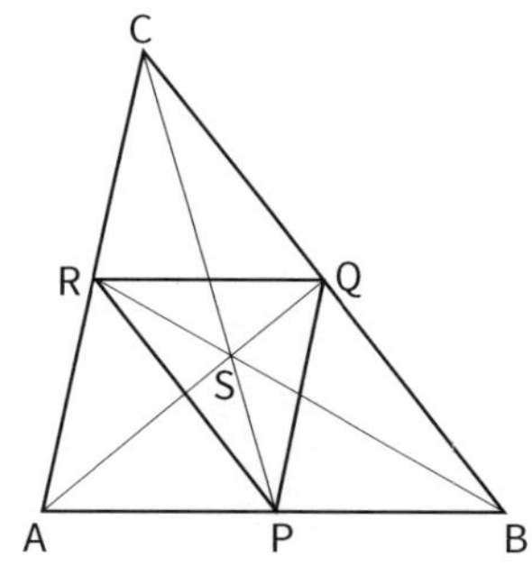

5. Im gleichschenkligen Dreieck liegt der Schnittpunkt der Seitenhalbierenden auf der Höhe zur Basis.
Im gleichseitigen Dreieck ist der Schwerpunkt identisch mit dem Mittelpunkt des In- und Umkreises sowie dem Höhenschnittpunkt.

Im Blickpunkt: Eine Eigenschaft der besonderen Linien im Dreieck

58 1. Die Punkte M, S und H liegen immer auf einer Geraden.

2.

Rechtwinkliges Dreieck:	H ist der Eckpunkt des Dreiecks, an dem der rechte Winkel liegt, und M liegt auf der dem rechten Winkel gegenüberliegenden Seite.
Gleichschenkliges Dreieck:	H, S, M liegen auf der Symmetrieachse des Dreiecks.
Gleichseitiges Dreieck:	H, W, S, M fallen zusammen.

58 3. Die Strecke $\overline{SH}$ ist doppelt so lang wie die Strecke $\overline{SM}$.

4. Beim gleichschenkligen Dreieck ist die Symmetrieachse auch Mittelsenkrechte zur Basis, Höhe zur Basis und Winkelhalbierende des Winkels an der Spitze. Die drei Punkte M, H und S liegen also auf der Symmetrieachse.
Beim rechtwinkligen Dreieck ist H ein Eckpunkt und M der Mittelpunkt der gegenüberliegenden Seite. HM ist also auch Seitenhalbierende und S liegt auf HM, also liegen alle drei Punkte auf dieser Geraden. Der Schwerpunkt M teilt die Strecke $\overline{HM}$ so, dass $\overline{SH}$ doppelt so lang ist wie $\overline{SM}$ (siehe Satz auf Seite 176 des Schülerbandes).

2.3 Satz des Thales

59 **Einstieg 1:**
Sie müssen sich alle mit dem gleichen Winkel drehen, nämlich um 90°.

Einstieg 2:
Man erhält bei C immer einen rechten Winkel.

60 2. a) *Konstruktionsbeschreibung:*
(1) Zeichne die Strecke $\overline{AB}$ mit $c = 4{,}8\,\text{cm}$ sowie den Thaleskreis über $\overline{AB}$.
(2) Zeichne um B einen Kreis mit dem Radius $a = 2{,}5\,\text{cm}$. Der Schnittpunkt mit dem Thaleskreis ist der Eckpunkt C.

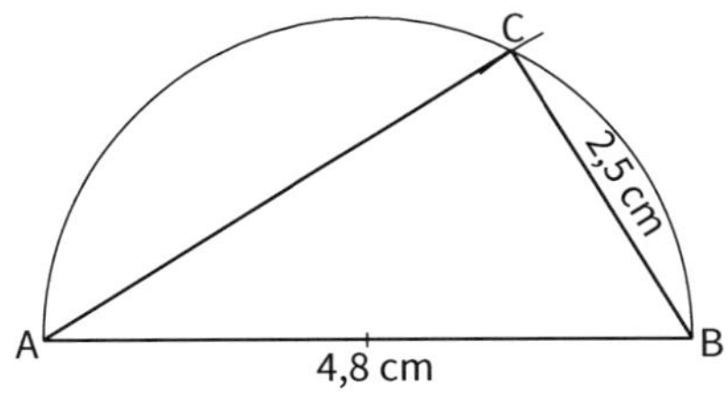

ABC ist das gesuchte Dreieck: $b \approx 4{,}1\,\text{cm}$, $\alpha \approx 31°$, $\beta \approx 59°$

b) *Konstruktionsbeschreibung:*
(1) Zeichne die Strecke $\overline{AB}$ mit $c = 4{,}7\,\text{cm}$ sowie den Thaleskreis über $\overline{AB}$.
(2) Zeichne die Parallele zu $\overline{AB}$ im Abstand von $h_c = 1{,}9\,\text{cm}$. Die Parallele schneidet den Thaleskreis in zwei Punkten C_1 und C_2.

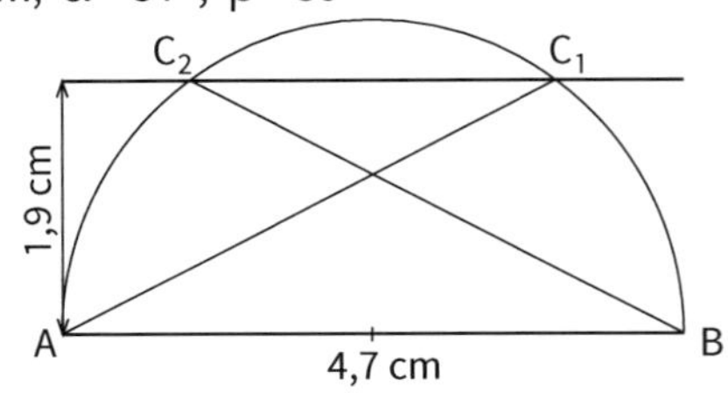

Es gibt also zwei Lösungsdreiecke ABC_1 und ABC_2:
1. Lösungsdreieck:
$a_1 \approx 2{,}1\,\text{cm}$, $b_1 \approx 4{,}2\,\text{cm}$, $c_1 = 4{,}7\,\text{cm}$, $\alpha_1 \approx 27°$, $\beta_1 \approx 63°$, $\gamma_1 = 90°$
2. Lösungsdreieck:
$a_2 \approx 4{,}2\,\text{cm}$, $b_2 \approx 2{,}1\,\text{cm}$, $c_2 = 4{,}7\,\text{cm}$, $\alpha_2 \approx 63°$, $\beta_2 \approx 27°$, $\gamma_2 = 90°$
Die Lösungsdreiecke sind kongruent zueinander. Sie liegen symmetrisch zur Mittelsenkrechten von $\overline{AB}$.

61

3. a) *Konstruktionsbeschreibung:*

(1) Zeichne die Strecke $\overline{AB}$ mit $c = 5{,}3\,cm$ sowie den Thaleskreis über $\overline{AB}$.

(2) Zeichne um A einen Kreis mit dem Radius $b = 4{,}3\,cm$. Der Schnittpunkt mit dem Thaleskreis ist der Eckpunkt C.

ABC ist das gesuchte Dreieck:
$a \approx 3{,}1\,cm$, $\alpha \approx 36°$, $\beta \approx 54°$

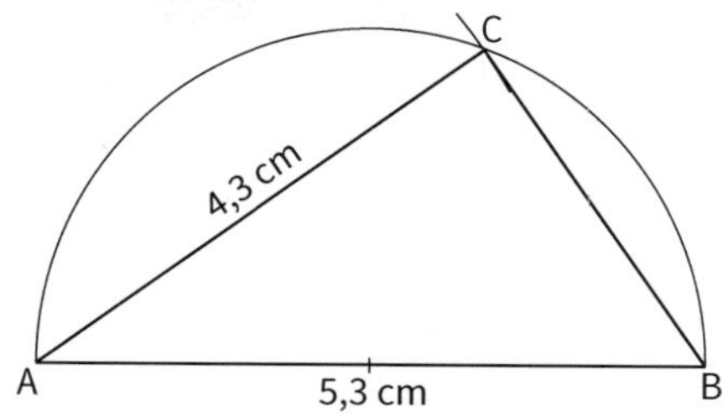

b) Da der Winkel γ ein rechter Winkel ist, ist die Höhe h_b genauso lang wie die Seite a, also $a = 8\,cm$.

Konstruktionsbeschreibung:

(1) Zeichne die Strecke $\overline{CB}$ mit $a = 8\,cm$ und trage in C den rechten Winkel γ an.

(2) Zeichne den Thaleskreis über $\overline{CB}$.

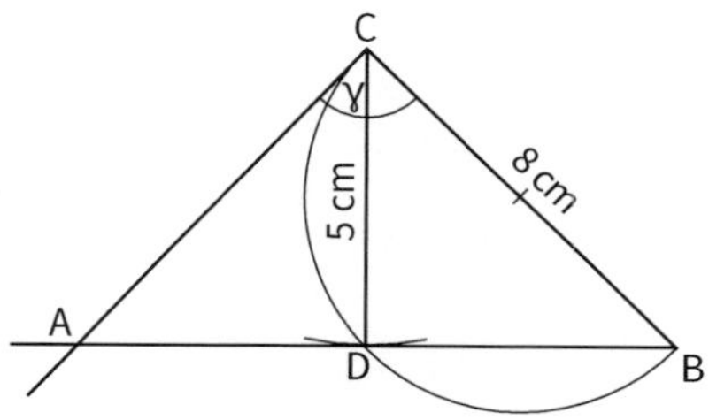

(3) Zeichne um C einen Kreis mit dem Radius $h_c = 5\,cm$. Der Schnittpunkt des Kreises mit dem Thaleskreis ist der Höhenfußpunkt D.

(4) Zeichne von B aus die Halbgerade durch D. Der Schnittpunkt mit dem freien Schenkel von γ ist der Eckpunkt A.

ABC ist das gesuchte Dreieck:
$b \approx 6{,}4\,cm$, $c \approx 10{,}2\,cm$, $\alpha \approx 51°$, $\beta \approx 39°$

4. a) *Konstruktionsbeschreibung:*

(1) Zeichne die Strecke $\overline{AB}$ mit $c = 8\,cm$ sowie den Thaleskreis über $\overline{AB}$.

(2) Zeichne die Parallele zu $\overline{AB}$ im Abstand von $h_c = 3\,cm$. Die Parallele schneidet den Thaleskreis in zwei Punkten C_1 und C_2. Es gibt also zwei Lösungsdreiecke ABC_1 und ABC_2:

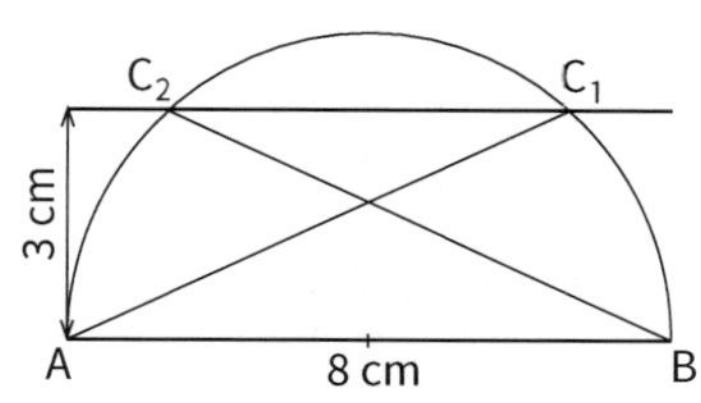

1. Lösungsdreieck:
$a_1 \approx 2{,}1\,cm$, $b_1 \approx 4{,}2\,cm$, $c_1 = 4{,}7\,cm$, $\alpha_1 \approx 27°$, $\beta_1 \approx 63°$, $\gamma_1 = 90°$

2. Lösungsdreieck:
$a_2 \approx 4{,}2\,cm$, $b_2 \approx 2{,}1\,cm$, $c_2 = 4{,}7\,cm$, $\alpha_2 \approx 63°$, $\beta_2 \approx 27°$, $\gamma_2 = 90°$

Die Lösungsdreiecke sind kongruent zueinander. Sie liegen symmetrisch zur Mittelsenkrechten von $\overline{AB}$.

61

4. b) *Konstruktionsbeschreibung:*

(1) Zeichne die Strecke $\overline{AC}$ mit b = 6,4 cm sowie den Thaleskreis über $\overline{AC}$.

(2) Zeichne die Parallele zu $\overline{AC}$ im Abstand von $h_b = 2{,}3$ cm. Die Parallele schneidet den Thaleskreis in zwei Punkten B_1 und B_2. Es gibt also zwei Lösungsdreiecke AB_1C und AB_2C:

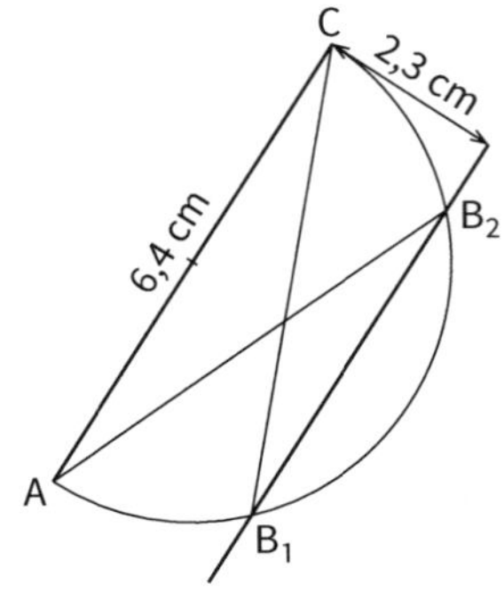

1. Lösungsdreieck:
$a_1 \approx 5{,}9$ cm, $b_1 = 6{,}4$ cm, $c_1 \approx 2{,}5$ cm,
$\alpha_1 \approx 67°$, $\beta_1 = 90°$, $\gamma_1 \approx 23°$

2. Lösungsdreieck:
$a_2 \approx 2{,}5$ cm, $b_2 = 2{,}1$ cm, $c_2 \approx 5{,}9$ cm,
$\alpha_2 \approx 23°$, $\beta_2 = 90°$, $\gamma_2 \approx 67°$

Die Lösungsdreiecke sind kongruent zueinander. Sie liegen symmetrisch zur Mittelsenkrechten von $\overline{AC}$.

5. Wähle einen Punkt A auf g und konstruiere den Thaleskreis über $\overline{AP}$. Der Thaleskreis schneidet g in A und in einem zweiten Punkt B. BP ist die gesuchte Orthogonale zu g durch P, da APB ein rechtwinkliges Dreieck mit dem rechten Winkel bei B ist.

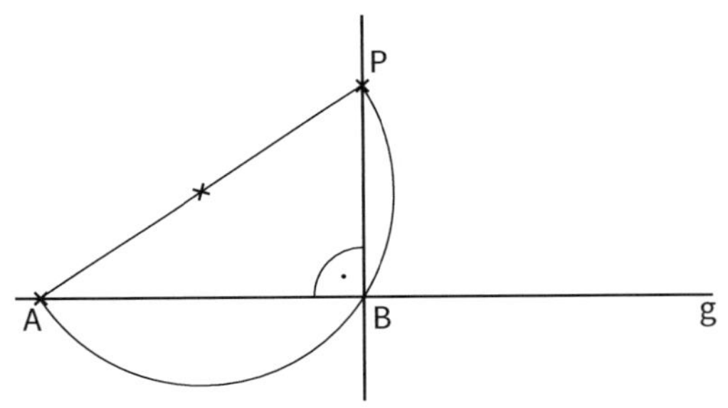

6. Zum Beispiel:

(1) Zeichne eine Strecke $\overline{AB}$ mit $|AB| = 2 \cdot r = 2 \cdot 3{,}4\text{ cm} = 6{,}8\text{ cm}$ und konstruiere den Thaleskreis zu $\overline{AB}$.

(2) Zeichne um A einen Kreis mit dem Radius r = 2,1 cm; einen Schnittpunkt mit dem Thaleskreis nenne D.

(3) Zeichne um B einen Kreis mit dem Radius r = 2,1 cm; den Schnittpunkt mit dem Thaleskreis, der auf der anderen Seite von $\overline{AB}$ als der Punkt D liegt, nenne B.

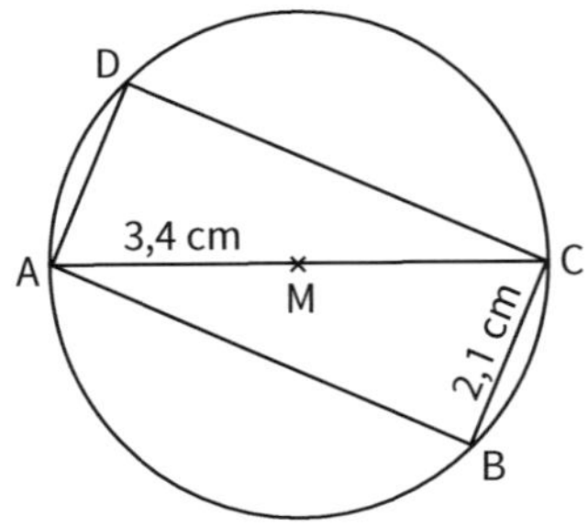

Die Punkte A, B, C, D sind Eckpunkte des gesuchten Rechtecks.

7. a) Die Diagonalen in einem Rechteck sind gleich lang. Sobald die Winkel keine rechten Winkel sind, erhält man ein Parallelogramm, dessen Diagonalen dann nicht gleich lang sind.

b) Die Diagonalen sind dann ungefähr 15,2 cm bzw. 14,7 cm lang. Den Unterschied kann man noch gut durch Messen erkennen.

61

8. Konstruiere den Thaleskreis zu $\overline{AB}$ mit dem Mittelpunkt M. Ein Schnittpunkt des Kreises mit der Geraden g ist der gesuchte Punkt C. Das Dreieck ABC hat einen rechten Winkel bei C.
Wir unterscheiden drei Fälle:
Der Radius des Thaleskreises ist größer als der Abstand von M zu g: Es gibt zwei Schnittpunkte C_1 und C_2.
Der Radius des Thaleskreises ist gleich dem Abstand von M zu g: Es gibt nur einen Schnittpunkt C.
Der Radius des Thaleskreises ist kleiner als der Abstand von M zu g: Es gibt keinen Schnittpunkt. Es gibt also keinen Punkt C, der die Bedingungen erfüllt.

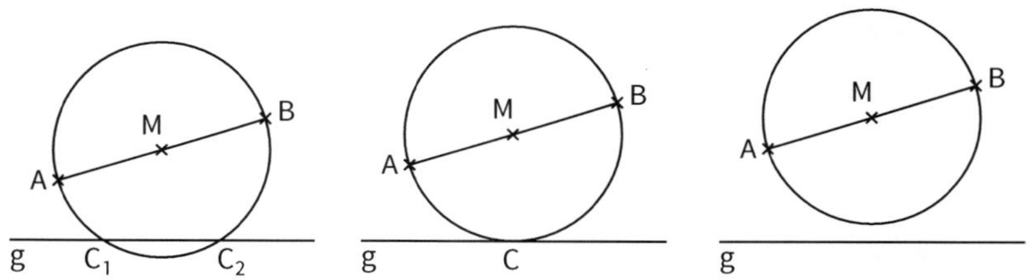

9. Konstruiere den Thaleskreis über $\overline{MP}$. Die Schnittpunkte S_1 bzw. S_2 sind die Berührpunkte der Tangenten an den Kreis. Die Dreiecke MPS_1 und MPS_2 sind rechtwinklig.

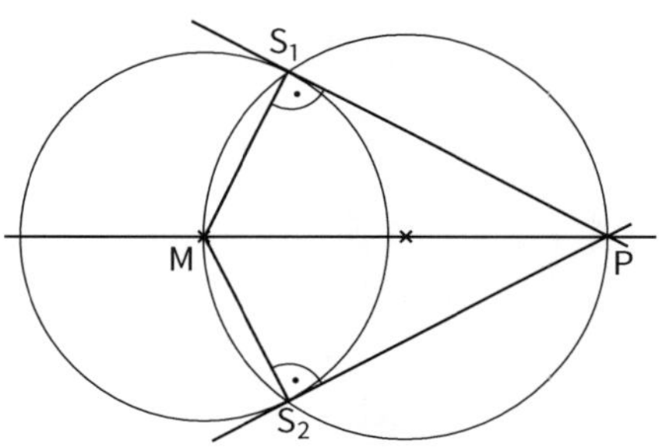

10. (1) Konstruktion einer Orthogonalen.
(2) Mithilfe des Thaleskreises ein rechtwinkliges Dreieck konstruieren.

11. Der Punkt C liegt auf einem Kreis mit $\overline{AB}$ als Durchmesser. Der Mittelpunkt von $\overline{AB}$ ist auch Mittelpunkt des Kreises.

Im Blickpunkt: Thales von Milet

62

1. **Basiswinkelsatz:**
   Für jedes gleichschenklige Dreieck gilt: Die beiden Basiswinkel sind gleich groß.

   Scheitelwinkelsatz:
   Scheitelwinkel sind gleich groß.

   Winkelsummensatz:
   In jedem Dreieck sind die drei Innenwinkel zusammen 180° groß.
   In jedem Viereck sind die vier Innenwinkel zusammen 360° groß.

   Thalessatz:
   Wenn der Punkt C eines Dreiecks ABC auf dem Thaleskreis der Strecke $\overline{AB}$ liegt, dann ist das Dreieck rechtwinklig mit γ als rechten Winkel.

2. Pythagoras und sein Schatten bilden einen rechten Winkel und bilden mit der roten Linie ein gleichschenkliges Dreieck, dessen Basiswinkel 45° groß sind. Pythagoras ist also genauso groß wie sein Schatten lang ist.
   Das Dreieck aus Höhe der Pyramide und dessen Schatten ist auch rechtwinklig mit den Winkeln 45°, also auch gleichschenklig. Daher ist die Schattenlänge der Pyramide gleich der Höhe der Pyramide.

3. Die Entfernung vom Turm zum Punkt im Gebäude ist genauso groß wie die Entfernung zum Schiff.

4. –

2.4 Aufgaben zur Vertiefung

63

1. a) Die Mittelpunkte der Ankreise sind die Schnittpunkte der Winkelhalbierenden der Außenwinkel. Sie liegen auch auf der Winkelhalbierenden des gegenüber liegenden Winkels.

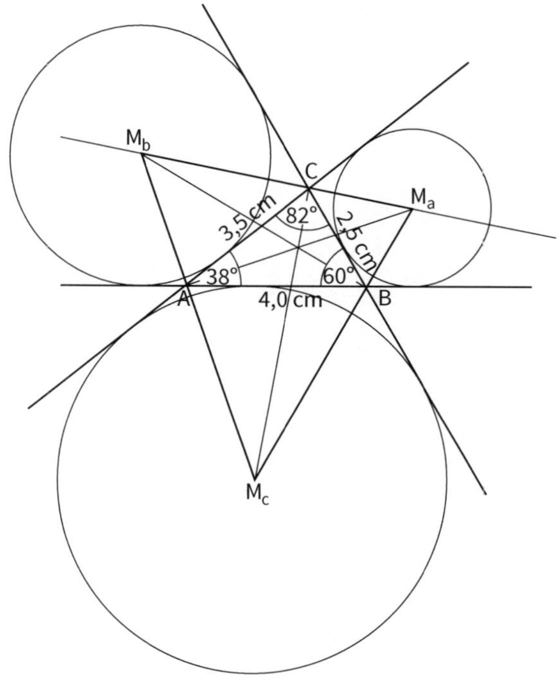

b) Die Winkelhalbierenden von je zwei Außenwinkeln schneiden sich in einem Punkt, da sie nicht zueinander parallel sind. Es gibt also drei Ankreise, die je eine Seite des Dreiecks berühren.

c) Die Winkelhalbierenden der Außenwinkel sind orthogonal zu der Winkelhalbierenden des zugehörigen Innenwinkels, also ist M_cM_b orthogonal zu AM_a (siehe Bild zu Teilaufgabe a). Entsprechendes gilt für die anderen Winkelhalbierenden. Der Höhenschnittpunkt der Winkelhalbierenden im Dreieck ABC wird damit Mittelpunkt des Inkreises von Dreieck ABC.

2. a) Der Schnittpunkt M der Mittelsenkrechten wandert auf der Mittelsenkrechten zu $\overline{AB}$.

b) Der Schnittpunkt W der Winkelhalbierenden wandert auf einer nach oben gekrümmten Linie.

3. a) Im Dreieck GES ist der Winkel bei G $82° - 42° = 40°$ groß. Von den drei Winkeln bei E ist der obere 40° groß und der untere 82° (Stufenwinkel zu dem Winkel bei G bzw. dessen Scheitelwinkel bzw. Nebenwinkel). Für den mittleren Winkel ergibt sich so $180° - 40° - 82° = 58°$.
Die Kurse der Schiffe kreuzen sich also im Winkel $180° - 40° - 58° = 82°$.

b) Die Gisela ist noch ungefähr 3,6 km vom Kreuzungspunkt entfernt, die Erna noch ungefähr 2,7 km.

63 **4.** **a)** –

b) Ein gleichseitiges Dreieck ist regelmäßig. Ein Quadrat ist regelmäßig.

c) Beim Sechseck kann man den Radius sechsmal auf der Kreislinie abtragen (gleichseitige Dreiecke) oder mithilfe des Mittelpunktwinkels $(360° : 6 = 60°)$ das Sechseck zeichnen.

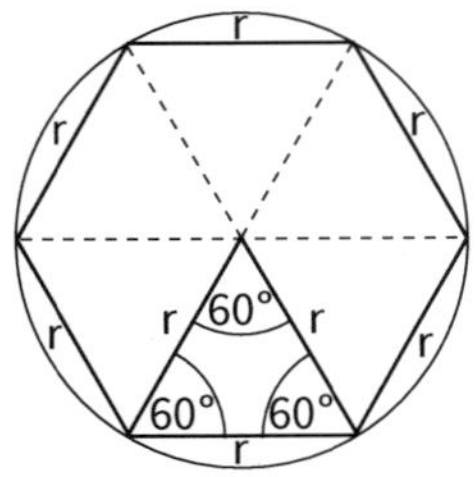

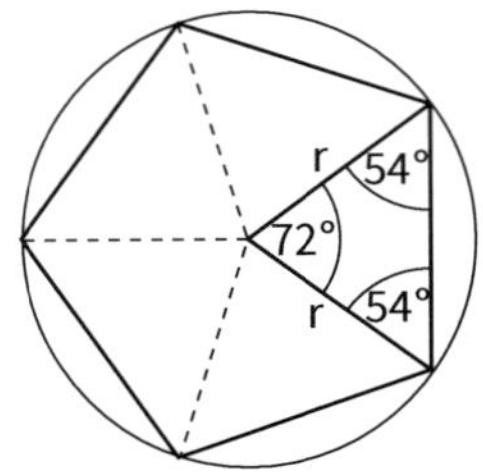

[Beim Fünfeck kann man die Konstruktion mithilfe des Mittelpunktwinkels $(360° : 5 = 72°)$ durchführen.]

d) Die Dreiecke sind gleichschenklig.

Für den Mittelpunktwinkel α gilt für ein n-Eck: $\alpha = \frac{360°}{n}$

Ist n die Anzahl der Ecken, so gilt für den Innenwinkel α eines regelmäßigen Vielecks:

$$\alpha = \frac{(n-2) \cdot 180°}{n}$$

3. Terme mit mehreren Variablen

77 **Einstiegsseite:**

→ $u = 2 \cdot (a + b)$: Umfang eines Rechtecks (Parallelogramms) mit den Seitenlängen a und b.
$A = a \cdot b$: Flächeninhalt eines Rechtecks mit den Seitenlängen a und b.
$V = a \cdot b \cdot c$: Volumen eines Quaders mit den Kantenlängen a, b und c.
$O = 2 \cdot (ab + ac + bc)$: Oberflächeninhalt eines Quaders mit den Kantenlängen a, b und c.

→ $u = 2 \cdot a + 2 \cdot b$; $O = 2 \cdot a \cdot b + 2 \cdot a \cdot c + 2 \cdot b \cdot c$

Lernfeld: Klammern gewähren Vorrang

78 **1. Auftrag: Eine Figur – viele Formeln**

→ Die Flächeninhaltsberechnung wird zurückgeführt auf die Flächeninhaltsberechnung von Rechtecken und Quadraten.

1. Hier wird die Figur in zwei Rechtecke zerlegt. Das eine Rechteck hat die Seitenlängen a und c, das andere Rechteck die Seitenlängen $b - c$ und c. Der Flächeninhalt der Figur ist dann die Summe der Flächeninhalte der beiden Rechtecke.
   $A_{R_1} = a \cdot c$, $A_{R_2} = (b - c) \cdot c$, $A_F = A_{R_1} + A_{R_2} = a \cdot c + (b - c) \cdot c$
2. Hier wird zunächst der Flächeninhalt der beiden Rechtecke mit den Seitenlängen a und c bzw. b und c berechnet und von der Summe dieser Flächeninhalte wird dann der Flächeninhalt des Quadrats mit der Seitenlänge c subtrahiert.
   $A_{R_1} = a \cdot c$, $A_{R_2} = b \cdot c$, $A_Q = c^2$, $A_F = A_{R_1} + A_{R_2} - A_Q = a \cdot c + b \cdot c - c^2$
3. Hier wird zunächst der Flächeninhalt des Rechtecks mit den Seitenlängen a und b bzw. berechnet und von diesem der Flächeninhalt des Rechtecks mit den Seitenlängen $a - c$ und $b - c$ subtrahiert.
   $A_{R_1} = a \cdot b$, $A_{R_2} = (a - c)(b - c)$, $A_F = A_{R_1} + A_{R_2} = a \cdot b - (a - c)(b - c)$

→ *Beispiele*

1. Möglichkeit:

Wir zerlegen die Figur in die Rechtecke R_1, R_2 und R_3. Die Summe der Flächeninhalte der drei Rechtecke ist gleich dem Flächeninhalt der Figur.
Die Rechtecke R_1 und R_3 haben die Seitenlängen a und $\frac{b-c}{2}$.
Das Rechteck R_2 hat die Seitenlängen c und $a - c$.

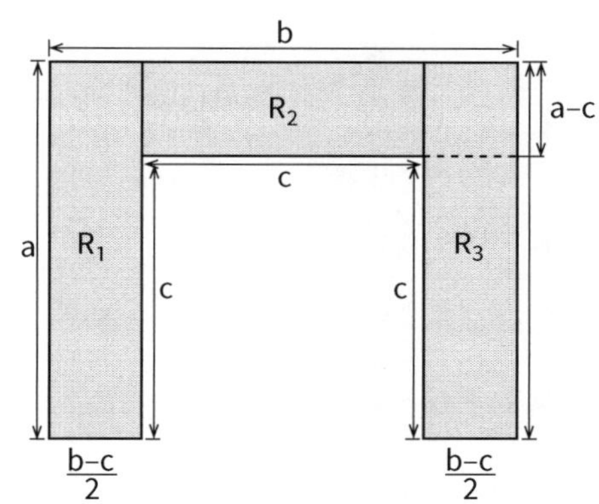

78 **1. Auftrag:** Fortsetzung

$A_{R_1} = A_{R_3} = a \cdot \frac{b-c}{2}, \quad A_{R_2} = c \cdot (a-c)$

$A_F = 2 \cdot A_{R_1} + A_{R_2} = 2 \cdot a \cdot \frac{b-c}{2} + c \cdot (a-c) = a \cdot (b-c) + c \cdot (a-c)$

2. Möglichkeit:

Wir ergänzen die Figur zu einem Rechteck mit den Seitenlängen a und b und subtrahieren von dem Flächeninhalt dieses Rechtecks den Flächeninhalt des Quadrats mit der Seitenlänge c.

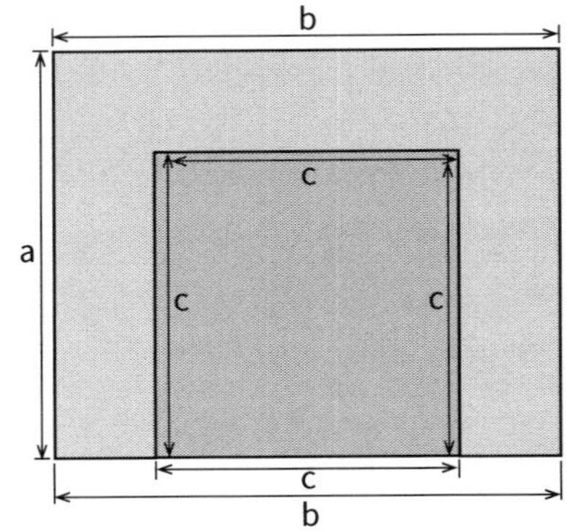

$A_R = a \cdot b, \quad A_Q = c^2,$

$A_F = A_R - A_Q = a \cdot b - c^2$

Wir setzen zur Probe die gemessenen Werte a = 3,7 cm, b = 4,6 cm und c = 2,8 cm ein.

Für die 1. Möglichkeit erhalten wir:

$A_F = 3{,}7\,\text{cm} \cdot (4{,}6\,\text{cm} - 2{,}8\,\text{cm}) + 2{,}8\,\text{cm} \cdot (3{,}7\,\text{cm} - 2{,}8\,\text{cm})$
$= 6{,}66\,\text{cm}^2 + 2{,}52\,\text{cm}^2 = 9{,}18\,\text{cm}^2$

Für die 2. Möglichkeit erhalten wir:

$A_F = 3{,}7\,\text{cm} \cdot 4{,}6\,\text{cm} - (2{,}8\,\text{cm})^2 = 17{,}02\,\text{cm}^2 - 7{,}84\,\text{cm}^2 = 9{,}18\,\text{cm}^2$

➔ Keine Lösungen

2. Auftrag: CAS mit Namen

Diese Aufgaben sind sinnvollerweise mit einem eingeführten CAS zu bearbeiten. Dabei sollte Raum für das Erkunden der verborgenen Regeln für die Klammerrechnung gelassen werden, zum Beispiel bei der Fehlersuche bei falsch eingetippten Eingabetermen bei „Philipp“ oder durch Ausprobieren der gesuchten Eingabeterme bei „Hannah“.

Die Lösungen werden die Schüler im Wesentlichen durch Ausprobieren ermitteln. In dem einen oder anderen Fall sollte man einen Schüler dazu auffordern, der Klasse mit seinem Rechner und einem Viewscreen seinen Weg zur richtigen Lösung zu beschreiben. Zu erwarten ist bei diesem Aufgabenformat sicherlich, dass die Schüler die eigenen oder andere Namen ausprobieren. Diese können als selbst gestellte (Haus-) Aufgaben an die Klasse weiter gereicht werden. Hierzu werden sie in der letzten Aufgabe aufgefordert.

➔ 1. Umformung: Die Summanden sind alphabetisch geordnet.
2. Umformung: Die Summanden sind zusammengefasst und alphabetisch geordnet.
3. Umformung: Die Faktoren sind zusammengefasst bzw. als Quadrat geschrieben und wie die Summanden alphabetisch geordnet.
4. Umformung: Der Faktor i wurde ausgeklammert und die Faktoren wie die Summanden alphabetisch geordnet.
5. Umformung: Die Faktoren sind zusammengefasst bzw. als Quadrat geschrieben und wie die Summanden alphabetisch geordnet.

78

2. Auftrag: Fortsetzung

➔ a) $h : a \cdot n : n \cdot a : h = 1$
b) $h + a \cdot n : n \cdot a - h = a^2$
c) $h \cdot a : n \cdot n : a + h = 2 \cdot h$
d) $h \cdot a \cdot n - n \cdot a + h = a \cdot (h \cdot n - n) + h$
e) $h \cdot a \cdot n - n + a \cdot h = a \cdot h \cdot (n + 1) - n$
f) $h \cdot a - n + n \cdot a + h = a \cdot (h + n) + h - n$

➔ Keine Lösungen

3.1 Aufstellen eines Terms mit Variablen

79

Einstieg:

a) Zwei Stunden: 24,00 € + 14,00 € = 38,00 €
Drei Stunden: 24,00 € + 2 · 14,00 € = 52,00 €
Fünf Stunden: 24,00 € + 4 · 14,00 € = 80,00 €
Man könnte aber auch so rechnen:
Zwei Stunden: 10,00 € + 2 · 14,00 € = 38,00 €
Drei Stunden: 10,00 € + 3 · 14,00 € = 52,00 €
Fünf Stunden: 10,00 € + 5 · 14,00 € = 80,00 €

b) Die Sportarena ist am Samstag 11 Stunden geöffnet.
Kosten: 24,00 € + 10 · 14,00 € = 164,00 €
oder: 10,00 € + 11 · 14,00 € = 164,00 €

c) K: Kosten (in €) für x Stunden
$K = 10{,}00 + x \cdot 14{,}00$
Einsetzen von 2 für x: $K = 10{,}00 + 2 \cdot 14{,}00 = 38{,}00$
Einsetzen von 3 für x: $K = 10{,}00 + 3 \cdot 14{,}00 = 52{,}00$
Einsetzen von 5 für x: $K = 10{,}00 + 5 \cdot 14{,}00 = 80{,}00$

82

2. a) (1) Würfel (12 Kanten)
Kantenlänge 3 cm: Drahtlänge 36 cm
Kantenlänge 5 cm: Drahtlänge 60 cm
Kantenlänge 7 cm: Drahtlänge 84 cm
(2) Tetraeder (6 Kanten)
Kantenlänge 3 cm: Drahtlänge 18 cm
Kantenlänge 5 cm: Drahtlänge 30 cm
Kantenlänge 7 cm: Drahtlänge 42 cm

b) Kantenlänge x (in cm); Drahtlänge l (in cm)
(1) Würfel: $l = 12 \cdot x$ (2) Tetraeder: $l = 6 \cdot x$

3. a) Mai: 63,50 €   Juni: 71,90 €
b) Verbrauch x (in kWh); Stromkosten K (in €): $K = 7{,}50 + x \cdot 0{,}28$
c) 26,26 €; 31,86 €; 46,42 €; 105,78 €

4. 1. Term: Die Klammern um −2 fehlen: $3 \cdot (-2) + 4 = -2$
2. Term: Die Klammern um −4 fehlen: $(-4)^2 - 3 = 13$
3. Term: Auch für das letzte x muss −3 einsetzen: $(-3)^2 + 5 - 7 \cdot (-3) = 35$

82 **5.** a) Kantenlänge x (in cm); Kantenlänge y (in cm); Drahtlänge s (in cm);
$s = 8x + 4y$

b) (1) $s = 8 \cdot 5 + 4 \cdot 8 = 72$; Drahtlänge 72 cm
(2) $s = 8 \cdot 7 + 4 \cdot 7 = 84$; Drahtlänge 84 cm
(3) $s = 8 \cdot 10{,}7 + 4 \cdot 5{,}2 = 106{,}4$; Drahtlänge 106,4 cm

c) Es ist möglich: Zum Beispiel erhält man für $x = 4$ und $y = 7$:
$s = 8 \cdot 4 + 4 \cdot 7 = 60$

83 **6.** a) Kantenlängen a, b, c (in cm); Oberflächeninhalt O (in cm²):
$O = 2ab + 2bc + 2ac$
Länge s des Geschenkbandes (in cm): $s = 2a + 2b + 4c + 20$

b) (1) $O = 122\,\text{cm}^2$; $s = 54\,\text{cm}$ (2) $O = 105{,}3\,\text{cm}^2$; $s = 51{,}6\,\text{cm}$

7. a) $\gamma = 180° - \alpha - \beta$; $\delta = 180° - \alpha$

b) (1) $\gamma = 90°$, $\delta = 140°$ (2) $\gamma = 100°$, $\delta = 140°$ (3) $\gamma = 15°$, $\delta = 117°$

8. a) $3 \cdot a \cdot b = 3ab$
b) $4 \cdot 5 \cdot x = 4 \cdot 5x$
c) $7 \cdot (a - 8 \cdot 6) = 7(a - 8 \cdot 6)$
d) $2 \cdot \frac{1}{2} + \frac{3 \cdot x}{2} = 2 \cdot \frac{1}{2} + \frac{3x}{2}$
e) $3 \cdot 5^2 - 1 \cdot x = 3 \cdot 5^2 - 1x$
f) $(4 + x) \cdot (4 - x) = (4 + x)(4 - x)$
g) $5 \cdot x^2 \cdot 3 \cdot y = 5x^2 \cdot 3y$
h) $-2 \cdot p^3 - 3 \cdot (p - q) = -2p^3 - 3(p - q)$

9. Richtig ist: $7 - 2 \cdot (-3) - (-4) = 7 + 6 + 4 = 17$
Anna hat die Einsetzungen für ab nicht als Produkt geschrieben und für c das Minuszeichen nicht beachtet.
Bastian hat die Klammern um −3 vergessen und für c das Minuszeichen nicht beachtet. Christian hat es richtig gemacht.

10.

	x	y	$2x - xy^2$
(1)	2	1	2
(2)	1	2	−2
(3)	0	1	0
(4)	1	0	2
(5)	−1	1	−1
(6)	1	−1	1
(7)	$\frac{1}{2}$	$-\frac{2}{3}$	$\frac{7}{9}$
(8)	0,7	−1,1	0,553
(9)	$\frac{3}{4}$	−1,4	0,03

11.

	(1)	(2)	(3)	(4)
a)	1	−14	1	−8
b)	5	5	0	0
c)	$-\frac{17}{36}$	$\frac{7}{9}$	$-\frac{29}{36}$	$\frac{5}{72}$
d)	−11,2	5,6	−12	0

83 **12.** (a) und (2) (b) und (1) (c) und (3) (d) und (4)

84 **13. a)** Linke Tabelle: $2x+1$ Rechte Tabelle: x^2

b) –

14. *Beispiele:*

(1) $x=1$ und $y=-4{,}25$ bzw. $x=-4$ und $y=2$

(2) $x=8$ und $y=-1{,}4$ bzw. $x=-4$ und $y=-0{,}55$

(3) $x=1$ und $y=31{,}6$ bzw. $x=-1$ und $y=-30{,}1$

15. Für negative a wird der Term $-3a$ positiv. Für positive a wird der Term $-3a$ negativ.

16. Wir bezeichnen die Länge eines Bildes mit x (in cm) und die Breite mit y (in cm).
Von der ersten Leiste sägt man die Ecken wie folgt ab, denn man kann diese Leiste nur so verwenden, dass die schmalere Seite nach innen und die breitere Seite nach außen zeigt (bzw. umgekehrt). Man benötigt dann für ein Bild $2(x+6)+2(y+6)$ Holzleisten (in cm).

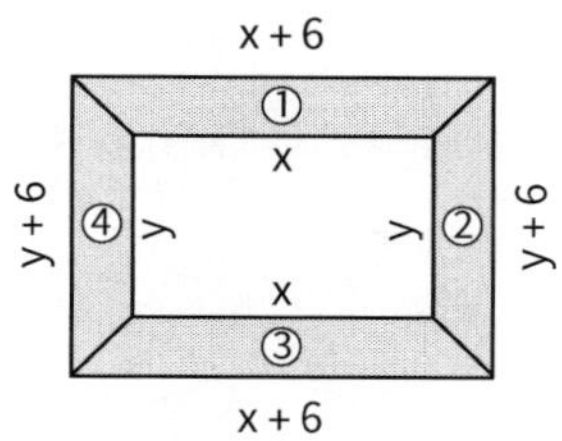

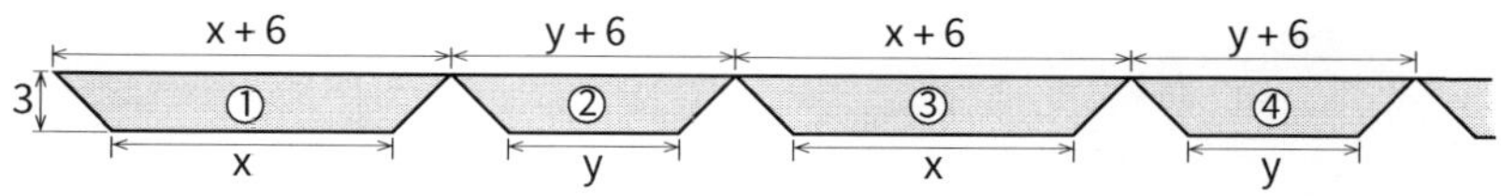

Von der zweiten Leiste sägt man die Ecken wie folgt ab, denn man kann die zur Mitte symmetrische Leiste auch umdrehen. Man benötigt dann für ein Bild $2(x+4)+2y+2$ Holzleisten (in cm).
Falls die Leiste lang genug ist, kann man die letzte Schnittkante für das nächste Bild nutzen.

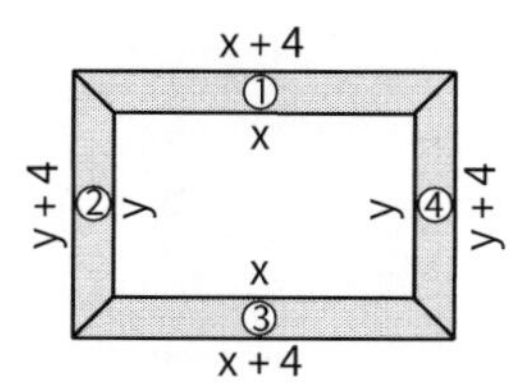

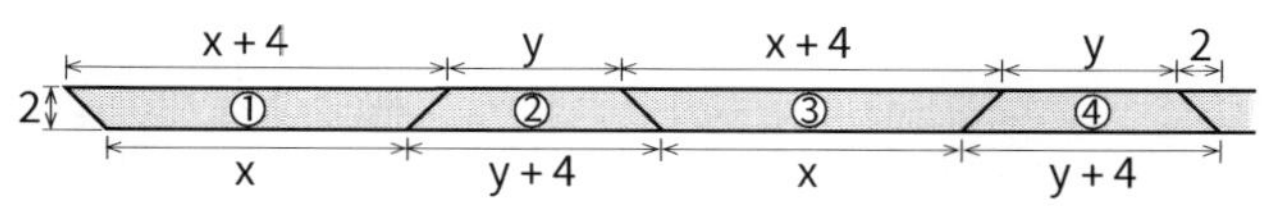

Die dritte Leiste kann man wie die zweite Leiste absägen. Man benötigt dann für ein Bild auch $2(x+4)+2y+2$ Holzleisten (in cm).
Falls die Leiste lang genug ist, kann man die letzte Schnittkante für das nächste Bild nutzen.

17. a) **(1)** $y \cdot z$ **(3)** x^2-y^2 **(5)** $2rs$

(2) $2y+2z$ **(4)** $4x+2y$ **(6)** $3r+4s$

b) –

84 18. a) *Beispiele:*

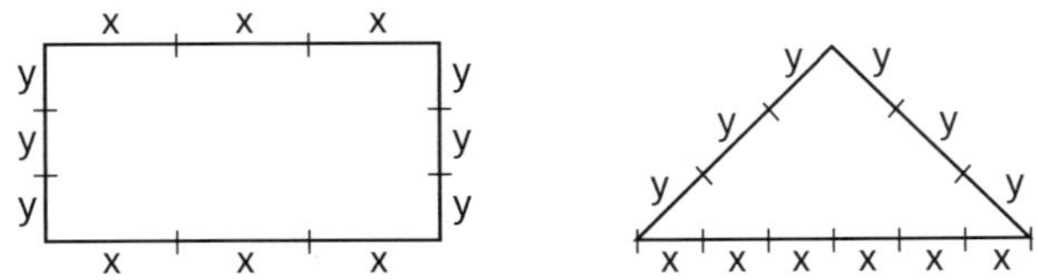

b) *Beispiele:*

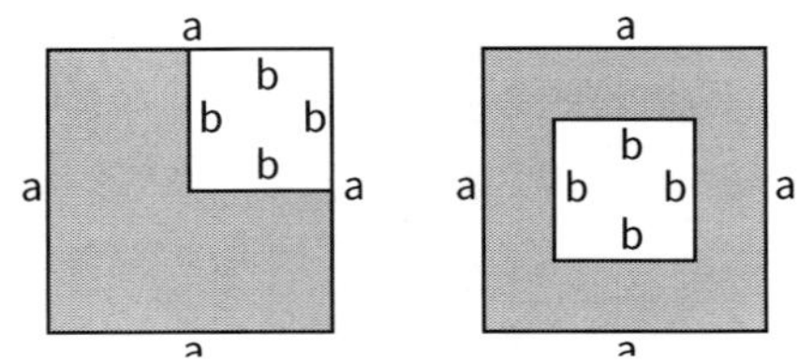

85 19. a) x: Anzahl der SMS; y: Anzahl der Minuten
Monatliche Kosten (in €): $10 + x \cdot 0{,}06 + y \cdot 0{,}03$

b) –

20. a) (1) Der Preis für Erwachsene beträgt 8 €, für Kinder 4,50 €.
(2) 158 Erwachsene und 44 Kinder besuchen die Vorstellung.
(3) Der Preis für Kinder beträgt die Hälfte des Preises für Erwachsene.

b) Erster Term: $(p + 1) \cdot x + q \cdot y$ Zweiter Term: $(p + 1) \cdot x + (q - 0{,}5) \cdot y$

21. a) (1) Mia bestellt im Internet x Schmuckkarten zu 1,50 € pro Karte. Dazu kommen noch für die Bestellung insgesamt 0,55 € Bearbeitungskosten. Bei einem anderen Versandhandel kosten die Schmuckkarten auch 1,50 € pro Karte. Der Versandhandel verlangt aber 0,55 € Bearbeitungsgebühr pro Schmuckkarte.

(2) Eine Busfahrt kostet 1 000 €, die auf die x teilnehmenden Personen verteilt wird. Zusätzlich sind noch 10 € pro Person für Eintrittskarten zu zahlen.
Ein anderes Busunternehmen kostet auch 1 000 €, aber einschließlich der Eintrittskarten. Für das Besorgen der Eintrittskarten verlangen Sie einmalig 10 €.

(3) Mia und Hendrik kaufen x Becher Kirschjoghurt und y Becher Erdbeerjoghurt. Fruchtjoghurt kostet 0,90 € pro Becher.
Mia berechnet den Gesamtpreis, indem sie x Becher Kirschjoghurt mit 0,90 € und y Becher Erdbeerjoghurt mit 0,90 € multipliziert und dann beide Ergebnisse addiert.
Hendrik addiert zunächst die x Becher Kirschjoghurt und die y Becher Erdbeerjoghurt und multipliziert die Summe mit 0,90 €.

85

22\. a)

Nummer der Figur	Anzahl der Punkte in der Figur
1	2
2	4
3	6
4	8
5	10

Term für die n-te Figur: $2 \cdot n$

b)

Nummer der Figur	Anzahl der Punkte in der Figur
1	4
2	5
3	6
4	7
5	8

Term für die n-te Figur: $3 + n$

c)

Nummer der Figur	Anzahl der Punkte in der Figur
1	1
2	4
3	9
4	16
5	25

Term für die n-te Figur: n^2

d)

Nummer der Figur	Anzahl der Punkte in der Figur
1	1
2	3
3	6
4	10
5	15

Term für die n-te Figur: $\frac{n^2 + n}{2}$

3.2 Aufbau eines Terms

86

Einstieg:

Beispiele:

a) $5 - 2 + 4 = 3 + 4 = 7$

b) $2 \cdot 4 - 5 = 8 - 5 = 3$ $\quad (5 - 4) : 2 = 1 : 2 = \frac{1}{2} = 0{,}5$

$(4 : 2) \cdot 5 = 2 \cdot 5 = 10$ $\quad (5 + 4)^2 = 9^2 = 81$

87

2\. a) $87 \cdot (98 + x)$; 19053 b) $82 : (2x - x)$; $4\frac{14}{17}$

87

3. **a)** $(8+x)^2-3$ ist eine Differenz.

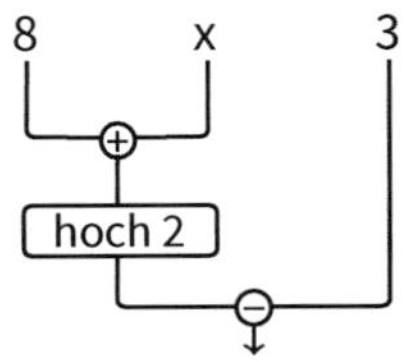

b) $8+(x^2-3)$ ist eine Summe.

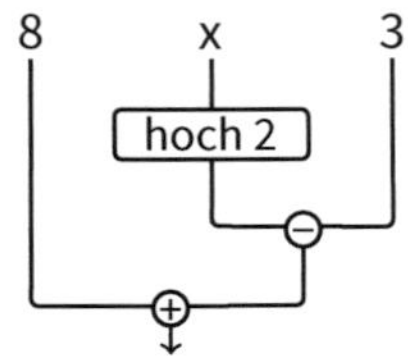

c) $(x-y)\cdot z^3$ ist ein Produkt.

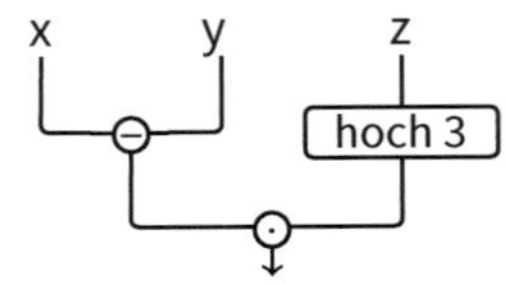

d) $(x-yz)^3$ ist eine Potenz.

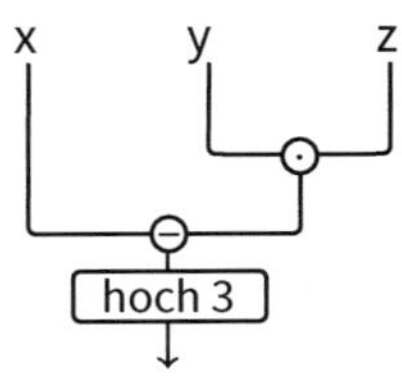

e) $a:(b-4a)$ ist ein Quotient.

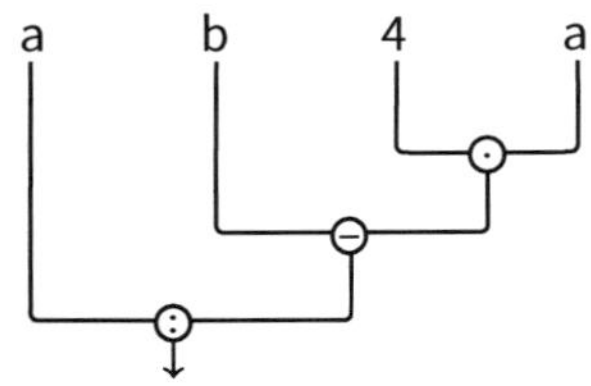

4. **a)** $(25+y)+x$ ist eine Summe.
b) $(x+y)\cdot(x-y)$ ist ein Produkt.
c) $(a\cdot b)-(a:b)$ ist eine Differenz.
d) $(x+6):2^3$ ist ein Quotient.
e) $(r++t)-s^2$ ist eine Differenz.
f) $(25+m)+(m-n)$ ist eine Summe.
g) $(4+b)^3$ ist eine Potenz.

5. **a)** $(5+x)\cdot y$ ist ein Produkt. Multipliziere die Summe aus 5 und x mit y.
b) $(y-x)^2+7$ ist eine Summe. Quadriere die Differenz aus y und x und addiere dazu 7.
c) $((z+x)\cdot 4)^3$ ist eine Potenz. Bilde das Produkt aus der Summe von z und x mit 4 und potenziere es mit 3.
d) $(8+y):(x-z)^4$ ist ein Quotient. Dividiere die Summe aus 8 und y durch die vierte Potenz der Differenz aus x und z.

6. **a)** Addiere zu x das Produkt aus 2 und 8.
b) Multipliziere die Summe aus x und 2 mit 8.
c) Subtrahiere vom Fünffachen von x die Zahl 14.
d) Dividiere die Differenz aus 1 und x durch y.
e) Multipliziere das Quadrat der Differenz aus x und 7 mit z.

87 *Das kann ich noch!*

A) A(−1|2), B(−2|0), C(2|4), D(3|0), E(1|−1), F(1|−3), G(−4|−2), H(−2|−4), I(0|−4), J(0|1), K(−4|3), L(4|2), M(3|−3)

B) Die Bildpunkte haben die Koordinaten:
A′(1|−2), B′(−1|−4), C′(−1|−5), D′(−2|−5), E′(−2|−3), F′(−3|−2), G′(−5|−2), H′(−4|0).
Man verbindet dann diese Punkte und zusätzlich noch A mit H′ und H mit A′.

Im Blickpunkt: Tabellenkalkulation und Terme

88

1.

	a)	b) *Beispiele*		
x	$3\cdot x^2$	$4\cdot x+2$	$2\cdot x^3+3$	$2\cdot x^4$
−2	12	−6	−13	32
−1,5	6,75	−4	−3,75	10,125
−1	3	−2	1	2
−0,5	0,75	0	2,75	0,125
0	0	2	3	0
0,5	0,75	4	3,25	0,125
1	3	6	5	2
1,5	6,75	8	9,75	10,125
2	12	10	19	32

2. a)

	1. Woche	
Name	Arbeitszeit (in h)	Lohn (in €)
Meier	40	725
Sorge	32	597
Abt	39	709
Held	28	533
Lang	34	629

b) Zum Beispiel für die Zelle C3 die Formel: =A2*16+85

c)

	2. Woche	
Name	Arbeitszeit (in h)	Lohn (in €)
Meier	38	693
Sorge	37	677
Abt	41	741
Held	29	549
Lang	33	613

88

3. $4{,}90 + 0{,}11 \cdot x$ (x: Anzahl der Gesprächsminuten)

Dauer (in min)	Kosten (in €)
0	4,90
1	5,01
2	5,12
3	5,23
4	5,34
5	5,45
6	5,56
7	5,67
8	5,78
9	5,89
10	6,00
11	6,11
12	6,22
13	6,33
14	6,44
15	6,55
16	6,66
17	6,77
18	6,88
19	6,99
20	7,10
21	7,21
21	7,32
23	7,43
24	7,54
25	7,65
26	7,76
27	7,87
28	7,98
29	8,09
30	8,20

Dauer (in min)	Kosten (in €)
31	8,31
32	8,42
33	8,53
34	8,64
35	8,75
36	8,86
37	8,97
38	9,08
39	9,19
40	9,30
41	9,41
42	9,52
43	9,63
44	9,74
45	9,85
46	9,96
47	10,07
48	10,18
49	10,29
50	10,40
51	10,51
52	10,62
53	10,73
54	10,84
55	10,95
56	11,06
57	11,17
58	11,28
59	11,39
60	11,50

Dauer (in min)	Kosten (in €)
61	11,61
62	11,72
63	11,83
64	11,94
65	12,05
66	12,16
67	12,27
68	12,38
69	12,49
70	12,60
71	12,71
72	12,82
73	12,93
74	13,04
75	13,15
76	13,26
77	13,37
78	13,48
79	13,59
80	13,70
81	13,81
82	13,92
83	14,03
84	14,14
85	14,25
86	14,36
87	14,47
88	14,58
89	14,69
90	14,80

Dauer (in min)	Kosten (in €)
91	14,91
92	15,02
93	15,13
94	15,24
95	15,35
96	15,46
97	15,57
98	15,68
99	15,79
100	15,90
101	16,01
102	16,12
103	16,23
104	16,34
105	16,45
106	16,56
107	16,67
108	16,78
109	16,89
110	17,00
111	17,11
112	17,22
113	17,33
114	17,44
115	17,55
116	17,66
117	17,77
118	17,88
119	17,99
120	18,10

89

4. a) $P = x \cdot y + z$

b)

Verbrauch (in kWh)	Kosten (in €) Single	Couple	Family
100	52	79	155
200	79	104	178
300	106	129	201
400	133	154	224
500	160	179	247
600	187	204	270
700	214	229	293
800	241	254	316
900	268	279	339
1 000	295	304	362
1 100	322	329	385
1 200	349	354	408
1 300	376	379	431
1 400	403	404	454
1 500	430	429	477
1 600	457	454	500
1 700	484	479	523
1 800	511	504	546
1 900	538	529	569
2 000	565	554	592
2 100	592	579	615
2 200	619	604	638
2 300	646	629	661
2 400	673	654	684
2 500	700	679	707
2 600	727	704	730
2 700	754	729	753
2 800	781	754	776
2 900	808	779	799
3 000	835	804	822
3 100	862	829	845
3 200	889	854	868
3 300	916	879	891
3 400	943	904	914
3 500	970	929	937
3 600	997	954	960
3 700	1 024	979	983
3 800	1 051	1 004	1 006
3 900	1 078	1 029	1 029
4 000	1 105	1 054	1 052

Bis 1 450 kWh ist Tarif Single am günstigsten, dann bis 3 900 kWh Tarif Couple. Über 3 900 kWh ist Tarif Family am günstigsten.

89 **4.** **c)** *Beispiele:*

(1) Für die Stromkosten beträgt die Grundgebühr im Jahr 21 €, der Preis pro kWh beträgt 0,14 €.

(2) Der Preis für ein Baugrundstück beträgt 220 € pro Quadratmeter. Dazu kommt noch eine Gebühr von 45 €.

(3) Von einem Rechteck mit der Seitenlänge x und y (in m) wird ein z m^2 großes Grundstück abgetrennt. Die Größe des neuen Grundstücks ist P (in m^2).

5. (1) Feld C2: =B2*1,19 (2) Feld D2: =C3*0,98

Damit erhält man für 19 % Mehrwertsteuer folgende Tabelle.

Artikel	Preis ohne MwSt.	(1) Preis mit MwSt.	(2) Barzahlungspreis
Blue-Ray-Player	90,00 €	107,10 €	104,96 €
LCD-Fernseher	550,00 €	654,50 €	641,41 €
Notebook	800,00 €	952,00 €	932,96 €
MP3-Player	180,00 €	214,20 €	209,92 €
Smartphone	270,00 €	321,30 €	314,87 €

6. **a)**

Temperatur (in °C)	Länge der Brücke (in m)
−20	29,9928
−15	29,9946
−10	29,9964
−5	29,9982
0	30
5	30,0018
10	30,0036
15	30,0054
20	30,0072
25	30,009
30	31,0108

b) Die Dehnungsfuge muss $30{,}0126\,\text{m} - 29{,}9910\,\text{m} = 0{,}0216\,\text{m} \approx 2{,}2\,\text{cm}$ breit sein.

3.3 Addieren und Subtrahieren von Termen

90 **Einstieg:**

$3ab + a^2b$	Kann man nicht vereinfachen.
$3ab + 5a^2b^2$	Kann man nicht vereinfachen.
$3ab + (-2ab) = 3ab - 2ab = ab$	
$-4a^2b + a^2b = -3a^2b$	
$-4a^2b + 5a^2b^2$	Kann man nicht vereinfachen.
$-4a^2b + (-2ab) = -4a^2b - 2ab$	Kann man nicht vereinfachen.
$2a^2b + a^2b = 3a^2b$	
$2a^2b + 5a^2b^2$	Kann man nicht vereinfachen.
$2a^2b + (-2ab) = 2a^2b - 2ab$	Kann man nicht vereinfachen.

93 **2.** **a)** Aufeinander folgende Additionsschritte darf man beliebig vertauschen.
b) **(1)** $72a + 8 + 19a = 72a + 19a + 8 = 91a + 8$
(2) $34z^2 + 16x + 62z^2 = 34z^2 + 62z^2 + 16x = 96z^2 + 16x$
(3) $1{,}4s + 7t^2 + 0{,}6s = 1{,}4s + 0{,}6s + 7t^2 = 2s + 7t^2$

3. **a)** Aufeinander folgende Additions- und Subtraktionsschritte darf man beliebig vertauschen.
b) **(1)** $-a^2 + 4a + 7$ (2) **(2)** $u^2 - 3u + 12$

4. $a \cdot ba = a^2b$ (Kommutativgesetz der Multiplikation)
$4a^2b + a^2b = 5a^2b$ (Zusammenfassen gleichartiger Glieder)

5.

(1)	**(2)**	**(3)**
42	-3	-1
42	-3	-1
42	-3	-1

Die Terme könnten wertgleich sein. Durch Vereinfachen erhält man bei allen Termen den Term $4x - 6y$. Die Terme sind also wertgleich.

6. **a)** Z. B. $a = 1, x = 2$: $(a + x)^2 = 3^2 = 9$; $(a + x) \cdot 2 = 3 \cdot 2 = 6$
b) Z. B. $u = 2, v = 2$: $(u \cdot v)^2 = 4^2 = 16$; $u \cdot v^2 = 2 \cdot 2^2 = 8$
c) Z. B. $x = 1$: $(-x)^2 = (-1)^2 = 1$; $-x^2 = -1^2 = -1$

7. Z. B. $x = 0, y = 0$; $x = -1, y = 14$

8. Gegenbeispiel: $x = 1$ und $y = 2$

94 **9.** **a)** $a + b + a + b = a + a + b + b = 2a + 2b$ bzw. $(a + b) + (a + b) = 2(a + b)$
b) **(1)** $u = 24\,cm$ **(2)** $u = 9\,cm$ **(3)** $u = 2\frac{1}{3}\,cm$

10. **a)** *Beispiele:* $a^2 - b^2$ oder $a \cdot (a - b) + (a - b) \cdot b$
b) **(1)** $375\,m^2$ **(2)** $580\,m^2$

94

11. **(1)** $4a-b$ **(3)** $3a-(b-a)=4a-b$
(2) $4a-4b$ **(4)** $(a-b)\cdot 4=4a-4b$

Die Terme in (1) und (3) sind wertgleich zueinander, ebenso die Terme (2) und (4).
Die Terme (1) und (2), (1) und (4), (2) und (3), sowie (3) und (4) sind nicht wertgleich zueinander, wie man durch Einsetzen von $a=0$ und $b=1$ erkennt.

12. **X:** $6x+10y$ **Y:** $9x+5y$ **S:** $16x+4y$
B: $19x+3y$ **O:** $16x+4y$ **R:** $18x+4y$

13. **a)** a **c)** $2a+b+3c$ **e)** $a^2+2a+2ab$
b) a^2+2a **d)** $3ab$ **f)** $2x^2y+xy+xy^2$

14. Sarah: $x=3$ ergibt: $3+3^2=12$, aber $3^3=27$
Dennis: $x=5$ ergibt: $5+5^2=30$, aber $2\cdot 5^3=250$
Marie: $x=2$ ergibt: $2+2^2=6$, aber $2\cdot 2=4$
Florian: $x=3$ ergibt: $3+3^2=12$, aber $2\cdot 3^2=18$

15. **a)** $x+x+x+x+x+x+x$
b) $a+a+b+b+b$
c) $xy+xy+xy+y^2+y^2+y^2+x^2+x^2+x^2$
d) $x+x+3$
e) $x^2+y^2+y^2+y^2$
f) $a^2+a^2+ab+ab+ab+ab$

95

16.

a) $6x$	**e)** $-0{,}2r$	**i)** r	**m)** $-2{,}47x^2$	**q)** 0
b) $8y$	**f)** $-1{,}32x$	**j)** $-7s$	**n)** $-0{,}3u^2$	**r)** $\frac{1}{2}x^2$
c) $4x$	**g)** $12x$	**k)** $-10z$	**o)** $\frac{1}{8}r^2$	
d) 0	**h)** 0	**l)** $-0{,}7a$	**p)** $\frac{1}{12}x$	

17. Wertgleiche Terme sind:
$3x+5x-7x$ und $\frac{3}{4}x-\frac{3}{2}x+1{,}75x$ und $14x-19x+6x$.
$8x+6x-14x$ und $2{,}5x+7{,}5x-10x$

18. $7x+x=8x$ $4a^2b+0{,}5a^2b=4{,}5a^2b$ $0{,}7\cdot x\cdot y+\frac{1}{2}x\cdot y=1{,}2xy$
$\frac{1}{4}ab+a\cdot b=\frac{5}{4}ab$
$4\cdot x^2$ (kein weiterer Term)
$3\cdot(x+y)$ (kein weiterer Term ohne Ausmultiplizieren)
$-6ab^2$ (kein weiterer Term)

95

19. a) $12a + 11$
b) $2x^2 + 13x$
c) $-3u^2 + 8u + 6$
d) $13r^2 - 13r$
e) $q^2 - q$
f) $7xy$
g) $9s$
h) $10yz$
i) $-65uv$
j) $-8rt$
k) 0
l) $-2{,}47x^2$
m) $-0{,}7abc$
n) $-0{,}3u^2v$
o) $0{,}9ab - 17ac$
p) $\frac{1}{8}r^2$
q) $\frac{1}{12}xy^2$
r) $-\frac{5}{12}u$
s) $\frac{33}{20}ba$
t) 0
u) $-\frac{1}{2}u^2 - u$

20. (2) $11d$ (5) 0
Die anderen Terme lassen sich nicht vereinfachen.

21. Michael hat bei allen Aufgaben nicht beachtet, dass die Glieder nicht gleichartig sind, er die einzelnen Glieder also nicht zusammenfassen darf.

96

22. a) $4a + b^2 - 3b$
b) $y^2 + z^2 - z - 3$
c) $4u + 5u^2 + v$
d) $-p + 2q^2 + q$
e) $d^3 + 4d - 7$
f) $-7g^2 + 7g + h$

23. a) $x^3 + 5x^2 - 5x$
b) $-8u^4 + 6u + 12$
c) $c^5 - c^4 + 5c^3 - 3c^2 + 4c + 9$
d) $z^3 - 24z^2 + 11z + 4$
e) $34w^3 - 84w^2 + 29w$
f) $2{,}3a^3 + 2{,}3a^2 - 1{,}4a$

24. –

25. (1) $3 \cdot \left(-\frac{1}{2}\right) - \frac{3}{4} \cdot \left(-\frac{1}{2}\right)^2 + 5 \cdot \left(-\frac{1}{2}\right) - \frac{1}{2} \cdot \left(-\frac{1}{2}\right)^2 + \frac{3}{4} + 2 \cdot \left(-\frac{1}{2}\right)^2 = -3\frac{1}{16} = -3{,}0625$
(2) $\frac{3}{4}x^2 + 8x + \frac{3}{4} = \frac{3}{4} \cdot \left(-\frac{1}{2}\right)^2 + 8 \cdot \left(-\frac{1}{2}\right) + \frac{3}{4} = -3\frac{1}{16} = -3{,}0625$

26. *Beispiele:*
a) $x + 15x$
$8x + 8x$
$4x + 12x$
b) $h + 8h$
$2h + 7h$
$4h + 5h$
c) $12ab + 12ba$
$ab + 23ab$
$5ab + 19ab$
d) $s^2 + 5s^2$
$3s^2 + 3s^2$
$2s^2 + 4s^2$
e) $z^2y + 19yz^2$
$10z^2y + 10yz^2$
$5z^2y + 15z^2y$
f) $b^2x^3 + 11b^2x^3$
$6b^2x^3 + 6b^2x^3$
$5b^2x^3 + 7x^3b^2$

27. a) $3x + 7x + 2x = 12x$
b) $-4a - 3a + 8a = a$
c) $4y - 9y + 2y = -3y$
d) $2a + 4a - b + 6b = 6a + 5b$
e) $-x \cdot 4 + y - 3y + 12x = -2y + 8x$
f) $2x + 3x - 5y - 12y = x \cdot 5 - 17y$

28. a)

		$-n$			
	$4n - 2$		$-5n + 2$		
$3n + 1$		$-3 + n$		$-6n + 5$	

96 **28. b)**

	$2x+8y+1$	
$4x+3y$		$-2x+5y+1$
$3x-2y$	$5y+x$	$-3x+1$

29. Pärchen wertgleicher Terme sind 1 und S, 2 und A, 3 und H, 4 und N, 5 und E. Das Lösungswort ist SAHNE.

97 **30. a)**

1. Zeile:	$(x+z)+(x+y-z)+(x-y)=3x$
2. Zeile:	$(x-y-z)+x+(x+y+z)=3x$
3. Zeile:	$(x+y)+(x-y+z)+(x-z)=3x$
1. Spalte:	$(x+z)+(x-y-z)+(x+y)=3x$
2. Spalte:	$(x+y-z)+x+(x-y+z)=3x$
3. Spalte:	$(x-y)+(x+y+z)+(x-z)=3x$
Hauptdiagonale:	$(x+z)+x+(x-z)=3x$
Nebendiagonale:	$(x-y)+x+(x+y)=3x$

b)

u	$v+w$	$x-w$	y
$x-z$	y	u	$v+z$
$z+y$	x	v	$u-z$
v	$u-w$	$y+w$	x

Man erhält so aber nicht das Dürer-Quadrat.

31. a) $d=n\cdot(2x+2y)$

b) $d=20\cdot(2\cdot 7+2\cdot 10)=680$

Tim muss $680\,mm=68\,cm$ Silberdraht kaufen

c) –

32. $2x-y+(-2y)+1=2x-3y+1$

$2x-y+x-y=3x-2y$

$2x-y+y-y^2=2x-y^2$

$-x+y+(-2y)+1=-x-y+1$

$-x+y+x-y=0$

$-x+y+y-y^2=-x+2y-y^2$

$x^2-x+(-2y)+1=x^2-x-2y+1$

$x^2-x+x-y=x^2-y$

$x^2-x+y-y^2=x^2-x+y-y^2$

33. a) $-3ab+4a^2$

b) $2xy-2x^2y-9xy^2+3y^2-3x^2$

c) $-3s^3t-3st^3+3s^2t+s^3t^3$

d) $1{,}6uv^2-0{,}6u^2v-0{,}9uv-0{,}9v^2$

e) $-\frac{5}{12}cd-\frac{4}{3}cd^2-\frac{1}{12}c^2d+\frac{5}{6}c^2d^2$

f) $-5pq-\frac{1}{6}pq^2-\frac{2}{3}p^2q^2$

Im Blickpunkt: Umgang mit Termen bei einem Computer-Algebra-System (CAS)

98

1. –

2. –

3. Anwendung des Assoziativ- und des Kommutativgesetzes.

3.4 Multiplizieren und Dividieren von Termen

99

Einstieg:
$4x \cdot 6y \cdot 2 = 8x \cdot 6y = 48xy$
$4x \cdot 6y : 2 = 2x \cdot 6y = 12xy$
Man multipliziert ein Produkt mit einer Zahl, indem man nur einen Faktor des Produkts mit der Zahl multipliziert.
Man dividiert ein Produkt durch eine Zahl, indem man nur einen Faktor des Produkts durch die Zahl dividiert.

100

2. a) $24x$ b) $35a$ c) $-3u$ d) y e) $4x$ f) $4r$ g) $15x$ h) $-2a$

3. a) $-8a$ b) $-10s$ c) $2xy$ d) $-2a$ e) $-0{,}4x$ f) $6a$

4. a) $60a$ b) $60a$ c) $-60a$ d) $2x$ e) $-2x$ f) $2x$
g) $12x$ h) $\frac{5}{9}r$ i) $-1{,}5y$ j) $22y$ k) $-4t$ l) $\frac{6}{7}k^2$
m) $-60x$ n) $-3{,}6y$ o) $3{,}5t^2 = \frac{7}{2}t^2$ p) $-45y$ q) $-132r$ r) $80s^2$
s) $-0{,}4u$ t) $23x$ u) $4yz$ v) $\frac{5}{2}a$ w) $-\frac{3}{5}s$ x) $0{,}75xy^2$

5. Anna: falsch; richtig: $y + y + y = 3y$
Björn: richtig
Cem: falsch; richtig: $7 \cdot (2u) = 14u$
Doreen: falsch; richtig: $(18a \cdot 21) : 3 = 6a \cdot 21 = 126a$
Emil: richtig
Felix: falsch; richtig: $(-1) \cdot (-2) \cdot (-u) = -2u$
Gökhan: richtig
Hong: falsch; richtig: $x^2 : 2 = \frac{1}{2}x^2$

100 **6.** a) $15x^2$ c) $4y^2$ e) $3a^2$ g) $-12w^2$ i) $-2z^3$ k) $-\frac{1}{5}u^2$

b) $-7p^2$ d) $\frac{1}{4}z^2$ f) $6m^2$ h) $24y^3$ j) $\frac{1}{3}a^3$ l) $\frac{1}{6}x^2$

101 **7.** $V_{groß} = 4a \cdot 4a \cdot 4a = 64a^3$ $V_{klein} = 2a \cdot 2a \cdot 2a = 8a^3$

8. a)

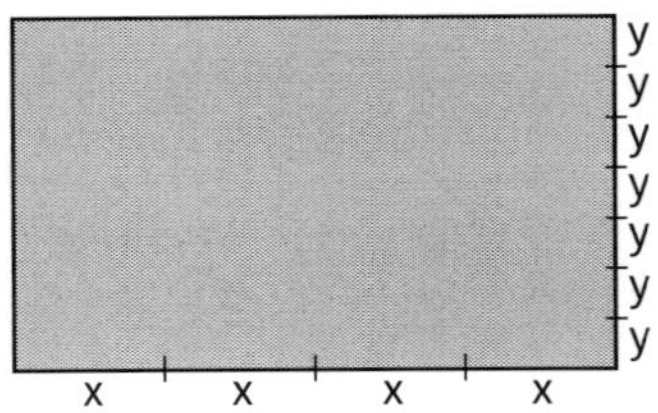

c)

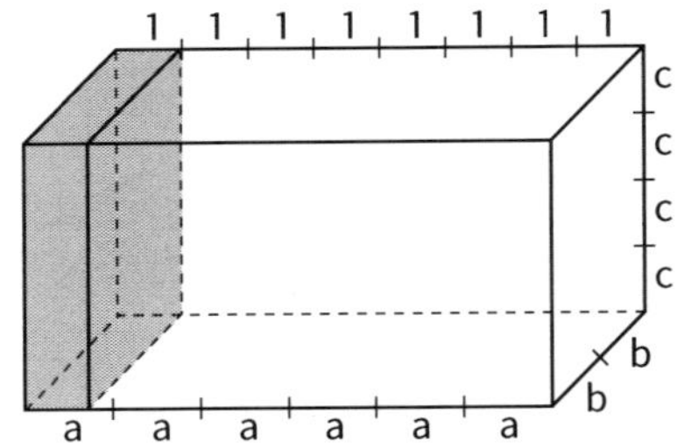

b)

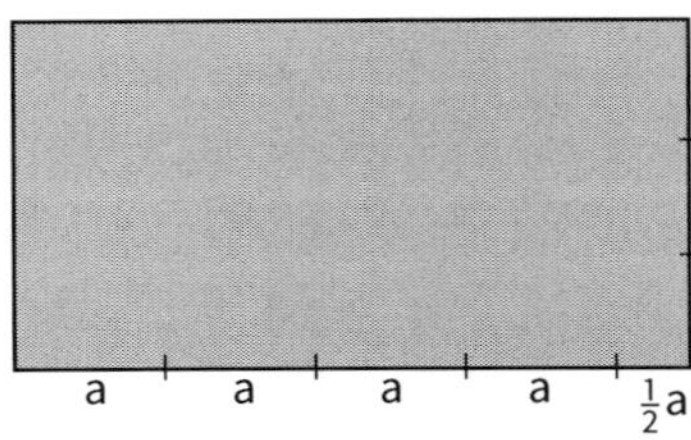

d)

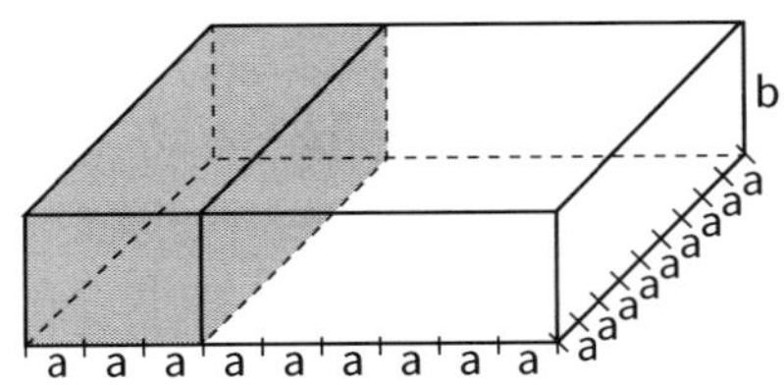

9. a) $19x + 7$ c) 0 e) 0

b) $a^2 + 27a$ d) $-4x^2 + 13x$ f) $5x^2 + 22x$

10. Preis: $x \cdot 0{,}7 \cdot 0{,}9 = x \cdot 0{,}63$ Der Gesamtnachlass beträgt 37 %.

11. a) $p \cdot 1{,}079 \cdot 0{,}983 = p \cdot 1{,}060657$

b) (1) $0{,}91 \cdot (1{,}2 \cdot x) = 1{,}092x$

Ein Preis wird um 20 % erhöht und dann um 9 % gesenkt.

(2) $(0{,}98 \cdot x) \cdot 1{,}05 = 1{,}029x$

Ein Preis wird um 2 % gesenkt und dann um 5 % erhöht.

(3) $(1500 \cdot x) \cdot 1{,}19$

Eine Couch kostet (ohne Mehrwertsteuer) 1 500 €, dazu kommen noch 19 % Mehrwertsteuer.

12. a) $27x + 15y$ c) $-18u + 18v$ e) $-2p - 3q$

b) $28a - 21b$ d) $10x + 2y$ f) $-8a$

13. Zwischen den Variablen stehen Malpunkte.

14. a) $100a^3b$

$-180x^3y$

$\frac{2}{3}u^2t$

$-58rt^5$

b) $3x^2y^3$

$-3xz^4$

$\frac{4}{3}a^2b^2$

$-\frac{3}{5}u^2v$

101

15. a) $x^2 \cdot x^3 = (x \cdot x) \cdot (x \cdot x \cdot x) = x^5$
$a^3 \cdot (-a) = a \cdot a \cdot a \cdot (-a) = -a^4$
$5a^4 \cdot 3a^2 = 5 \cdot a \cdot a \cdot a \cdot a \cdot 3 \cdot a \cdot a = 15a^6$
$x^5 : x^2 = (x \cdot x \cdot x \cdot x \cdot x) : (x \cdot x) = x^3$

b) $(-6b) \cdot b^3 = (-6 \cdot b) \cdot (b \cdot b \cdot b) = -6b^4$
$7x^5 \cdot (-5x) = 7 \cdot x \cdot x \cdot x \cdot x \cdot x \cdot (-5) \cdot x = -35x^6$
$(-r) \cdot s^2 \cdot r^4 = (-r) \cdot s \cdot s \cdot r \cdot r \cdot r \cdot r = -r^5 s^2$
$4ab \cdot 3ab = 4 \cdot a \cdot b \cdot 3 \cdot a \cdot b = 12a^2b^2$

c) $9b \cdot b^4 \cdot b^3 = 9 \cdot b \cdot (b \cdot b \cdot b \cdot b) \cdot (b \cdot b \cdot b) = 9b^8$
$x^5 \cdot y^4 \cdot y^3 = (x \cdot x \cdot x \cdot x \cdot x) \cdot (y \cdot y \cdot y \cdot y) \cdot (y \cdot y \cdot y) = x^5y^7$
$8r^3 \cdot 5r \cdot t^2 \cdot 3r^2 \cdot t = 8 \cdot r \cdot r \cdot r \cdot 5 \cdot r \cdot t \cdot t \cdot 3 \cdot r \cdot r \cdot t = 120r^6t^3$
$15a^3 : 3a^2 = 15 \cdot a \cdot a \cdot a : (3 \cdot a \cdot a) = 5a$

102

16. a) $5x^7 + 9x^7 = 14x^7$
b) $-12r^9 - 8r^9 = -20r^9$
c) $7t^3 + t^3 = 8t^3$
d) $8a^5 + 5a^5 + 9a^5 = 22a^5$
e) $9y^{11} - 13y^{11} + 4y^{11} = 0$
f) $8x^5 + x^5 - 10x^5 = -x^5$
g) $14a^4b^3 + 9a^3b^3$
h) $6p^2q^4 - 1{,}2p^2q^3$
i) $-18x^4y^4 - 6x^4y^4 = -24x^4y^4$

17. a) (1) $V = 4b \cdot t \cdot h + b \cdot t \cdot h = 5bht$
(2) $V = 3h \cdot b \cdot t + 3b \cdot t \cdot h = 6bht$
(3) $V = 3b \cdot t \cdot h + 2b \cdot h \cdot t = 5bht$

b) (1) $O = 2 \cdot (4b \cdot h) + 2 \cdot b \cdot h + 4b \cdot t + t \cdot h + 3b \cdot t + t \cdot h + bt + 2h \cdot t$
$= 10bh + 8bt + 4ht$
(2) $O = 2 \cdot (3b \cdot h + 3h \cdot b) + bt + t \cdot 3h + bt + th + 3bt + th + tb + 3ht$
$= 12bh + 6bt + 8ht$
(3) $O = 2 \cdot (3b \cdot h + 2b \cdot h) + 3bt + 2ht + bt + ht + bt + ht + bt + 2ht$
$= 10bh + 6bt + 6ht$

c)

(1)	S:	$V = 8\,100\text{ cm}^3$;	$O = 3\,204\text{ cm}^2$
	M:	$V = 19\,200\text{ cm}^3$;	$O = 4\,735\text{ cm}^2$
	L:	$V = 37\,500\text{ cm}^3$;	$O = 8\,900\text{ cm}^2$
(2)	S:	$V = 9\,720\text{ cm}^3$;	$O = 3\,888\text{ cm}^2$
	M:	$V = 23\,040\text{ cm}^3$;	$O = 6\,912\text{ cm}^2$
	L:	$V = 45\,000\text{ cm}^3$;	$O = 10\,800\text{ cm}^2$
(3)	S:	$V = 8\,100\text{ cm}^3$;	$O = 3\,258\text{ cm}^2$
	M:	$V = 19\,200\text{ cm}^3$;	$O = 5\,792\text{ cm}^2$
	L:	$V = 37\,500\text{ cm}^3$;	$O = 9\,050\text{ cm}^2$

d) (1) S: $m = 17{,}820\text{ kg}$
M: $m = 42{,}240\text{ kg}$
L: $m = 82{,}500\text{ kg}$
(2) S: $m = 21{,}384\text{ kg}$
M: $m = 50{,}688\text{ kg}$
L: $m = 99{,}000\text{ kg}$
(3) S: $m = 17{,}820\text{ kg}$
M: $m = 42{,}240\text{ kg}$
L: $m = 82{,}500\text{ kg}$

102

18. –

19. a) $A = a^2 + 4 \cdot 0{,}9\,a \cdot a = 4{,}6\,a^2$

b) $O = 6\,a^2$ $\quad$ $4{,}6\,a^2$ sind $76\frac{2}{3}\,\%$ von $6\,a^2$.

20. a) (1) $19\,xy - 15\,x + 21\,z$

(2) $4\,xz - 4\,yz$

(3) $72\,abc - 43\,ab$

(4) $-48\,rs - 44\,trs + 216\,r^2s$

(5) $32\,uv^2 - 21\,u^2v$

b) –

103

21. $(3x)^2 = 9x^2 = (-3x)^2$

$-(3x)^2 = -9x^2$

22. a) $3a \cdot 3a$

b) $2uv \cdot 2uv \cdot 2uv$

c) $b^3 \cdot b^3$

d) $4cd^2 \cdot 4cd^2 \cdot 4cd^2$

e) $2x^2yz \cdot 2x^2yz \cdot 2x^2yz$

f) $3u^2v^3 \cdot 3u^2v^3$

g) $(-ab) \cdot (-ab)$

h) $(-2x) \cdot (-2x) \cdot (-2x)$

i) $(-2x^2y) \cdot (-2x^2y) \cdot (-2x^2y)$

j) $(-ab)^3 \cdot (-ab^3)$

23. a) $1{,}1\,x^2y \cdot 1{,}1\,x^2y = 1{,}21\,x^4y^2$

b) $(-0{,}5\,rs^2t^3)(-0{,}5\,rs^2t^3) = 0{,}25\,r^2s^4t^6$

c) $\frac{1}{2}ab^2 \cdot \frac{1}{2}ab^2 = \frac{1}{4}a^2b^4$

d) $\left(\frac{1}{2}x^2y\right) \cdot \left(\frac{1}{2}x^2y\right) \cdot \left(\frac{1}{2}x^2y\right) = \frac{1}{8}x^6y^3$

e) $\left(-\frac{3}{4}rs^2t\right) \cdot \left(-\frac{3}{4}rs^2t\right) \cdot \left(-\frac{3}{4}rs^2t\right) = -\frac{27}{64}r^3s^6t^3$

24. a) $(3x)^2$ $\quad$ c) $(6a^2)^2$ $\quad$ e) $\left(\frac{1}{9}z^3\right)^2$ $\quad$ g) $(10ab^2)^2$ $\quad$ i) $\left(\frac{1}{3}pa^2\right)^2$

b) $(5z)^2$ $\quad$ d) $\left(\frac{1}{2}u\right)^2$ $\quad$ f) $(2xy)^2$ $\quad$ h) $(8uv^2w)^2$ $\quad$ j) $\left(\frac{4}{9}cd^2e^3\right)^2$

25. a) $36x^3y^2$ $\quad$ d) $-192p^4q^7$ $\quad$ g) $17u^6v^{12}$

b) $12a^4b^4$ $\quad$ e) $-4v^3w^5$ $\quad$ h) $36x^2y^2$

c) $45c^6d^2$ $\quad$ f) $-3p^7q^8$ $\quad$ i) $-4u^2v^2$

26. a) $A_1 = a \cdot a = a^2$; $A_2 = (2a) \cdot (2a) = 4a^2$; $A_n = (n \cdot a) \cdot (n \cdot a) = n^2a^2$

b) $A_{alt} = a \cdot a = a^2$

$A_{neu} = (a \cdot 0{,}9)(a \cdot 0{,}9) = 0{,}81\,a^2$

Der Flächeninhalt beträgt 81 % des ursprünglichen Quadrats.

103

27. Druckfehler in der ersten Auflage in Teilaufgabe e): $\left(\frac{1}{4}a\right)^2 \cdot 3b$

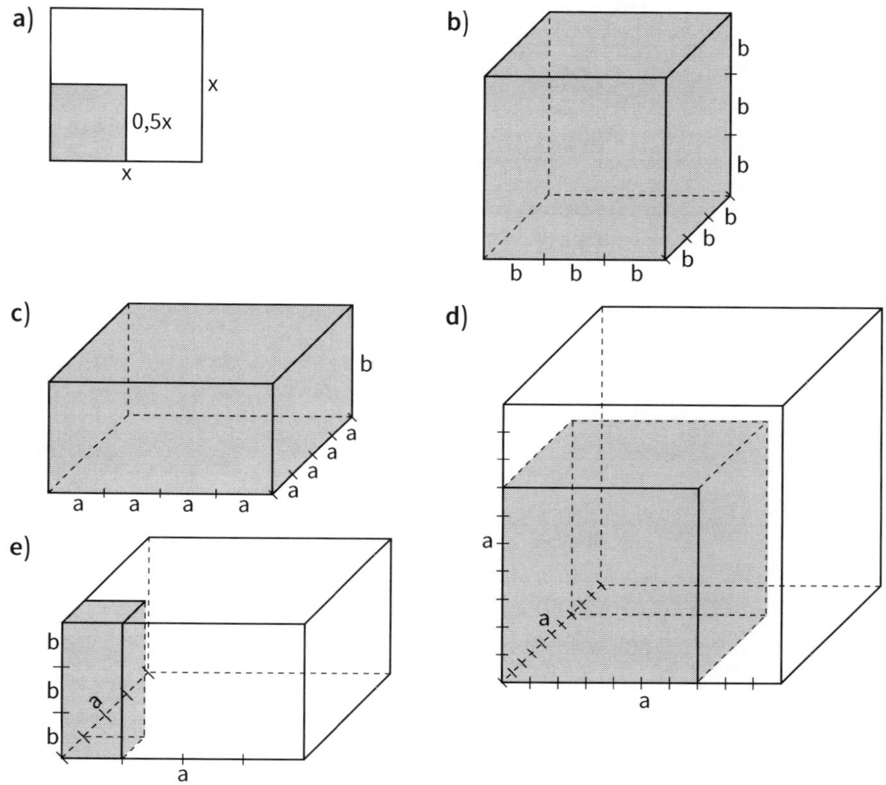

28. $\frac{3}{5}x = \frac{3x}{5} = 3x : 5 = 3 \cdot \frac{x}{5} = \frac{1}{5}x \cdot 3 = 3 : 5 \cdot x$

$\frac{3}{5x}$ ist zu keinem Term wertgleich.

29. a) (1) $V_a = a^3$
$V_{2a} = (2a)^3 = 8a^3$

(2) $O_a = 6a^2$
$O_{2a} = 6 \cdot (2a)^2 = 24a^2$

b) (1) $V_{3a} = (3a)^3 = 27a^3$
$O_{3a} = 6 \cdot (3a)^2 = 54a^2$

(2) $V_{\frac{11}{10}a} = \left(\frac{11}{10}a\right)^3 = \frac{1331}{1000}a^3 = 1{,}331\,a^3$
$O_{\frac{11}{10}a} = 6 \cdot \left(\frac{11}{10}a\right)^2 = \frac{726}{100}a^2 = \frac{363}{50}a^2 = 7{,}27\,a^2$

3.5 Auflösen einer Klammer

104

Einstieg:

a) $A = 678\,m^2$

$A = 15\,m \cdot (20\,m + 14\,m) + 12\,m \cdot 14\,m$
$= 15\,m \cdot 20\,m + 15\,m \cdot 14\,m + 12\,m \cdot 14\,m$
$= 300\,m^2 + 210\,m^2 + 168\,m^2$
$= 678\,m^2$

104 **Einstieg:** Fortsetzung

b) $A = a \cdot (b + d) + c \cdot d = a \cdot b + a \cdot d + c \cdot d$

c) $A = 15\,m \cdot 20\,m + (15\,m + 12\,m) \cdot 14\,m$
$= 15\,m \cdot 20\,m + 15\,m \cdot 14\,m + 12\,m \cdot 14\,m$
$= 678\,m^2$

d) $A = a \cdot b + (a + c) \cdot d = a \cdot b + a \cdot d + c \cdot d$

105 **2.** a) Die Division wird auf die Multiplikation mit dem Kehrwert zurückgeführt.

b) (1) $(4a + 6b) : \frac{2}{3}$
$= (4a + 6b) \cdot \frac{3}{2}$
$= 4a \cdot \frac{3}{2} + 6b \cdot \frac{3}{2}$
$= 6a + 9b$

(2) $(8p - 12q) : 4$
$= (8p - 12q) \cdot \frac{1}{4}$
$= 8p \cdot \frac{1}{4} - 12q \cdot \frac{1}{4}$
$= 2p - 3q$

(3) $(6x - 9y) : (-3)$
$= (6x - 9y) \cdot \left(-\frac{1}{3}\right)$
$= 6x \cdot \left(-\frac{1}{3}\right) - 9y \cdot \left(-\frac{1}{3}\right)$
$= -2x + 3y$

(4) $(12r - 9s) : \left(-\frac{3}{4}\right)$
$= (12r - 9s) \cdot \left(-\frac{4}{3}\right)$
$= 12r \cdot \left(-\frac{4}{3}\right) - 9s \cdot \left(-\frac{4}{3}\right)$
$= -16r + 12s$

c) Man dividiert jedes Glied der algebraischen Summe in der Klammer durch den Divisor. Die Zeichen + und – werden nach den Vorzeichenregeln gesetzt.
$(a + b) : c = (a + b) \cdot \frac{1}{c} = a \cdot \frac{1}{c} + b \cdot \frac{1}{c} = a : c + b : c$

3. a) $6(x - 3) - 3x = 12$ | Ausklammern
$6x - 18 - 3x = 12$ | Zusammenfassen
$3x - 18 = 12$ | + 18
$3x = 30$ | : 3
$x = 10$

b) (1) $L = \{12{,}5\}$ (2) $L = \left\{-\frac{1}{5}\right\}$ (3) $L = \{\ \}$

106 **4.** –

5.
a) $5x + 5y$
b) $0{,}7x + 2{,}1$
c) $-8y - 56$
d) $7x + 7y$
e) $9{,}5x + 38$
f) $-3x - 3$
g) $xa + xb$
h) $xz + yz$
i) $rt + st$
j) $x + xy$
k) $-kr - k$
l) $a + ab$
m) $9x - 9y$
n) $7x - 7y$
o) $-5x + 5y$
p) $x - xy$
q) $-x + 1$
r) $-3a + 3b$
s) $4 - 4u^2$
t) $r^2 - r$
u) $-s + st$
v) $-4a - 4b$
w) $6 - 2x$
x) $u + u^2$

6.
a) $56x + 35$
b) $36t + 4$
c) $80b + 60$
d) $30x - 20y$
e) $-63a + 36b$
f) $-60d + 135c$
g) $7ax + 5ay$
h) $3rt - 14st$
i) $-8ac - 7bc$
j) $0{,}5cx + 3{,}7cy$
k) $12a - 38b$
l) $-4u - 14v$

106

7. $2x \cdot (x+y) = 2x^2 + 2xy$
$2x \cdot (z-1) = 2xz - 2x$
$2x \cdot (2u - v) = 4xu - 2xv$
$u \cdot (x+y) = ux + uy$
$u \cdot (z-1) = uz - u$
$u \cdot (2u - v) = 2u^2 - uv$
$(-3v) \cdot (x+y) = -3vx - 3vy$
$(-3v) \cdot (z-1) = -3vz + 3v$
$(-3v) \cdot (2u - v) = -6uv + 3v^2$
$(-3) \cdot (x+y) = -3x - 3y$
$(-3) \cdot (z-1) = -3z + 3$
$(-3) \cdot (2u - v) = -6u + 3v$

8. a) $35ab + 5ac$
b) $9rx + 99ry$
c) $24xz - 28yz$
d) $-15st - 100su$
e) $-15rt - 5st$
f) $-8v + 26t$
g) $0{,}15ab + 0{,}36ac$
h) $\frac{x^2}{6} + \frac{xy}{4}$

9. –

10. a) $3ax + 8ay + 7az$
b) $4ax + 36bx + 20cx$
c) $-48ut - 60tv - 12tw$
d) $-160qr - 120qs - 96qt$
e) $2{,}5xy + 7{,}1y^2 + 8{,}3yz$
f) $6{,}3x - 1{,}26y + 13{,}86z$
g) $14xz + 0{,}9yz + 0{,}06z$
h) $-2{,}5k^2 - kt - 12{,}5kz$
i) $-36t^2 + 276tk + 312tq$
j) $-28r^2 - 30r + 8rs$
k) $\frac{1}{4}a^2 - \frac{1}{9}ab + \frac{3}{8}ac$
l) $0{,}3u^2 - 0{,}36uv + 0{,}9uw$

11. Wertgleich sind:
$6(x^2+1) + 2 = 2x^2 + 4(x^2+2) = 6x^2 + 8$
$3(x^2+1) + 1 = 3x(x-1) + 3x + 4 = 3x^2 + 4$
$2(x+1) + 4 = 2x + 6$

107

12. a) Die Variablen in der Klammer wurden alphabetisch sortiert.
b) Die Klammer wurde aufgelöst und nach den Potenzen von x sortiert.

13. a) $12a^3b - 15a^2b^2 + 9ab^3$
b) $20u^3v^2 - 24u^2v^2 - 28u^2v^3$
c) $-6p^3q^2 + 6p^2q^3 - 8p^3q^3 - 2pq^4$
d) $12x^4y^4 - 6x^3y^5 + 12x^3y^3 - 21x^2y^4$
e) $-48r^2s^5 + 24r^3s^4 - 36r^4s^3 - 12rs^6$
f) $0{,}8x^4y^4 - 0{,}4x^3y^5 + 0{,}6x^2y^6 - xy^4$

14. a) $(-2)(4-x) = -8 + 2x$; Vorzeichen nicht beachtet
b) $(-1)(x-y) = -x + y = y - x$; also richtig
c) $a \cdot (b \cdot c) = a \cdot b \cdot c$; nicht beide Faktoren mit a multiplizieren.
d) $p(p-7) = p^2 - 7p$; p muss auch mit 7 multipliziert werden.

107

15. **a)** Jedes Glied der Summe wird durch 2 dividiert.

b) **(1)** $(6a - 3b):3$
$= 6a:3 - 3b:3$
$= 2a - b$

(2) $(8a + 12b):4$
$= 8a:4 + 12b:4$
$= 2a + 3b$

(3) $\left(\frac{1}{2}x + \frac{3}{2}y\right):\frac{1}{2}$
$= \frac{1}{2}x:\frac{1}{2} + \frac{3}{2}y:\frac{1}{2}$
$= x + 3y$

(4) $(14c - 8d^2):(-4)$
$= 14c:(-4) - 8d^2:(-4)$
$= -\frac{7}{2}c + 2d^2$

(5) $\left(8u^2 - \frac{1}{2}\right):\left(-\frac{3}{4}\right)$
$= 8u^2:\left(-\frac{3}{4}\right) - \frac{1}{2}:\left(-\frac{3}{4}\right)$
$= -\frac{32}{3}u^2 + \frac{2}{3}$

(6) $(3p + 4{,}5q):1{,}5$
$= 3p:1{,}5 + 4{,}5q:1{,}5$
$= 2p + 3q$

(7) $(2{,}5r - 3s^2):0{,}5$
$= 2{,}5r:0{,}5 - 3s^2:0{,}5$
$= 5r - 6s^2$

16. **a)** $2a - 8 + 15 + 6a = 8a + 7$
b) $28 - 14b + 16 + 4b = -10b + 44$
c) $8x^2 - 4x + 3x^2 + 3x = 11x^2 - x$
d) $24 - 18d + 14d - 7d^2 = -7d^2 - 4d + 24$
e) $0{,}7y^2 - 0{,}7y - 0{,}6y + 0{,}3 = 0{,}7y^2 - 1{,}3y + 0{,}3$
f) $3u^2 - 2u + 6u^2 - 4u = 9u^2 - 6u$

17. **a)** $5a - 3b + 7a - 7b = 12a - 10b$
b) $xy - 9x + 3x - xy = -6x$
c) $7x + 7y + 3x - 3y = 10x + 4y$
d) $12x - 20y - 7x + 11y = 5x - 9y$
e) $b + 40a + 80b - 40a = 81b$
f) $r - 3s + 42r + 56s = 43r + 53s$
g) $-117r + 156s + 5s - 4r = -121r + 161s$
h) $7a + \frac{3}{5}b + 11 - \frac{1}{2}b = 7a + \frac{1}{10}b + 11$
i) $-2x + 2x^2 + x^2 + 4x = 2x + 3x^2$

18. $x \cdot (x - 2) + 4x - x^2 = 2x$
Herr Hultsch muss das Ergebnis nur halbieren, dann erhält er die gesuchte Zahl x.

108

19. **a)** $7a - 3b + 9(a + 2b) = 16a - 15b$
b) $(x + 4y) \cdot 2 + 3(-6x - y) = -16x + 5y$
c) $-4(3r + 2) + 6(+2r + 5) = 22$
d) $\frac{3}{4}u(20 - 8v) + \frac{2}{3}v(9u - 33) = 15u - 22v$

20. **a)** $4 \cdot a \cdot h + 4 \cdot a \cdot \frac{2}{3}a + 2 \cdot a^2 + 2 \cdot a + h = 4ah + \frac{14}{3}a^2 + 2a + h$
b) **(1)** $442{,}5\,cm^2$ **(2)** $214{,}17\,cm^2$

108

21. $x + 2(x - 11) = 1$

$x + 2x - 22 = 17$

$3x - 22 = 17 \quad |+22$

$3x = 39 \quad |:3$

$x = 13$

$L = \{13\}$

Mark hat sich die Zahl 13 gedacht.

22. **a)** $L = \{46\}$ **c)** $L = \{2\}$ **e)** $L = \left\{\frac{15}{81}\right\}$
b) $L = \{4\}$ **d)** $L = \{-3\}$ **f)** $L = \{1\}$

23. **a)** Julia hat die Klammern nicht durch Multiplizieren aufgelöst, sondern beide Seiten der Gleichung durch 4 dividiert.
b) **(1)** $L = \{4\}$ **(3)** $L = \{-5\}$ **(5)** $L = \{-3\}$
(2) $L = \{3\}$ **(4)** $L = \{15\}$ **(6)** $L = \{3\}$

24. Jana hat die Klammern ausmultipliziert und dann die Seiten einzeln zusammengefasst.
Ella und Ephraim haben zunächst $2(x + 1)$ auf beiden Seiten subtrahiert.
Ella hat dann die Gleichung so umgeformt, dass x auf der linken Seite der Gleichung steht, Ephraim hat die Gleichung so umgeformt, dass x auf der rechten Seite der Gleichung steht.
Ellas und Ephraims Wege sind fast identisch und gleich schnell, Janas Weg ist etwas aufwändiger.

109

25. **a)** $L = \left\{\frac{1}{9}\right\}$ **c)** $L = \{5\}$ **e)** $L = \{1\}$
b) $L = \left\{\frac{5}{9}\right\}$ **d)** $L = \left\{-\frac{14}{3}\right\}$ **f)** $L = \{4\}$

26. **a)** $L = \{-15\}$ **b)** $L = \{12{,}5\}$ **c)** $L = \{1\}$ **d)** $L = \{1{,}6\}$

27. **a)** $x = -9 \quad \left[x = \frac{37}{7};\ x = \frac{72}{7}\right]$ **c)** $x = -\frac{4}{7} \quad \left[x = -\frac{3}{7};\ x = -\frac{27}{56};\ x = \frac{2}{7}\right]$
b) $x = 86 \quad \left[x = \frac{1}{2};\ x = 0\right]$

28. **a)** Franziska vermeidet das Rechnen mit Brüchen. $L = \{x \in \mathbb{Q} \mid x < -24\}$
b) Man kann das Rechnen mit Brüchen vermeiden, wenn man sie durch Multiplikation beider Seiten der Gleichung mit einem gemeinsamen Nenner beseitigt.
c) **(1)** $L = \{3\}$ **(2)** $L = \left\{x \in \mathbb{Q} \mid x < -\frac{1}{2}\right\}$ **(3)** $L = \left\{x \in \mathbb{Q} \mid x < -\frac{34}{3}\right\}$

29. **a)** $L = \left\{\frac{27}{4}\right\}$ **c)** $L = \{10\}$ **e)** $L = \left\{\frac{2}{5}\right\}$
b) $L = \{-4\}$ **d)** $L = \left\{\frac{5}{16}\right\}$

109

30. a) $(7-x)\cdot 5 = 15$; $L = \{4\}$
b) $(x+1{,}5)\cdot 2 = \frac{x}{3}$; $L = \left\{-\frac{9}{5}\right\}$
c) $(2x+5):3 = 7$; $L = \{8\}$
d) $(10-3x)\cdot 1{,}5 = 6$; $L = \{2\}$

31. –

32. x: Länge der kürzesten Kante (in cm)
Gleichung: $4x + 4\cdot(2x) + 4(x+12) = 144$ *Lösung:* $x = 6$
Antwort: Die kürzeste Seite ist 6 cm, die mittlere 12 cm und die längste 18 cm lang. Das Volumen ist $V = 18\,cm \cdot 12\,cm \cdot 6\,cm = 1\,196\,cm^3$.

110

33. x: Größe der Grundfläche (in cm^2)
Gleichung: $2x + 2\cdot\left(\frac{1}{2}x\right) + 2\cdot(x-10) = 280$ *Lösung:* $x = 60$
Antwort: Die Grundfläche ist 60 cm^2 groß, eine kleine Seitenfläche 30 cm^2 und eine große Seitenfläche 50 cm^2 groß.

34. x: Ursprüngliche Anzahl der Nüsse in der linken Tasche
Gleichung: $3x - 30 = \frac{1}{3}(x+30)$ *Lösung:* $x = 15$
Antwort: Er hatte 15 Nüsse in der linken und 45 Nüsse in der rechten Tasche.

35. *Frage:* Wie viele Flaschen will er kaufen?
Gleichung: $x\cdot 0{,}75 = (x+3)\cdot 0{,}60$ (x: Anzahl der Flaschen zu 0,75 €)
Lösung: $x = 12$
Antwort: Er will 12 Flaschen kaufen. Sie kosten 9 €. Dafür kann er im Supermarkt 15 Flaschen kaufen.

36. a) x: Anzahl der Jahre bis die Großmutter fünfmal so alt ist.
Gleichung: $84 + x = 5\cdot(8+x)$ *Lösung:* $x = 11$
Antwort: In 11 Jahren ist die Großmutter fünfmal so alt wie die Enkelin. Sie ist dann 95 Jahre, die Enkelin 19 Jahre alt.
b) x: Anzahl der Jahre, vor denen die Großmutter zwanzigmal so alt war
Gleichung: $84 - x = 20\cdot(8-x)$ *Lösung:* $x = 4$
Antwort: Vor 4 Jahren war die Großmutter zwanzigmal so alt wie die Enkelin. Sie war damals 80 Jahre, die Enkelin 4 Jahre alt.

37. x: Alter des Sohnes heute (in Jahren)
Gleichung: $x + 16 + 2\cdot(x+16) = 40 + 2\cdot 16$ *Lösung:* $x = 8$
Antwort: Der Sohn ist heute 8 Jahre, der Vater 32 Jahre alt. In 16 Jahren ist der Sohn 24 Jahre, der Vater 48 Jahre alt.

38. x: Alter der Schwester heute (in Jahren)
Gleichung: $2x - 4 = (x-4)\cdot 4$ *Lösung:* $x = 6$
Antwort: Der Junge ist heute 12 Jahre, die Schwester 6 Jahre alt. Vor 4 Jahren war der Junge 8 Jahre, die Schwester 2 Jahre alt.

110 **39.** Ute ist 16 Jahre älter als Eva.
x: Alter von Eva (in Jahren)
Gleichung: $\frac{1}{2}x + \frac{1}{3}(x + 16)$ *Lösung:* $x = 32$
Antwort: Eva ist 32 Jahre, Ute 48 Jahre und Ole 53 Jahre alt.

40. x: Anzahl der Bienen
Gleichung: $\frac{1}{5}x + \frac{1}{3}x + 3 \cdot \left(\frac{1}{3}x - \frac{1}{5}x\right) + 1 = x$ *Lösung:* $x = 15$
Antwort: Es sind 15 Bienen.

Das kann ich noch!

A) 1) $\delta = 25°$; $\varepsilon = 180° - 2 \cdot 25° = 130°$; $\beta = 180° - 130° = 50°$;
$\alpha = \gamma = (180° - 50°) : 2 = 130° : 2 = 65°$

2) $\beta + \gamma = 90°$ (Satz des Thales); $\alpha = 180° - 90° - 40° = 50°$;
$\beta = 180° - 90° - 50° = 40°$; $\gamma = 180° - 90° - 40° = 50°$

3.6 Minuszeichen vor einer Klammer – Subtrahieren einer Klammer

111 **Einstieg:**

a) $100€ - (h€ + p€) = 100€ - h€ - p€$

b) $100€ - (102€ - x€) = -2€ + x€$

112 **2.**
a) $-a - b$
b) $-x + y$
c) $-4x - y$
d) $u + 7v$
e) $-3 - x + 2 = -1 - x$
f) $-a^2 + b^2 - b^2 = -a^2$
g) $-3x + y + 2x - 2y = -x - y$
h) $-r - 0{,}9x + r - rx = -0{,}9x - rx$

3.
a) $x - y - z$
b) $x - y + z$
c) $2x + y$
d) $6r + s$
e) $2a + 3b$
f) $9x + 7z$
g) $6 + a - b$
h) $5r + -5$

4. $x - y - 2z$; $x - (y + 2z)$

5. $h - (r - t)$; $h - r + t$

6.
a) $-5{,}8a - b$
b) $-0{,}8u + 4{,}5v$
c) $-23x - 15y$
d) $2{,}5s$
e) $3a - 25b$
f) $\frac{2}{3}t^2$

7.
(1) $(x^2 + y) - (x^2 - y)$
$= x^2 + y - x^2 + y$
$= 2y$

(2) $u^2 - 2(v + u^2)$
$= u^2 - 2v - 2u^2$
$= -u^2 - 2v$

(3) $-(r - (s + r))$
$= -r + (s + r)$
$= -r + s + r$
$= s$

112

8. Druckfehler in Teilaufgabe f): $p^2 q(p-q)^2 - p(p^2 - pq^2) + pq(q^2 - q)$

a) $-2b$
b) 0
c) $-mn+1$
d) -11
e) $2u^2v - uv^2 - v^3$
f) $2p^3q + p^2q^2 - 2p^3 - pq^2$

9. a) $-4(3x+2)+3x-4=+3x-12(\mathbf{x+1})$
b) $7(2-x)+4x-4=6x+4-3x+1-\mathbf{6x+12}-7$
c) $3(a-4)+2a-6-a=4(\mathbf{a-2})-10$
d) $\mathbf{3(a-1)}+3a-9-(a-2)=2a-8+3a-2$

10. –

11. a) $L=\left\{-\frac{1}{2}\right\}$
b) $L=\{0\}$
c) $L=\{-2\}$
d) $L=\{\ \}$
e) $L=\{-19\}$
f) $L=\left\{\frac{165}{64}\right\}$

3.7 Ausklammern

113

Einstieg:

a) z.B. $3(x+x)$
b) z.B. $4(2a+3b)$
c) z.B. $x(4+a)$
d) z.B. $3pq(p+2)$
e) z.B. $4x^2z(2x-1)$
f) z.B. $7(u-1)$

2. a) $10(x^2+y)$
b) $-4(a+b)$

3. a) $5(a+b)$
b) $13(r+s)$
c) $11(x-y)$
d) $19(u-v)$
e) $7(x+yz)$
f) $2(rs+t^2)$
g) $9(1-x)$
h) $\frac{4}{5}(u+1)$
i) $5(5a-3b)$
j) $3(r^2+6s^2)$

114

4. a) $b(4+a)$
b) $x(3-y)$
c) $r(s+r)$
d) $x(y-z)$
e) $v(u+w)$
f) $t(1+t)$
g) $a(1+5b)$
h) $x(x-2y)$
i) $r(r-1)$
j) $b(4a-9c)$
k) $b(a^2+zb)$
l) $x(xy+1)$
m) $a(4b+3a)$
n) $r(5s-1)$
o) $u(-8v^2-ux)$

5. Anna: richtig
Dario: $6x^6y+4x^3z=2x^3(3x^3y+2z)$
Bert: richtig
Elke: $15pq+24pq^2+3q=3q(5p+8pq+1)$
Christian: $-30cd-24ce=-6c(5d+4e)$
Fabian: $-27u^2v+15uvw=-3uv(9u-5w)$

114

6. a) $x(3+2y)$
b) $(7b^2+2c)$
c) $q(5p-3n)$
d) $7(rs-px)$
e) $-9(x+y)$
f) $12(2x+y)$
g) $8(ab-2c^2)$
h) $2x(y+z)$
i) $7b(11a-c)$
j) $3x(3y-1)$
k) $-9x(y-z)$
l) $-4a(b^2+6c^2)$
m) $6u(4v-6u)$
n) $25p^2(4+5p)$
o) $125r^2s$
p) $8a^2(2-3ab)$

7. *Beispiele:*
a) $3x+3y=3(x+y)$
b) $7ab-8ab=ab(7-8)$
c) $8a+7a=a(8+7)$
d) $9x^2y+2x^2y=x^2y(9+2)$
e) $4yz^2-4yz=4yz(z-1)$

8. a) $4a(2a+1)$
b) $3x(9x^3-1)$
c) $x^2(2x^3-5)$
d) $3a^2b(3-a^2)$
e) $2a^3b(5a^2+4b)$
f) $\frac{3}{4}(x+y+z)$
g) $2ab(2b+3a+5)$
h) $-xy(12x+9y-5)$
i) $5pq(2+3p-4q)$

9. a) $9a(b+c)$
b) $5r(r-s)$
c) $7x(y+1)$
d) $4x(y+z)$
e) $17y^2(x-z)$
f) $r(9q^2+7t^2)$
g) $v(8u-w)$
h) $ab(0{,}5+c)$
i) $\frac{1}{12}y(x+z)$
j) $a(ab-c)$
k) $8y(100xy+3t^2)$
l) $9uv(2u-111)$
m) $5u(3v-t+4r-9v)$
n) $6s(2r-3t-5s-7rt)$
o) $\frac{1}{5}a(2b+2ac-4bc-1)$
p) $4a(2b+3a+15b^2)$
q) $25x^2(3xuv+5r^2-6x^2)$
r) $7s(6r+8t-5s+13rt)$

10. a) $24x^2z+18xz^2=\mathbf{6}xz(4\mathbf{x}+\mathbf{3}z)$
b) $15abc-\mathbf{10}a^2bc=\mathbf{5}ac(3b-2ab)$
c) $-27uv^2-24u^2v^2w+3u^2v\mathbf{w}=\mathbf{3}uv(-9v-\mathbf{8}uvw+uw)$
d) $\frac{3}{8}rst-\frac{5}{8}r^2st+\frac{7}{8}r^3s^3t=\frac{1}{8}rst(\mathbf{3}-5r+\mathbf{7}r^2s^2)$

115

11. –

12. $u=2(a+b)=2a+2b$

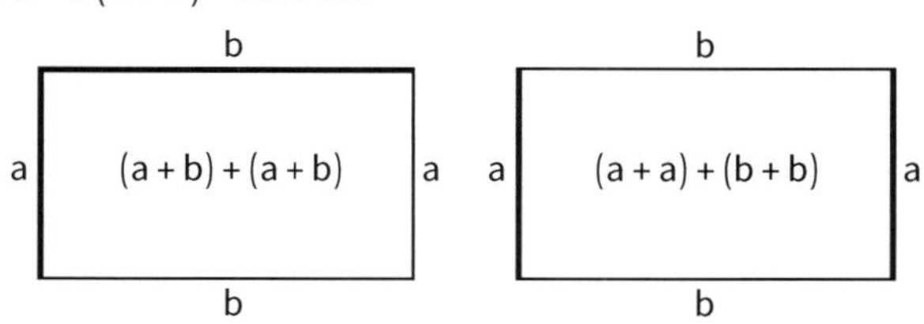

13. a) $16(x+y)$
b) $26(x-y)$
c) $-6(5x-4y)$
d) $7(a+9b)$
e) $\frac{5}{3}(4u-11v)$
f) $-\frac{3}{8}\left(\frac{r}{11}-\frac{s}{13}\right)$

14. a) $-3(-4+x)$
b) $-x(1-y)$
c) $-a(b+8)$
d) $-3x(-3+4y)$
e) $(-a)(-a+b)$
f) $(-y)(y-x)$

115

15. a) $(-1)(5+a)$
b) $(-1)(b+7)$
c) $(-1)(r^2+9)$
d) $(-1)(ab-20)$
e) $(-1)(4-q)$
f) $(-1)(q-4)$
g) $(-1)(-a+b)$
h) $(-1)(-x^2+a^2)$
i) $(-1)(-x^2+y^2-1)$
j) $(-1)(-r+s^2-rs)$
k) $(-1)(45-x-y)$
l) $(-1)\left(a-b+\frac{1}{2}\right)$

16. a) $-(8x+3)$
b) $-(-3x+2y)$
c) $-(8a-5b)$
d) $-(-3x-4y+7z)$
e) $-(2a-5b+9c)$
f) $-(x+2y+3z)$

17. (1) $-(-5x+y+7)$
(2) $-(-3a+2b-4)$
(3) $-(7x+14y)$
(4) $-(-7a+2x+4y+9)$

18. a) Der Term sollte so weit wie möglich durch Faktorisieren vereinfacht werden.
b) –

19. a) $O = 4ah + 2a^2$
b) $O = 2a(2h+a)$
Dies ist ein Rechteck mit den Seitenlängen $2a$ und $2h+a$.
c) $O = 105\,cm^2 + 24{,}5\,cm^2 = 129{,}5\,cm^2$
$O = 7\,cm \cdot (15\,cm + 3{,}5\,cm) = 7\,cm \cdot 18{,}5\,cm = 129{,}5\,cm^2$

3.8 Auflösen von zwei Klammern in einem Produkt

116

Einstieg:

a) Vorher: $A = 24\,m \cdot 16\,m = 384\,m^2$
Nachher: $A = (24\,m + 2\,m) \cdot (16\,m + 3\,m) = 26\,m \cdot 19\,m = 494\,m^2$
oder: $A = 24\,m \cdot 16\,m + 24\,m \cdot 3\,m + 2\,m \cdot 16\,m + 2\,m \cdot 3\,m$
$= 384\,m^2 + 72\,m^2 + 32\,m^2 + 6\,m^2$
$= 494\,m^2$

b) $(a+b)(c+d) = a \cdot c + a \cdot d + b \cdot c + b \cdot d$

c) Durch Anwenden von Rechengesetzen:
$(a+b)(c+d) = (a+b) \cdot e$ $(c+d=e)$
$= a \cdot e + b \cdot e$ (Distributivgesetz)
$= a \cdot (c+d) + b \cdot (c+d)$ $(e=c+d)$
$= a \cdot c + a \cdot d + b \cdot c + b \cdot d$ (Distributivgesetz)

117

2. a) Die Flächeninhalte der Teilflächen werden addiert. Flächeninhalte sind immer positiv.
b)

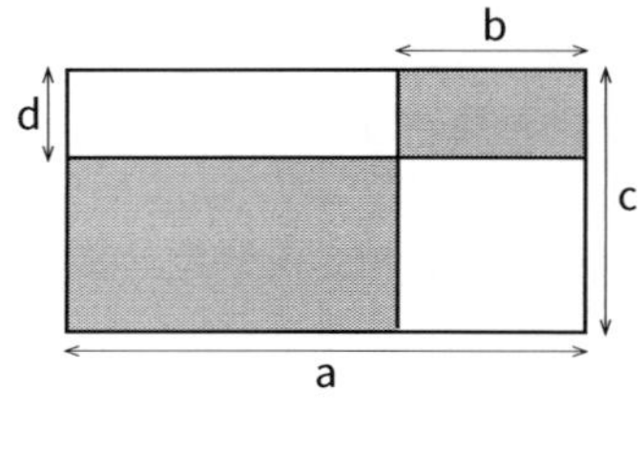

117

3\. a) $xy+4x+7y+28$ d) $ax+bx+ay+by$ g) $-2x-ax+2y+ay$
b) $ab-3a+9b-27$ e) $ux+vx-uy-vy$ h) $-ax+ay-bx+by$
c) $ab-8a-b+8$ f) $ux-vx-uy+vy$ i) $-u-v-ru-rv$

4\. a) Anton berechnet zuerst ein großes Rechteck und subtrahiert dann den ergänzten Teil.
Vivien berechnet zwei schmale Rechtecke und subtrahiert den überlappenden Teil, der doppelt berechnet wurde.
b) $A=ab-ab+ac+cb-cc=ac+bc-cc$

5\. a) $10a-a^2-10b+ab$ g) $-3a^2+9a+18ab-54b$
b) $6a-2ac+3b-bc$ h) $-a^2+3a-ab^2+3b^2$
c) $8rs-16rt+s^2-2st$ i) $\frac{2}{5}-\frac{7}{5}r+r^2$
d) $54xz+27x-24yz-12y$ j) $\frac{1}{64}-t^2$
e) $40ac-56ad-15bc+21bd$ k) $3a^2+35\frac{5}{6}ab-2b^2$
f) $3x^2-16xy+5y^2$ l) $\frac{1}{2}un+uv-\frac{1}{4}vn-\frac{1}{2}v^2$

6\. –

7\. –

8\. a) $x^2+6{,}7x-2{,}1$ d) $-8a^2+4{,}2a-0{,}45$ g) $-x^2-3xy-2y^2$
b) $a^2+3a-88$ e) $4ax+a-28x^2-7x$ h) $2a^2+23ab+63b^2$
c) $36+5x-x^2$ f) $a^2+ab-2b^2$ i) $r^2+rs-2s^2$

9\. a) $z^2+10z+zt+3t+21$ f) $au+bu-cu-av-bv+cv$
b) $ca^2+da^2-a^2-ac-ad+a$ g) $14a^2+24ab-8b^2$
c) $-r^2-ur+vr+rs^2+us^2-vs^2$ h) $12x^2-29xy+14y^2$
d) $-a^2-4a+2ab-b^2+4b$ i) $6x^3+11x^2-12x-5$
e) $-rx+sx+tx-ry+sy+ty$

118

10\. $(2x+3)(4-3x)=-6x^2-x+12$
$(2x+3)(x-y)=2x^2-2xy+3x-3y$
$(2x+3)(2y-4)=4xy-8x+6y-12$
$(2x+3)(2y-3x)=4xy-6x^2+6y-9x$
$(x+y)(4-3x)=4x-3x^2+4y-3xy$
$(x+y)(x-y)=x^2-y^2$
$(x+y)(2y-4)=2xy-4x+2y^2-4y$
$(x+y)(2y-3x)=-xy-3x^2+2y^2$
$(7-y)(4-3x)=28-21x-4y+3xy$
$(7-y)(x-y)=7x-7y-xy+y^2$
$(7-y)(2y-4)=18y-28-2y^2$
$(7-y)(2y-3x)=14y-21x-2y^2+3xy$

118

11. Die Terme sind alle drei wertgleich zum Term $a \cdot b + b \cdot c - 2 \cdot a \cdot c$.
Dieser Term beschreibt den Flächeninhalt der abgebildeten Figur.
Damit beschreiben also alle drei Terme den Flächeninhalt.

12. a) $6x^2 + 5xy$ c) $8 + 11x^2$ e) $24xy - x^2 - 15y^2$
b) $-2x^2 + 54y^2$ d) $-a^2 - 11ab + 7b^2$ f) $4 + x^3 + 2x^2y - xy^2 - y^3$

13. Durch Ausklammern und Zusammenfassen erhält man:
(1) $(3x+2)(2x-4) + 8(x+2) = 6x^2 + 8$
(2) $3x(2x-4) - 10 = 6x^2 - 12x - 10$
(3) $(3x^2 - 2x - 1)(2x+5) = 6x^3 + 11x^2 - 12x - 5$
(4) $6(x^2+1) + 2 = 6x^2 + 8$
(5) $6x(x^2-2) - (11x^2+5) = 6x^3 - 11x^2 - 12x - 5$
(6) $2x^2 + (2x+3)(2x-3) - 12(x+1) + 11 = 6x^2 - 12x - 10$
(7) $2x(7x+17) - 24 = 14x^2 + 34x - 24$
(8) $(7x+4)(7x-2) + (-2{,}5+4)\cdot(-4) = 49x^2 + 14x - 14$
Wertgleich zueinander sind die Terme (1) und (4); (2) und (6); (3) und (5).

14. a) $L = \{1\}$
b) $L = \{-2\}$
c) $L = \mathbb{Q}$
d) $L = \{2\}$
e) $L = \{10\}$
f) $L = \{1\}$
g) $L = \left\{\frac{13}{7}\right\}$
h) $L = \{2\}$
i) $L = \{-2\}$
j) $L = \{1\}$
k) $L = \{117\}$
l) $L = \{3\}$
m) $L = \{0\}$

15. Richtig:
$$\begin{aligned} x^2 - (x+1)(x-3) &= 7 \\ x^2 - (x^2 - 3x + x - 3) &= 7 \\ x^2 - x^2 + 3x - x + 3 &= 7 \\ 2x + 3 &= 7 \quad |-3 \\ 2x &= 4 \quad |:2 \\ x &= 2 \end{aligned}$$
$L = \{2\}$

3.9 Binomische Formeln

120

1. a) (1) $A = (12+3)^2 = 225$ $A = 12^2 + 3 \cdot 12 + 3 \cdot 12 + 3^2 = 225$
Die Fläche ist 225 m^2 groß.
(2) Die Fläche $(a+b)^2$ setzt sich aus den Flächen a^2, $a \cdot b$, $a \cdot b$ und b^2 zusammen, also gilt: $(a+b)^2 = a^2 + 2ab + b^2$.
(3) Größen, also hier Längen, sind immer positiv.
Für rationale Zahlen p, q gilt:
$$\begin{aligned} (p+q)^2 = (p+q)(p+q) &= p \cdot (p+q) + q \cdot (p+q) \\ &= p^2 + pq + qp + q^2 \\ &= p^2 + 2pq + q^2 \end{aligned}$$
b) $(a-b)^2 = a^2 - 2ab + b^2$

120

2. a) $(x+y)^2 = x^2 + 2xy + y^2$
   $(x-y)^2 = x^2 - 2xy + y^2$
   $(x+y)(x-y) = x^2 - y^2$
   b) $(p+q)^2 = p^2 + 2pq + q^2$
   $(p-q)^2 = p^2 - 2pq + q^2$
   $(p+q)(p-q) = p^2 - q^2$
   c) $(\text{klim} + \text{bim})^2 = (\text{klim})^2 + 2(\text{klim})(\text{bim}) + (\text{bim})^2$
   $(\text{klim} - \text{bim})^2 = (\text{klim})^2 - 2(\text{klim})(\text{bim}) + (\text{bim})^2$
   $(\text{klim} + \text{bim})(\text{klim} - \text{bim}) = (\text{klim})^2 - (\text{bim})^2$

3. a) $x^2 + 10x + 25$
   b) $49 + 14x + x^2$
   c) $u^2 + 2uv + v^2$
   d) $p^2 + 2pq + q^2$
   e) $x^2 - 12x + 36$
   f) $81 - 18x + x^2$
   g) $v^2 - 2vw + w^2$
   h) $r^2 - 2rs + s^2$
   i) $x^2 - 64$
   j) $u^2 - 25$
   k) $9 - r^2$
   l) $x^2 - y^2$
   m) $x^2 - 1{,}6x + 0{,}64$
   n) $9x^2 - 12x + 4y^2$
   o) $0{,}04x^2 - 0{,}4xy + y^2$
   p) $\frac{1}{4}x^2 + \frac{2}{3}xy + \frac{4}{9}y^2$

4. Vgl. 1. Binomische Formel;
   Gegenbeispiel für: $a = 1,\ b = 2$: $(1+2)^2 = 9 \neq 1 + 4 = 5$

5. a) $(a-b)^2 = a^2 - 2ab + b^2$
   b) $(a-b)^2 = a^2 - 2ab + b^2$
   c) richtig
   d) richtig
   e) richtig
   f) $(p+q)(p-q) = p^2 - q^2$
   g) $(r+s)^2 = r^2 + 2rs + s^2$
   h) $(r-s)^2 = r^2 - 2rs + s^2$
   i) richtig
   j) $(u+v)(v-u) = v^2 - u^2$

6. a) $4x^2 + 12x + 9$
   b) $9x^2 + 12xy + 4y^2$
   c) $0{,}25x^2 - 3x + 9$
   d) $2{,}25 + 3x + x^2$
   e) $x^2 - 1{,}6x + 0{,}64$
   f) $a^2 - 10{,}24$
   g) $0{,}04x^2 - 0{,}4xy + y^2$
   h) $x^2 + 5xy + 6{,}25y^2$
   i) $x^2 - 0{,}01y^2$
   j) $\frac{16}{25} - \frac{8}{5}y + y^2$
   k) $\frac{1}{4}x^2 + \frac{2}{3}xy + \frac{4}{9}y^2$
   l) $\frac{1}{9}x^2 - y^2$

7. a) $16 - 8x + x^2$
   b) $x^2 - 6x + 9$
   c) $4 + 4x + x^2$
   d) $1 + 2x + x^2$
   e) $r^2 - 2rs + s^2$
   f) $r^2 + 2rs + s^2$
   g) $r^2 - 2rs + s^2$
   h) $r^2 + 2rs + s^2$
   i) $36x^2 - 12xy + y^2$
   j) $16x^2 - 24xy + 9y^2$
   k) $25x^2 + 70xy + 49y^2$
   l) $9x^2 - 24xy + 16y^2$
   m) $9a^2 - 12ab + 4b^2$
   n) $a^2 - 16b^2$
   o) $64u^2 - 49v^2$
   p) $-36u^2 + 25v^2$

121

8. a) $9x^4 + 24x^2y + 16y^2$
b) $16a^6 - 24a^3b + 9b^2$
c) $p^4 - q^4$
d) $4x^6 - 12x^4y + 9x^2y^2$
e) $16c^4 + 16c^3d + 4c^2d^2$
f) $4r^2s^2 - 9s^4$
g) $\frac{1}{9}a^4b^2 - \frac{1}{6}a^3b^3 + \frac{1}{16}a^2b^4$
h) $\frac{1}{16}u^4 + \frac{3}{2}u^3v + 9u^2v^2$
i) $\frac{1}{4}u^4 - u^2p^3 + p^6$

9. a) $16a^2 - 81$
b) $-16a^2 + 81$
c) $36a^2 - 97a + 36$
d) $-16a^2 + 72a - 81$
e) $16a^2 + 72a + 81$
f) $16a^2 - 72a + 81$

10. $(a - b)^2 = a^2 - 2ab + b^2$

11. $(a + b)^2 - (a - b)^2 = 4ab$

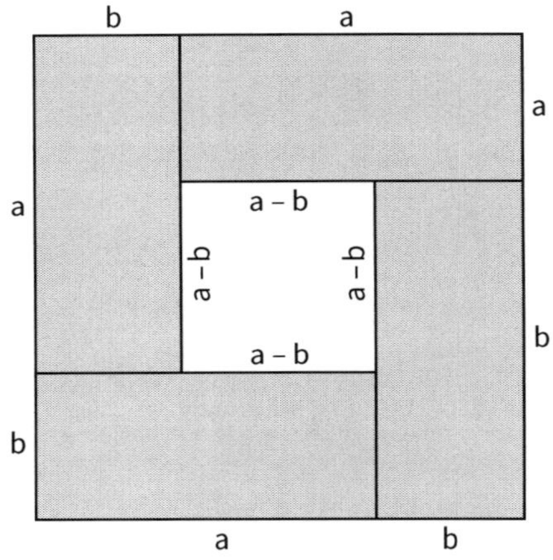

12. –

13. a) $5a^2 + 11ab + 10b^2$
b) $50a^2 + 8ab + 15b^2$
c) $13{,}25a^2 + 10ab + 3{,}25b^2$
d) $13x^2 + 4xy$
e) $0{,}21x^2 + 0{,}46xy - 0{,}07y^2$
f) $\frac{145}{4}a^2 - 6ab + \frac{37}{9}b^2$

14. a) $L = \{-0{,}5\}$
b) $L = \{-7\}$
c) $L = \{1\}$
d) $L = \left\{-\frac{3}{4}\right\}$
e) $L = \left\{\frac{1}{2}\right\}$
f) $L = \{8\}$
g) $L = \{7\}$
h) $L = \{1\}$
i) $L = \left\{\frac{1}{2}\right\}$
j) $L = \{1\}$

15. Z. B.: Wie groß war das ursprüngliche Grundstück?
$(x - 2)^2 = x^2 - 120;\; x = 31$
Das Grundstück war $31\,m \cdot 31\,m = 961\,m^2$ groß.

3.10 Faktorisieren einer Summe

122

Einstieg:

a) $(c+d)^2$
b) $(e-2f)^2$
c) $(g+h)(g-h)$
d) $(2u-3v)^2$
e) $(3z-4)^2$
f) $\left(\frac{1}{2}x+\frac{1}{3}y\right)\left(\frac{1}{2}x-\frac{1}{3}y\right)$

2. a) (1) $x^2+2xy+y^2=(x+y)^2$
(2) $u^2+10u+25=(u+5)^2$
(3) $4a^2-12ab+9b^2=(2a-3b)^2$
(4) $m^2-2mn+n^2=(m-n)^2$
(5) $p^2+4p+4=(p+2)^2$
(6) $9u^2-24uv+16v^2=(3u-4v)^2$
b) Der gesuchte Flächeninhalt ist y^2.

3. a) $3x+ax+3y+ay=3(x+y)+a(x+y)=(3+a)(x+y)$
b) $28xy-4x+21y-3=4x(7y-1)+3(7y-1)=(4x+3)(7y-1)$
c) $4ac+4ad-3b(c+d)=4a(c+d)-3b(c+d)=(4a-3b)(c+d)$

123

4. a) $(u+v)(u-v)$
b) $(r+11s)(r-11s)$
c) $(1+4a)(1-4a)$
d) $(k+25)(k-25)$
e) $(x+y)^2$
f) $(r-s)^2$
g) $(x+7)^2$
h) $(u-v)^2$
i) $(a+10)^2$
j) $(x-10)^2$
k) $(a-1)^2$
l) $(x+7)^2$
m) $(5-x)^2$
n) $(6+b)^2$
o) $(10-x)^2$
p) $(k-25)(k+25)$

5. a) $x^2-a^2=(x+a)(x-a)$
b) richtig
c) $4u^2+16uv+16v^2=(2u+4v)^2$
d) $\left(\frac{1}{4}p^2-2pq+4q^2\right)^2=\left(\left(\frac{1}{2}p-2q\right)^2\right)^2$

6. Druckfehler in der ersten Auflage in Teilaufgabe p): $(\blacksquare+u)(\blacksquare-u)=w^2-u^2$
a) $x^2+2xy+y^2=(x+y)^2$
b) $a^2+12a+36=(a+6)^2$
c) $1-2r+r^2=(1-r)^2$
d) $a^2+2ab+b^2=(a+b)^2$
e) $x^2-8x+16=(x+(-4))^2$
f) $324+36b+b^2=(18+b)^2$
g) $a^2+6ab+9b^2=(a+3b)^2$
h) $x^2+5xy+6{,}25y^2=(x+2{,}5y)^2$
i) $r^2-2{,}4rs+1{,}44s^2=(r-1{,}2s)^2$
j) $4x^2+12xy+9y^2=(2x+3y)^2$
k) $25a^2-70ab+49b^2=(5a-7b)^2$
l) $100r^2+180rs+81r^2=(10r+9s)^2$
m) $\frac{1}{4}+a+a^2=\left(\frac{1}{2}+a\right)^2$
n) $\frac{1}{9}a^2+2ab+9b^2=\left(\frac{1}{3}a+3b\right)^2$
o) $1{,}44+(-4{,}8)a+4a^2=(1{,}2-2a)^2$
p) $(w+u)(w-u)=w^2-u^2$

7. –

8. a) $7(a^2+2ab+b^2)=7(a+b)^2$
b) $8(a^2-12{,}25^2)=8(a+3{,}5)(a-3{,}5)$
c) $5(9x^2-6xy+y^2)=5(3x-y)^2$
d) $24(a^2+5ab+6{,}25b^2)=24(a-2{,}5b)^2$
e) $108\left(a^2+\frac{7}{3}xy+\frac{49}{36}y^2\right)=108\left(a+\frac{7}{6}b\right)^2$

123 8. f) $320\left(\frac{49}{16}u^2 - v^2\right) = 320\left(\frac{7}{4}u + v\right)\left(\frac{7}{4}u - v\right)$

g) $11(a^2 + 4ab + 4b^2) = 11(a + 2b)^2$

h) $900\left(\frac{16}{9}x^2 - \frac{8}{3}xy + y^2\right) = 900\left(\frac{4}{3}x - y\right)^2$

i) $500(r^2 - 25s^2) = 500(r + 5s)(r - 5s)$

9. a) $z^2 - 2zw + w^2 = (z - w)^2$

b) $x^2 - 8x + 16 = (x - 4)^2$

c) $16p^2 + 8pq + q^2 = (4p + q)^2$

d) $4c^2 + 12cd + 9d^2 = (2c + 3d)^2$

e) $25a^2 + 80ab + 64b^2 = (5a + 8b)^2$

f) $9w^2 - 20vw + \frac{100}{9}v^2 = \left(3w - \frac{10}{3}v\right)^2$

g) $z^2 + z + \frac{1}{4} = \left(z + \frac{1}{2}\right)^2$

h) $x^4 + 2x^2 + 1 = (x^2 + 1)^2$

i) $9u^2v^4 - u^2v^2 + \frac{1}{36}u^2 = \left(3uv^2 - \frac{1}{6}u\right)^2$

j) $\frac{4}{9}p^2 + p + \frac{9}{16} = \left(\frac{2}{3}p + \frac{3}{4}\right)^2$

k) $\frac{9}{16}a^2 + ab + \frac{4}{9}b^2 = \left(\frac{3}{4}a + \frac{2}{3}b\right)^2$

l) $c^4d^2 - \frac{2}{3}c^2d + \frac{1}{9} = \left(c^2d - \frac{1}{3}\right)^2$

10. –

11. Zum Beispiel:

a) $(p + q)(r + s)$ b) $(a - 2)(b + c)$ c) $(d + 2)(e + 3)$ d) $(u + 2)(2v - 1)$

Im Blickpunkt: Pascal'sches Dreieck – Potenzieren von Summen

124 1. a) $(a + b)^2(a + b)$

$= (a^2 + 2ab + b^2)(a + b)$

$= a^3 + a^2b + 2a^2b + 2ab^2 + ab^2 + b^3$

$= a^3 + 3a^2b + 3ab^2 + b^3$

b) (1) $p^3 + 3p^2q + 3pq^2 + q^3$

(2) $a^3 + 6a^2 + 12a + 8$

(3) $u^3 + 6u^2v + 12uv^2 + 8v^3$

(4) $8m^3 + 36m^2n + 54mn^2 + 27n^3$

(5) $27x^6 + 135x^4z + 225x^2z^2 + 125z^3$

(6) $a^3 - 3a^2b + 3ab^2 - b^3$

(7) $u^3 - 9u^2 + 27u - 27$

(8) $8a^3 - 48a^2 + 96a - 64$

(9) $64p^3 - 144p^2q + 108pq^2 - 27q^3$

2. a) (1) In der jeweiligen Zeile, beginnend mit der 0. Zeile

(2) 1

(3) 1; 4; 6; 4; 1

b) Jede Zeile enthält eine Zahl mehr als die Zeile davor. An der ersten und letzten Stelle steht eine 1. Die anderen Zahlen ergeben sich als Summe der darüber stehenden beiden Zahlen.

(Bild siehe nächste Seite.)

124 2. b) Fortsetzung

										1										
									1		1									
								1		2		1								
							1		3		3		1							
						1		4		6		4		1						
					1		5		10		10		5		1					
				1		6		15		20		15		6		1				
			1		7		21		35		35		21		7		1			
		1		8		28		56		70		56		28		8		1		
	1		9		36		84		126		126		84		36		9		1	
1		10		45		120		210		252		210		120		45		10		1

c) Man erhält auch immer einen Summanden mehr. Der erste und letzte Vorfaktor ist jeweils eine 1. Die anderen Vorfaktoren sind die Summe der darüber stehenden beiden Vorfaktoren.

d) (1) $a^4 + 4a^3b + 6a^2b^2 + 4ab^3 + b^4$
(2) $a^5 + 5a^4b + 10a^3b^2 + 10a^2b^3 + 5ab^4 + b^5$
(3) $a^6 + 6a^5b + 15a^4b^2 + 20a^3b^3 + 15a^2b^4 + 6ab^5 + b^6$

125 3. a) $a^8 + 8a^7b + 28a^6b^2 + 56a^5b^3 + 70a^4b^4 + 56a^3b^5 + 28a^2b^6 + 8ab^7 + b^8$

b) $x^7 + 7x^6y + 21x^5y^2 + 35x^4y^3 + 35x^3y^4 + 21x^2y^5 + 7xy^6 + y^7$

c) $p^9 + 9p^8q + 36p^7q^2 + 84p^6q^3 + 126p^5q^4 + 126p^4q^5 + 84p^3q^6 + 36p^2q^7 + 9pq^8 + q^9$

d) $a^5 - 5a^4b + 10a^3b^2 - 10a^2b^3 + 5ab^4 - b^5$

e) $x^6 - 6x^5y + 15x^4y^2 - 20x^3y^3 + 15x^2y^4 - 6xy^5 + y^6$

f) $p^9 - 9p^8q + 36p^7q^2 - 84p^6q^3 + 126p^5q^4 - 126p^4q^5 + 84p^3q^6 - 36p^2q^7 + 9pq^8 - q^9$

g) $27a^3 + 27a^2 + 9a + 1$

h) $64x^3 + 96x^2 + 48x + 8$

i) $32c^5 + 240c^4d + 720c^3d^2 + 1\,080c^2d^3 + 810cd^4 + 243d^5$

j) $x^4 - 12x^3y + 54x^2y^2 - 108xy^3 + 81y^4$

k) $1\,024z^5 - 1\,280z^4w + 640z^3w^2 - 160z^2w^3 + 20zw^4 - w^5$

l) $64x^6 - 576x^5y + 2\,160x^4y^2 - 4\,320x^3y^3 + 4\,860x^2y^4 - 2\,916xy^5 + 729y^6$

m) $a^3 + 3a^2b^2 + 3ab^4 + b^6$

n) $a^8 - 4a^6b^2 + 6a^4b^4 - 4a^2b^6 + b^8$

o) $32p^5 - 240p^4q^2 + 720p^3q^4 - 1\,080p^2q^6 + 810pq^8 - 243q^{10}$

4. Die n-te Summe beträgt 2^n. Also ist in der elften Zeile die Summe 2 048.

5. Man erhält wieder die Zahlen des Pascal'schen Dreiecks.

6. Ab der 4. Zeile kommen bis zur n-ten Zeile gegenüber der (n – 1)-ten Zeile immer (n – 2) Rauten hinzu. Bis zur n-ten Zeile erhält man also
$1 + 2 + 3 + \ldots + (n-3) + (n-2)$ Rauten.
In der 102. Zeile erhält man als Anzahl $1 + 2 + 3 + \ldots + 99 + 100 = 50 \cdot 101 = 5\,050$, also 5 050 Rauten.

125 7. a)

b) Die Summe aus zwei ungeraden Zahlen ist gerade.
Die Summe aus zwei geraden Zahlen ist gerade.
Die Summe aus einer ungeraden Zahl und einer geraden Zahl ist ungerade.
Unterhalb zweier gefärbter Felder ist also ein ungefärbtes Feld.
Unterhalb zweier ungefärbter Felder ist also ein ungefärbtes Feld.
Unterhalb eines ungefärbten und eines gefärbten Feldes liegt ein gefärbtes Feld.

c) Alle Steine gefärbt: z. B.: 1. Zeile, 2. Zeile, 4. Zeile; 8. Zeile; 16. Zeile; …, also alle 2^n-ten Zeilen.
Alle Steine nicht gefärbt: ist nicht möglich, weil alle Zeilen mit einer 1 beginnen und enden. Dann wären auch alle folgenden Zeilen ungefärbt (s. Teilaufgabe b).

d) Von links nach rechts zwei gefärbte, zwei ungefärbte, zwei gefärbte Felder.

3.11 Mischungsaufgaben

126 **Einstieg:**

150 l mit 100 % enthält 150 l Fruchtsaft und Fruchtfleisch.
120 l mit 10 % enthält 12 l Fruchtsaft und Fruchtfleisch.
Bei 270 l der Mischung ist der Anteil an Fruchtsaft und Fruchtfleisch also:

$\frac{162}{270} = \frac{3}{5} = 0{,}6 = 60\,\%$

Man kann auch eine Tabelle erstellen:

	Menge (in l)	Anteil Fruchtsaft und Fruchtfleisch	Fruchtsaftgehalt
Apfelsaft	150	100 %	150
Apfelsaftgetränk	120	10 %	12
Mischung	270	x	162

Gesucht ist der Anteil x an Fruchtsaft und Fruchtfleisch in der Mischung.
Man erhält die Gleichung:

$(150 + 120) \cdot x = 150 \cdot 1 + 120 \cdot 0{,}1$, also $x = 0{,}6$.

Die Mischung enthält 60 % Fruchtsaft und Fruchtfleisch, also mehr als die geforderten 50 %.

127

1. x: Volumen des 50 %igen Nektars (in l)

	Volumen (in l)	Anteil des reinen Saftes als Bruch	Volumen des reinen Saftes (in l)
90 %iger Nektar	5 000	$\frac{90}{100}$	4 500
50 %iger Nektar	x	$\frac{50}{100}$	$x \cdot 0{,}5$
zusammen	5 000 + x	$\frac{75}{100}$	$(5\,000 + x) \cdot 0{,}75$ $= 4\,500 + 0{,}5\,x$

Da 75 % näher an 90 % als an 50 % liegt, wird man weniger als 5 000 l hinzugießen müssen. 50 % und 90 % werden durch 75 % im Verhältnis 5 : 3 geteilt. Man wird also 5 Anteile 90 %igen Nektar und 3 Anteile 50 %igen Nektar benötigen, also 3 000 l vom 50 %igen Nektar.
Die genaue Rechnung ergibt:
Gleichung: $(5\,000 + x) \cdot 0{,}75 = 4\,500 + 0{,}5\,x$ *Lösung:* $x = 3\,000$

2.

	Masse (in kg)	Zinkanteil	Zink (in kg)
CuZn 30	240	30 %	72
CuZn 40	120	40 %	48
Mischung	360	x	120

Gleichung: $240 \cdot 0{,}3 + 120 \cdot 0{,}4 = 360 \cdot x$
$x = 0{,}\overline{3}$
Antwort: Das neue Messing hat einen Zinkanteil von $33\frac{1}{3}$ %.

3. x: Anteil des Fruchtsafts in der zweiten Sorte
Gleichung: $500 \cdot 0{,}7 + 800 \cdot x = 1\,300 \cdot 0{,}6$ *Lösung:* $x = 0{,}5375$
Antwort: Die zweite Sorte enthält 53,75 % Fruchtsaft.

4. x: Preis für 1 kg der anderen Sorte (in €)
Gleichung: $20 \cdot 10{,}50 + 6 \cdot x = 26 \cdot 12{,}00$ *Lösung:* $x = 17{,}00$
Antwort: 1 kg der anderen Sorte kostet 17,00 €.

5. a) Die Kühlflüssigkeit muss 2 l Frostschutzmittel enthalten.
x: Menge der abgelassenen Kühlflüssigkeit (in l)
Gleichung: $x + \left(\frac{5}{3} - \frac{1}{3}x\right) = 2;\ x = 0{,}5$
Antwort: Es muss 0,5 l Kühlflüssigkeit abgelassen werden.
b) Die Kühlflüssigkeit muss 2,5 l Frostschutzmittel enthalten.
x: Menge der ausgelassenen Kühlflüssigkeit (in l)
Gleichung: $x + \left(\frac{5}{3} - \frac{1}{3}x\right) = 2{,}5;\ x = 1{,}25$
Antwort: Es muss 1,25 l Kühlflüssigkeit abgelassen werden.

127 6. a) x: Gewicht der 15 %igen Essigsäure (in g)
Gleichung: $400 \cdot 0{,}6 + x \cdot 0{,}15 = (400 + x) \cdot 0{,}5$
Lösung: $x = 114\frac{2}{7} \approx 114{,}3$
Antwort: Man benötigt ungefähr 114,3 g der 15 %igen Essigsäure.
b) x: Konzentration der Essigsäure
Gleichung: $400 \cdot 0{,}6 + 200 \cdot x = 600 \cdot 0{,}5$
Lösung: $x = 0{,}3$
Antwort: Die Essigsäure muss 30 %ig sein.

3.12 Formeln – Gleichungen mit Parametern

3.12.1 Umformen von Formeln

128 **Einstieg:**

a) (1)
$$O = 4ah + 2a^2$$
$$168\,cm^2 = 4 \cdot 6\,cm \cdot h + 2 \cdot (6\,cm)^2$$
$$168\,cm^2 = 24\,cm \cdot h + 72\,cm^2 \quad |-72\,cm^2$$
$$96\,cm^2 = 24\,cm \cdot h \quad |:24\,cm$$
$$4\,cm = h$$
Der Quader ist 4 cm hoch.

(2)
$$O = 4ah + 2a^2$$
$$166{,}32\,cm^2 = 4 \cdot 4{,}2\,cm \cdot h + 2 \cdot (4{,}2\,cm)^2$$
$$166{,}32\,cm^2 = 16{,}8\,cm \cdot h + 35{,}28\,cm^2 \quad |-35{,}28\,cm^2$$
$$131{,}04\,cm^2 = 16{,}8\,cm \cdot h \quad |:16{,}8\,cm$$
$$7{,}8\,cm = h$$
Der Quader ist 7,8 cm hoch.

b)
$$O = 4ah + 2a^2 \quad |-2a^2$$
$$O - 2a^2 = 4ah \quad |:(4a)$$
$$\frac{O - 2a^2}{4a} = h$$
$$h = \frac{O - 2a^2}{4a}$$

2. –

129 3. $a = \frac{V}{bc}$ $\left[b = \frac{V}{ac};\ c = \frac{V}{ab}\right]$
(1) $a = 37{,}5\,m$ (2) $b \approx 45{,}7\,cm$

4. $a = \frac{O - 2bc}{2b + 2c}$ $\left[b = \frac{O - 2ac}{2a + 2c};\ c = \frac{O - 2ab}{2a + 2b}\right]$
a) $c = 4{,}1\,cm$ b) $b = 2{,}9\,cm$ c) $c = 6{,}0\,cm$

5. Für die Gesamtkantenlänge k gilt:
$k = 4a + 4b + 4c = 4(a + b + c)$
$a = \frac{k - 4b - 4c}{4}$ $\left[b = \frac{k - 4a - 4c}{4};\ c = \frac{k - 4a - 4b}{4}\right]$

129

6. a)

Einkauf (in €)	Bonuspunkte	Bonuspunkte (gerundet)
19,95	1,49625	1
37,35	2,80125	2
259,00	19,425	19
79,53	5,96475	5

b) Formel für die ungerundeten Bonuspunkte B für den Einkauf E (in €):
$B = 0{,}075 \cdot E$

c)

Einkauf (in €)	Bonuspunkte	Bonuspunkte (gerundet)
32,56	2,442	2
49,87	3,74025	3
197,45	14,80875	14
299,00	22,425	22
275,89	20,69175	20

d) Sie muss noch für 173,34 € einkaufen.

e) $E = \frac{B}{0{,}075}$

7. a) 298,00 € : 1,19 = 250,42 €

b) $P_o = P_m : 1{,}19$;
P_o: Preis ohne Mehrwertsteuer; P_m: Preis mit Mehrwertsteuer

c)

P_m (in €)	P_o (in €)
239,00	200,84
199,95	168,03
159,00	133,61
395,00	331,93
99,99	84,03

3.12.2 Lösen von Gleichungen mit Parametern

130

Einstieg:

a) (1) $L = \{1\}$ (3) $L = \{9\}$ (5) $L = \{25\}$
(2) $L = \{4\}$ (4) $L = \{16\}$ (6) $L = \{36\}$

b) $(x + t)^2 - x(x + 2t) = x$ $L = \{t^2\}$

2. a) $L = \left\{\frac{a}{2}\right\}$ c) $L = \{10a\}$ e) $L = \{-4a\}$ g) $L = \left\{-\frac{4}{3}a\right\}$

b) $L = \{4a\}$ d) $L = \{-c\}$ f) $L = \{a\}$ h) $L = \left\{\frac{4-4a}{7}\right\}$

Im Blickpunkt: Trapez-Formeln erforschen

131

(1) $A = \frac{(a+c)\cdot h}{2}$

(2) $A = \frac{a\cdot h}{2} + \frac{c\cdot h}{2} = \frac{(a+c)\cdot h}{2}$

(3) $A = c\cdot h + \frac{(a-c)\cdot h}{2} = \frac{2\cdot c\cdot h}{2} + \frac{a\cdot h}{2} - \frac{c\cdot h}{2} = \frac{a\cdot h}{2} + \frac{c\cdot h}{2} = \frac{(a+c)\cdot h}{2}$

(4) $A = a\cdot h + \frac{(a-c)\cdot h}{2} = \frac{2\cdot a\cdot h}{2} - \frac{a\cdot h}{2} + \frac{c\cdot h}{2} = \frac{a\cdot h}{2} + \frac{c\cdot h}{2} = \frac{(a+c)\cdot h}{2}$

3.13 Gleichungen vom Typ $T_1 \cdot T_2 = 0$

132

Einstieg:

a) $L = \{-1; +3\}$; $L = \{2; 7\}$; $L = \{-3; 15\}$

b) Mindestens eine Klammer muss gleich 0 sein.

133

1. a) $L = \{4; 9\}$
   b) $L = \{8; -1\}$
   c) $L = \{1{,}5; 2\}$
   d) $L = \{-1{,}1; -6{,}6\}$
   e) $L = \{0; 10\}$
   f) $L = \{0; 0{,}1\}$
   g) $L = \{2; -4\}$
   h) $L = \{0; -5\}$
   i) $L = \left\{\frac{1}{2}; -3\right\}$
   j) $L = \{-3; 7\}$
   k) $L = \{-1; -3\}$
   l) $L = \{-7; 7\}$
   m) $L = \left\{0; -\frac{12}{5}\right\}$
   n) $L = \left\{0; \frac{3}{2}\right\}$
   o) $L = \{0; 5\}$

2. *Beispiele:*
   a) $(x-4)(x-8) = 0$
   b) $(x+7)(x-3) = 0$
   c) $(x+2)(x+5) = 0$
   d) $(x-6)\,x = 0$
   e) $\left(x-\frac{3}{4}\right)\left(x+\frac{1}{2}\right) = 0$

3. Tina: richtig
   Sarah: richtig
   Tobias: richtig
   Tom: $L = \{3\}$
   Urs: $(x-3)^2 = (x-3)(x-3)$; $L = \{3\}$ (siehe Tobias)

4. a) $L = \{0; 7\}$
   b) $L = \{0; -5\}$
   c) $L = \{0; 4\}$
   d) $L = \{-3; 3\}$
   e) $L = \{-8; 8\}$
   f) $L = \{-5; 5\}$
   g) $L = \{-2; 2\}$
   h) $L = \{-1; 1\}$
   i) $L = \{-2; 2\}$
   j) $L = \left\{0; -\frac{5}{3}\right\}$
   k) $L = \left\{0; \frac{1}{7}\right\}$
   l) $L = \left\{0; -\frac{3}{2}\right\}$

5. a) $L = \{2\}$
   b) $L = \{-5\}$
   c) $L = \{-12\}$
   d) $L = \{0{,}1\}$
   e) $L = \{0; 7\}$
   f) $L = \{0; -2\}$

6. a) $(3x-21)(5x-25) = 0$
   b) $\left(2x+(-16)\right)(4x-12) = 0$
   c) $(7x-0)(3x+9) = 0$
   d) $(-7x+7)\,8x = 0$
   e) $(10x-1)(x+6) = 0$
   f) $(2x+8)(x+4) = 0$

133 *Das kann ich noch!*

A) Alter von Fabian: x

Alter von Anna: x − 8

Alter von Jolien: x − 6

Gleichung:

$x + (x - 8) + (x - 6) = 46$

$3x - 14 = 46 \quad |+14$

$3x = 60 \quad |:3$

$x = 20$

Fabian ist 20 Jahre alt, Anna ist 12 Jahre alt und Jolien 14 Jahre alt.

3.14 Aufgaben zur Vertiefung

134

1. a) Man erhält alle geraden Zahlen.
   b) (1) $2n - 1$ (2) $2n + 1$
   c) $(n+1)^2 - n^2 = 2n + 1$ Dies sind alle ungeraden Zahlen ab 3.

2. a) (1) Die Anzahl der Punkte sind ein Vielfaches von 4.
   (2) Bei n Punkten pro Seite sind es insgesamt $(n-1) \cdot 4$ Punkte.
   b) Bei n Punkten pro Seite sind es insgesamt $(n-1) \cdot 3$ Punkte.

3. a) Das Produkt aus einer natürlichen Zahl n und der übernächsten natürlichen Zahl $(n+2)$ ist $n^2 + 2n$.
   b) Summe der Quadrate: $n^2 + (n+1)^2 = n^2 + n^2 + 2n + 1 = 2n^2 + 2n + 1$
   Doppeltes Produkt: $2 \cdot (n \cdot (n+1)) = 2 \cdot (n^2 + n) = 2n^2 + 2n$

4. a) $(a+b+c)^2 = (a+b+c)(a+b+c)$
   $= a^2 + ab + ac + ab + b^2 + bc + ac + bc + c^2$
   $= a^2 + b^2 + c^2 + 2ab + 2ac + 2bc$
   b) Für rationale Zahlen r, s und t gilt:
   $(r+s+t)^2 = (r+s+t)(r+s+t)$
   $= r \cdot (r+s+t) + s \cdot (r+s+t) + t \cdot (r+s+t)$
   $= r^2 + rs + rt + rs + s^2 + st + rt + st + t^2$
   $= r^2 + s^2 + t^2 + 2rs + 2rt + 2st$
   c) (1) $a^2 + b^2 + c^2 - 2ab + 2ac - 2bc$
   (2) $a^2 + b^2 + c^2 + 2ab - 2ac - 2bc$
   (3) $16a^2 + 4b^2 + 9c^2 + 16ab + 24ac + 12bc$
   (4) $49a^2 + 4b^2 + 64c^2 - 28ab - 112ac + 32bc$
   (5) $p^4 - 6p^3 + 11p^2 - 6p + 1$
   (6) $4a^4 + b^4 + 9c^2 + 4a^2b^2 + 12a^2c + 6b^2c$
   d) –

134

5. **a)** **(1)** blau: $2a^2 - \frac{a^2}{2} - \frac{2a^2}{2} - \frac{\frac{1}{4}a^2}{2} = \frac{3}{8}$

(2) silber: $2a^2 - \frac{3a^2}{8} = \frac{13}{8}a^2$

b) **(1)** blau: $A = 1{,}5\,cm^2$ silber: $A = 7{,}5\,cm^2$

(2) blau: $A = \frac{75}{8}\,cm^2 = 9{,}375\,cm^2$ silber: $A = \frac{325}{8}\,cm^2 = 40{,}625\,cm^2$

(3) blau: $A = 337{,}5\,cm^2$ silber: $A = 1\,462{,}5\,cm^2$

4. Lineare Funktionen

137 **Einstiegsseite:**

→ Prepaid: 0 € Grundgebühr, 8 ct pro Minute
Basic: 3 € Grundgebühr, 9 ct pro Minute
Comfort: 5 € Grundgebühr, 50 Freiminuten, dann 15 ct pro Minute
Sorglos: 12,95 € Flatrate

→ Ein flacheres Ansteigen, bedeutet weniger Cent pro Minute, ein steileres Ansteigen mehr Cent pro Minute.

→ Die Tarifwahl hängt von der gesamten Länge der Gesprächszeit ab.

→ Zum Beispiel das Verschicken von SMS, MMS.

Lernfeld: Eindeutig gerade

138 **1. Auftrag: Experimente mit Münzen**

Die Schülerinnen und Schüler sollen aus beiden Experimenten Informationen entnehmen und feststellen, dass es sich hier um eindeutige aber unterschiedliche Zuordnungen handelt.

→ Das Experiment Kipplineal ergibt Wertepaare, die auf einer Kurve liegen, die dem Graphen einer umgekehrt proportionalen Zuordnung entspricht. Je weniger das Lineal übersteht, umso mehr Geldstücke muss man benutzen, bei 20 Geldstücken muss das Lineal weniger überstehen als bei 15 Geldstücken.

→ Das Experiment Gummiband ergibt Wertepaare, die auf einer Geraden liegen. Es handelt sich um eine proportionale Zuordnung. Je mehr Münzen man verwendet, umso länger wird das Gummiband bzw. je weiter liegt der Knoten von der Nullmarke entfernt, bei 15 Geldstücken dehnt sich das Gummi weniger aus als bei 20.

2. Auftrag: Temperaturen in der Höhe

→ Auf der x-Achse sind die Höhenangaben und auf der y-Achse die Temperaturen abgetragen. Auf der x-Achse entspricht eine Einheit 100 m und auf der y-Achse eine Einheit 2°.
Im Sommer ändert sich die Temperatur schneller mit dem Höhenunterschied als im Dezember, denn der Graph für die Temperaturen im Dezember fällt langsamer als im Juli. Dies ist auch an der Verdichtung der Lage der Punkte um die x-Achse zu erkennen.
Im Juli verändert sich die Temperatur bei 1 000 m Höhenunterschied um etwa 7° bis 8°, im Dezember um etwa 3°.

→ Die Temperaturen in verschiedenen Höhen:

Höhe in Metern	2 000	2 500	Zugspitze 2 962
Temperatur im Dezember in °C	−6	−8	−10
Temperatur im Juli in °C	8	5	2

138 **2. Auftrag:** Fortsetzung

→ Die 0°-Grenze liegt im Juli bei etwa 3 250 m und im Dezember bei etwa 600 m. Der Wert ist schlecht abzulesen, da hier viele Punkte eng beisammen liegen.

4.1 Funktionen als eindeutige Zuordnungen

139 **Einstieg:** Man kann folgende Tabelle aufstellen.

Größe (in cm)	Idealgewicht (in kg)	Normalgewicht (in kg)	Body-Mass-Index für	
			Idealgewicht	Normalgewicht
150	45,0	50	20,0	22,2
155	49,5	55	20,6	22,9
160	54,0	60	21,1	23,4
165	58,5	65	21,5	23,9
170	63,0	70	21,8	24,2
175	67,5	75	22,0	24,5
180	72,0	80	22,2	24,7
185	76,5	85	22,4	24,8
190	81,0	90	22,4	24,9
195	85,5	95	22,5	25,0
200	90,0	100	22,5	25,0

Der Body-Mass-Index liegt etwas unter dem empfohlenen Index von 23.
Das Normalgewicht liegt bei größeren Frauen erheblich über dem empfohlenen Body-Mass-Index.

143 **3.** a)

x	y
−3	−21
−2	−12
−1	−5
0	0
1	3
2	4
3	3
4	0
5	−5
6	−12
7	−21

b)

x	y
−3	21
−2	12
−1	5
0	0
1	−3
2	−4
3	−3
4	0
5	5
6	12
7	21

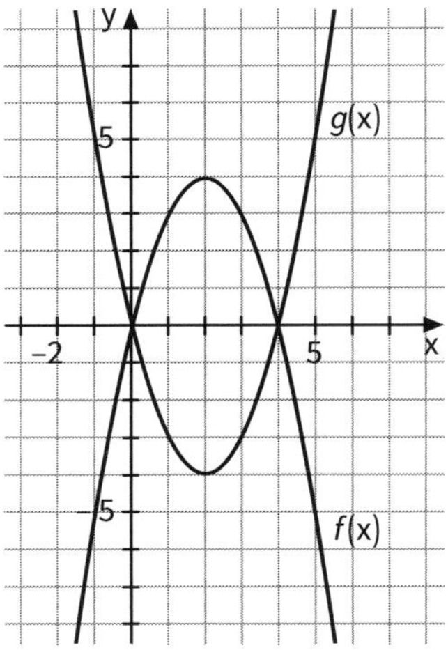

Wenn man den Graphen f (x) aus Teilaufgabe a) an der x-Achse spiegelt, erhält man den Graphen g (x) aus Teilaufgabe b), und umgekehrt.

143

4. $P_1(-2|0)$: $0 = 1 + \frac{-2}{2}$ ist wahr. P_1 gehört zum Graphen.

$P_2(-1|0{,}5)$: $0{,}5 = 1 + \frac{-1}{2}$ ist wahr. P_2 gehört zum Graphen.

$P_3(1|3)$: $3 = 1 + \frac{1}{2}$ ist falsch. P_3 gehört nicht zum Graphen.

$P_4(2|2)$: $2 = 1 + \frac{2}{2}$ ist wahr. P_4 gehört zum Graphen.

$P_5(4|1)$: $1 = 1 + \frac{4}{2}$ ist falsch. P_5 gehört nicht zum Graphen.

$P_6(4|3)$: $3 = 1 + \frac{4}{2}$ ist wahr. P_6 gehört zum Graphen.

5. a)

Zeitpunkt	0 Uhr	4 Uhr	8 Uhr	12 Uhr	16 Uhr	20 Uhr	24 Uhr
Lufttemperatur	4 °C	−3 °C	−3 °C	3 °C	3 °C	2 °C	1 °C

Die Zuordnung *Zeitpunkt → Lufttemperatur* ist eindeutig, also eine Funktion.

b) Die Lufttemperatur lag um etwa 1.30 Uhr, 10.30 Uhr und 24.00 Uhr bei 1 °C. Die Zuordnung *Lufttemperatur → Zeitpunkt* ist keine eindeutige Zuodnung, weil z. B. der Lufttempertur 1 °C drei unterschiedliche Zeitpunkte zugeordnet sind.

144

6. a) Ja; zu jeder Stelle x gibt es genau einen Funktionswert.
b) Nein; der Stelle $x = 1$ sind unendlich viele Funktionswerte zugeordnet.
c) Ja; zu jeder Stelle x gibt es genau einen Funktionswert.
d) Nein; es gibt Stellen x, zu denen zwei Funktionswerte gehören.

7. a) Nein; es gibt Stellen x, zu denen zwei Funktionswerte gehören.
b) Ja; zu jeder Stelle x gibt es genau einen Funktionswert.
c) Ja; zu jeder Stelle x gibt es genau einen Funktionswert.
d) Nein; es gibt Stellen x, zu denen zwei Funktionswerte gehören.

8. a)

x	y
−5	−11
−4	−9
−3	−7
−2	−5
−1	−3
0	−1
1	1
2	3
3	5
4	7
5	9

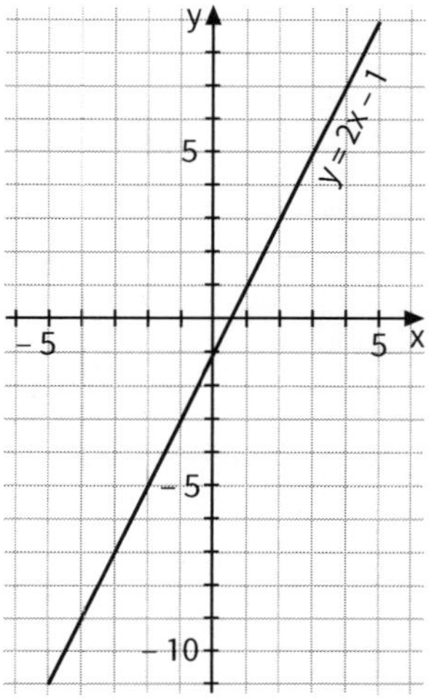

144

8. b)

x	y
−4	14
−3	7
−2	2
−1	−1
0	−2
1	−1
2	2
3	7
4	14

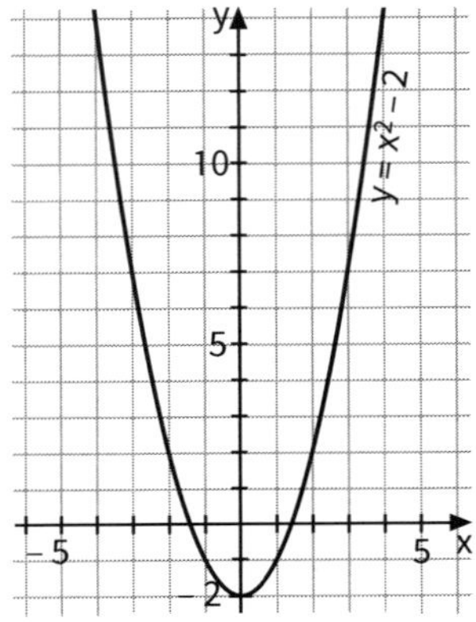

c)

x	y
−5	15
−4	8
−3	3
−2	0
−1	−1
0	0
1	3
2	8
3	15

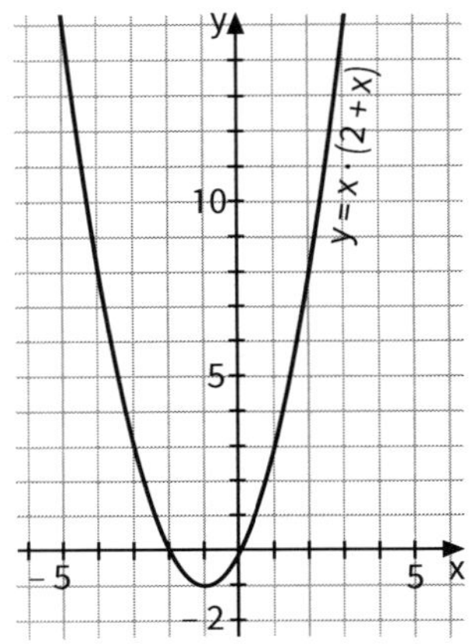

9. a)

x (in cm)	y (in cm^3)
0,5	0,125
1	1
1,5	3,375
2	8
x	x^3

Man darf nur positive Zahlen einsetzen, da Längen immer positiv sind.
Jeder Länge ist genau ein Volumen zugeordnet. Die Zuordnung
Seitenlänge → Volumen
ist eine Funktion mit der Funktionsgleichung $y = x^3$ für $x > 0$;
x: Kantenlänge (in cm);
y: Volumen (in cm^3)

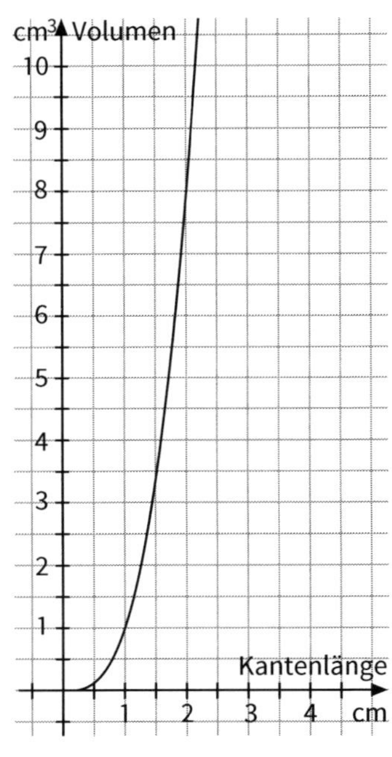

144

9. b)

x	y
−2	−8
−1,5	−3,375
−1	−1
−0,5	−0,125
0	0
0,5	0,125
1	1
1,5	3,375
2	8

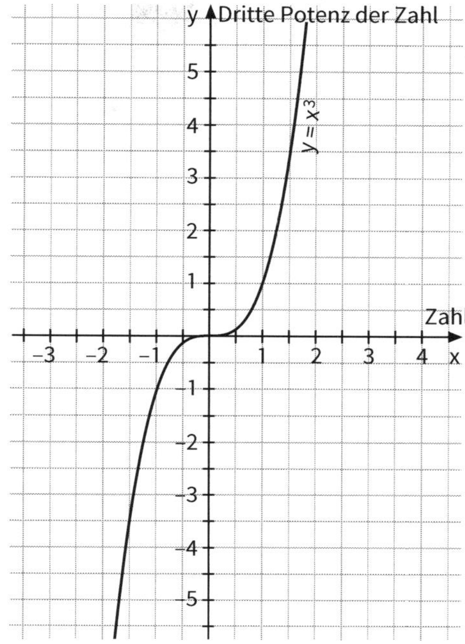

Jeder Zahl wird genau eine dritte Potenz zugeordnet. Die Zuordnung *Zahl → dritte Potenz der Zahl* ist eine Funktion mit der Funktionsgleichung $y = x^3$;
x: Zahl;
y: dritte Potenz der Zahl.

10. a) Rechtecklänge (in cm): l
Rechteckbreite (in cm): b
Flächeninhalt (in cm²): A
Wir können die Formel für den Flächeninhalt nach b umstellen:

$A = l \cdot b \quad |:l$

$\frac{A}{l} = b$

Für $A = 6$ erhalten wir: $b = \frac{6}{l}$

Jeder Rechtecklänge ist genau eine Rechteckbreite (bei vorgegebenem festgelegten Flächeninhalt) zugeordnet.
Die Zuordnung *Rechtecklänge → Rechteckbreite* ist also eine Funktion.

b)

Länge l (in cm)	Breite b (in cm)
0,5	12
1	6
1,5	4
3	2
4	1,5
5	1,2
6	1

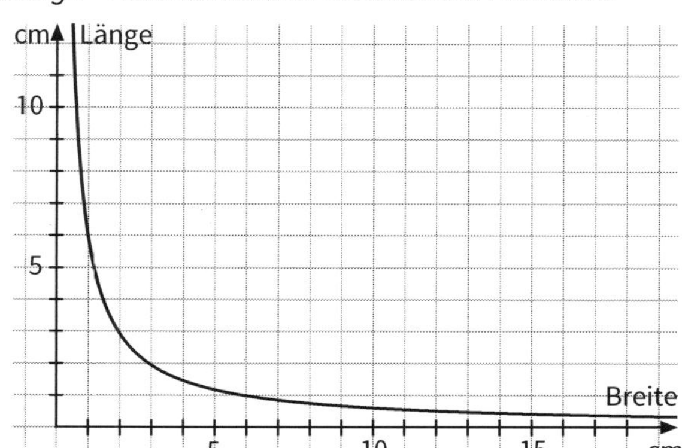

145 **11. a)** Die Geschichte passt zu Graph (1).

b) Beispiel: Jan ist extra schnell zur Schule gegangen, bis er auf dem Weg einen Freund getroffen hat. Zusammen haben sie zunächst getrödelt, bis sie bemerkt haben, dass sie fast zu spät kommen. Sie sind dann wieder schnell gegangen und doch noch rechtzeitig angekommen.

c) –

d) –

12. a) (2) **b)** (1) **c)** (4) **d)** (3) **e)** (5)

Die Graphen geben den Verlauf nur angenähert wieder.

13.

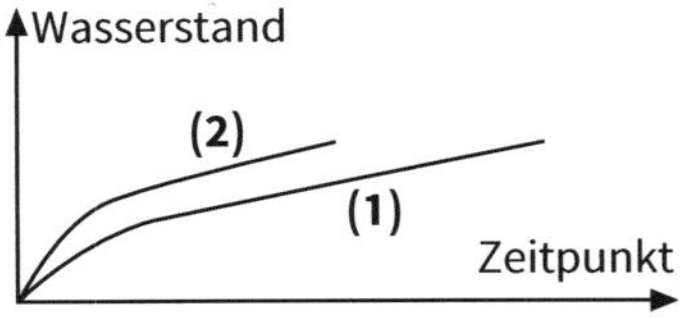

146 **14. a)**

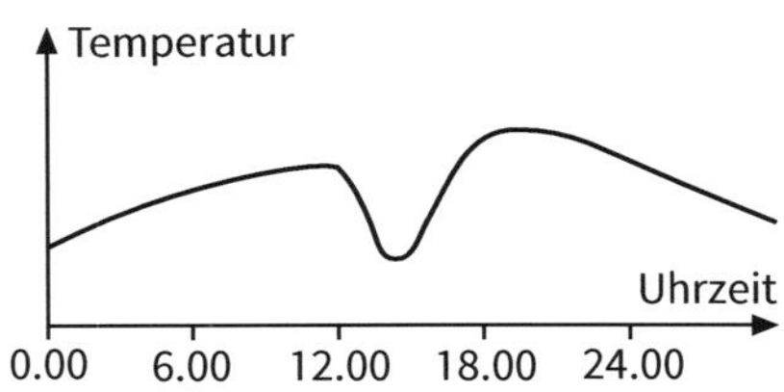

b)

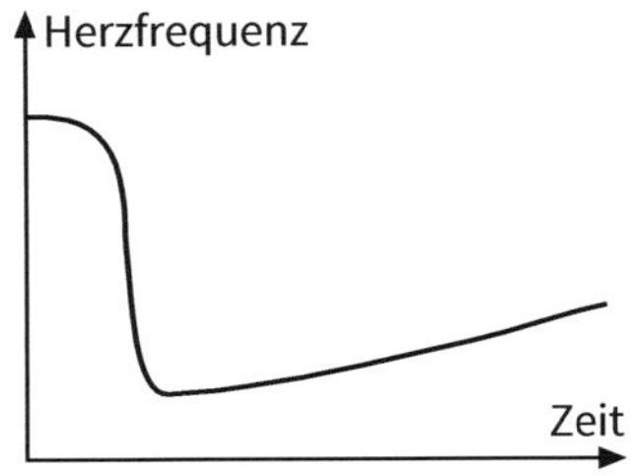

15. $g(2) = 4$ $g\left(\frac{1}{2}\right) = -\frac{1}{8}$ $g(-99) = -980\,100$

$g(-1) = -2$ $g\left(-\frac{1}{2}\right) = -\frac{3}{8}$

$g(0) = 0$ $g(1{,}1) = 0{,}121$

16. a) (1)

x	−2	−1	0	1	2
f(x)	−8	−4	0	4	8

(2) $f(0{,}4) = 1{,}6$; $f(1{,}5) = 6$;

$f\left(-\frac{4}{5}\right) = -3{,}2$; $f(-1{,}5) = -6$

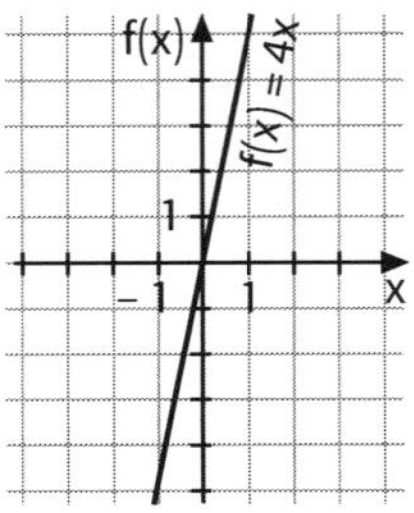

146

16. b) (1)

x	−2	−1	0	1	2
f(x)	0	0,5	1	1,5	2

(2) $f(0{,}4) = 1{,}2$; $f(1{,}5) = 1{,}75$;
$f\left(-\frac{4}{5}\right) = 0{,}6$; $f(-1{,}5) = 0{,}25$

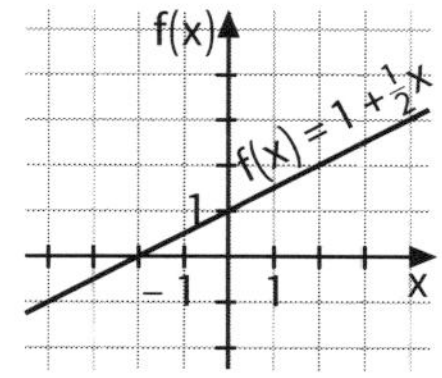

c) (1)

x	−2	−1	0	1	2
f(x)	−4	−1	0	−1	−4

(2) $f(0{,}4) = -0{,}16$ $f(1{,}5) = -2{,}25$;
$f\left(-\frac{4}{5}\right) = -0{,}64$; $f(-1{,}5) = -2{,}25$

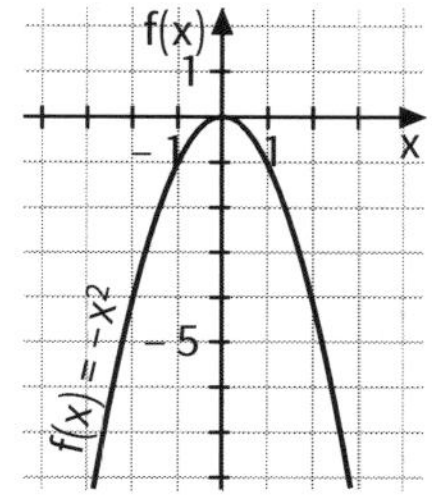

d) (1)

z	−2	−1	0	1	2	3	4
f(z)	9	4	1	0	1	4	9

(2) $f(0{,}4) = 0{,}36$; $f(1{,}5) = 0{,}25$;
$f\left(-\frac{4}{5}\right) = 3{,}24$; $f(-1{,}5) = 6{,}25$

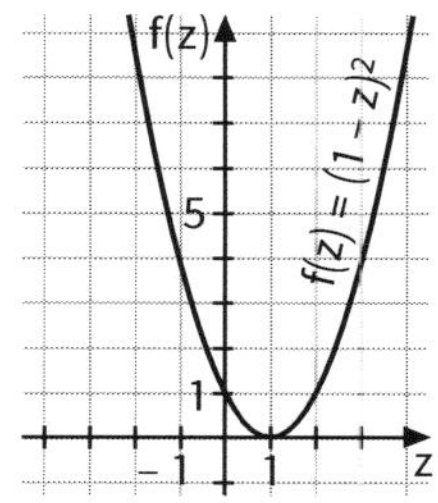

17. a) Die Punkte P_2, P_3 liegen auf dem Graphen zur Funktion $y = -\frac{2}{5}x$.

b) Die Punkte P_5, P_7 liegen auf dem Graphen zur Funktion $y = 5 - x^2$.

18. a) Druckfehler in der 1. Auflage im Bild (2). Der negative Teil der x-Achse gehört auch zum Graphen.
Die Punkte P(0 | 1) und Q(−1 | −1) liegen auf dem Graphen zur Funktion $f(x) = \frac{1}{2x+1}$. Dazu passt der Graph (1).
Bei $f(x) = \frac{1}{2x+1}$ ist die Definitionsmenge $D = \mathbb{Q}\backslash\{0{,}5\}$
Die Punkte P(0 | 0) und Q(2 | 0) liegen auf dem Graphen zur Funktion $g(x) = x \cdot (x - 2)$. Dazu passt der Graph (3).
Bei $g(x) = x \cdot (x - 2)$ ist die Definitionsmenge $\mathbb{Q}$.
Die Punkte P(0 | 0), Q(−2 | 0) und R(1 | 2) liegen auf dem Graphen zur Funktion
$h(x) = x + |x|$. Dazu passt der Graph (2).
Bei $h(x) = x + |x|$ ist die Definitionsmenge $\mathbb{Q}$.

b) –

146 *Das kann ich noch!*

A) 1) $E_1 = \{2, 4, 6, 8\}$; $P(E_1) = \frac{4}{8} = \frac{1}{2}$

2) $E_2 = \{3, 6\}$; $P(E_2) = \frac{2}{8} = \frac{1}{4}$

3) $E_3 = \{\ \}$; $P(E_3) = 0$

4) $E_4 = \{1, 2, 3, 4, 5, 6, 7, 8\}$; $P(E_4) = \frac{8}{8} = 1$

B) P (Würfeln einer 8) ist immer $\frac{1}{8}$, unabhängig davon, welche Zahlen vorher gewürfelt wurden.

C) Wenn man sehr häufig würfelt, treten bei einem regelmäßigen Oktaeder-Würfel alle Augenzahlen (nahezu) gleich oft auf.

Im Blickpunkt: Graphen mit Computer oder GTR zeichnen

147 Keine Lösungen (Seiten 147 und 148).

4.2 Proportionale Funktionen

4.2.1 Graph proportionaler Funktionen

149 **Einstieg:**

Für die Funktion *Temperatur (in °C) → Temperatur (in °R)* erhält man die Funktionsgleichung: $y = 0{,}8 \cdot x$.

Man erhält als Graphen eine Halbgerade von $O(0\,|\,0)$ aus durch den Punkt $P(100\,|\,80)$.

151 2. Der Graph ist eine Gerade durch $O(0\,|\,0)$ und

a) $P(4\,|\,-5)$, b) $P(1\,|\,-3)$, c) $P(1\,|\,-1)$, d) $P(4\,|\,-3)$

Auch hier gilt: Wenn man eine Stelle x verdoppelt, so verdoppelt sich auch der Funktionswert.

152 3. a) (1) Der Benzinpreis beträgt immer 1,45 € pro Liter.

(2) Die Zuordnung ist eine proportionale Funktion: $y = 1{,}45\,x$ mit x: Benzinvolumen (in l) und y: Preis (in €)

b) (1) Als Quotienten erhält man immer 1,8.

(2) Als Quotienten erhält man immer $-0{,}4$.

Der Quotient ist gleich m, denn $\frac{y}{x} = \frac{m\,x}{x} = m$.

Für $x = 0$ ist der Quotient nicht definiert, da man durch 0 nicht dividieren darf.

152

4. a) Marvin benötigt $\frac{5}{4}$ h = $1\frac{1}{4}$ h = 1 h 15 min.
Er muss $5 \cdot 2{,}30$ € = 11,50 € zahlen.

b) Die Zuordnung *Menge (in kg) → Preis (in €)* ist proportional, wenn der Preis auch für größere Mengen bei 2,30 € pro Kilogramm bleibt.
Die Zuordnungsvorschrift ist $y = 2{,}30x$.
Die Zuordnung *Menge (in kg) → Pflückzeit (in Minuten)* ist proportional, wenn über die gesamte Pflückdauer gleichmäßig gepflückt wird.
Die Zuordnungsvorschrift ist $y = \frac{1}{4}x$.

5. a) Man geht davon aus, dass sich der Förderkorb gleichmäßig bewegt und vernachlässigt eventuelle Stopps.

Zeitpunkt (in s)	Höhe (in m)
−3	6
−2	4
−1	2
0	0
1	−2
2	−4
3	−6
4	−8
5	−10
10	−20
15	−30
20	−40

b) $f(x) = -2 \cdot x$

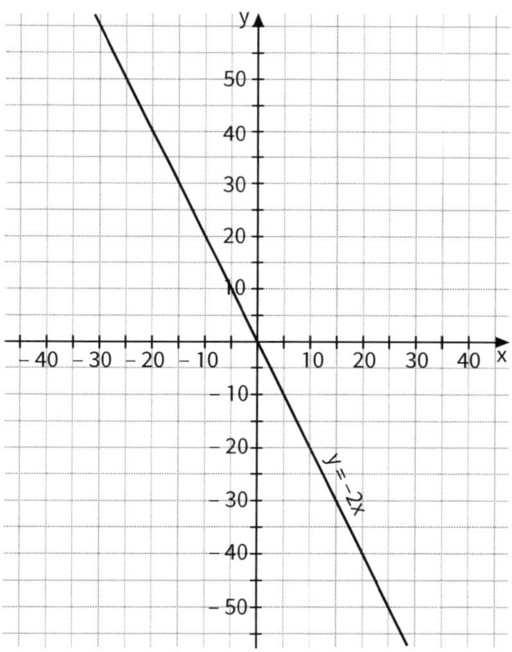

153

6. a)

Geschwindigkeit in $\left(\frac{km}{h}\right)$	10	20	30	40	50	60	70	80	90	100
Reaktionsweg (in m)	3	6	9	12	15	18	21	24	27	30

Die Größen sind proportional zueinander (Graph siehe nächste Seite).

b)

Geschwindigkeit in $\left(\frac{km}{h}\right)$	10	20	30	40	50	60	70	80	90	100
Bremsweg (in m)	1	4	9	16	25	36	49	64	81	100

153 **6. b)** Fortsetzung
Die Größen sind nicht proportional zueinander.
Der Graph wird bei zunehmender Geschwindigkeit immer steiler, während sich der Graph aus Teilaufgabe a) mit zunehmender Geschwindigkeit gleichmäßig ändert. Der Graph aus Teilaufgabe a) ist eine Halbgerade.

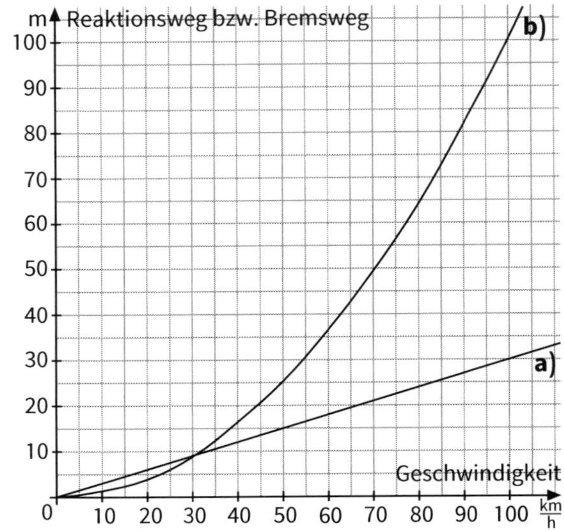

7. a) $y = 3x$ x: Zeit (in min), y: Wasservolumen (in l)

x	0	1	2	3	4	5	6	7	8	9	10
y	0	3	6	9	12	15	18	21	24	27	30

Da das Wasservolumen nicht negativ ist, ist der Graph eine Halbgerade von O(0|0) durch Punkt P(10|30).

b) $z = 0{,}5x$ x = Zeit (in min), z = Wasserhöhe (in dm)

x	0	1	2	3	4	5	6	7	8	9	10
z	0	0,5	1	1,5	2	2,5	3	3,5	4	4,5	5

Der Graph ist eine Halbgerade vom Punkt O(0|0) durch den Punkt P(10|5).

8. a) $y = 0{,}2x$ x; alter Preis (in €); y: Preisnachlass (in €)
Die Zuordnung ist proportional. Der Graph ist eine Halbgerade von O(0|0) durch P(10|2)

b) $z = 0{,}8x$ x: alter Preis (in €); y: neuer Preis (in €)
Die Zuordnung ist proportional. Der Graph ist eine Halbgerade von O(0|0) durch Q(10|8).

9. a) $f(x) = 2{,}5x$; Der Graph ist eine Halbgerade von O(0|0) durch P(2|5).

b) P_3 liegt auf dem Graphen.

c) $P_1(2|5)$; $P_2(-1|-2{,}5)$; $P_3(2{,}4|6)$; $P_4(-1{,}2|-3)$

d) **(1)** $f(40) = 100$ **(2)** $f(-4) = -10$ **(3)** $f(0{,}04) = 0{,}1$ **(4)** $f\left(\frac{1}{5}\right) = \frac{1}{2}$

e) –

f) Zu a): $f(t) = -4t$; Der Graph ist eine Halbgerade von O(0|0) aus durch Q(1|−4).
Zu b): Keiner der Punkte liegt auf dem Graphen.
Zu c): $P_1(2|-8)$; $P_2(-1|4)$; $P_3(-1{,}5|6)$; $P_4(0{,}75|-3)$
Zu d): **(1)** $f(-25) = 100$ **(2)** $f(2{,}5) = 10$ **(3)** $f(-0{,}025) = 0{,}1$ **(4)** $f\left(-\frac{1}{8}\right) = \frac{1}{2}$

154 **10.** $f_1(x) = x$; $f_2(x) = 100x$; $f_3(x) = -10x$

11. a)

x	y	x : y
3	3,6	1,2
4	4,8	1,2
5	6	1,2
6	7,2	1,2

Die Wertetabelle gehört zu einer proportionalen Funktion mit der Funktionsgleichung $y = 1{,}2x$.

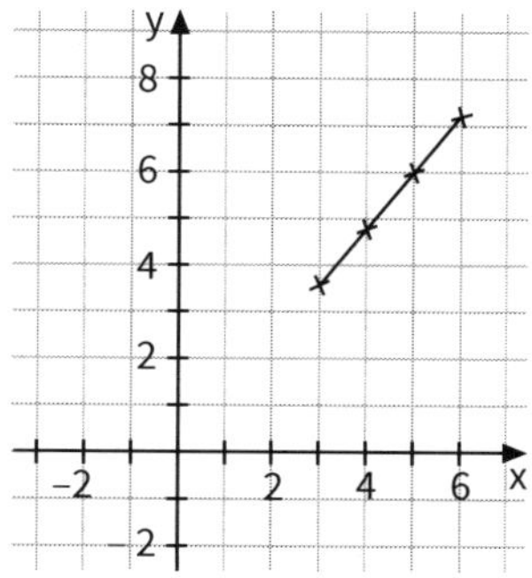

b)

x	y	x : y
−1	3,5	−3,5
0	0	–
1	−3,5	−3,5
2	−7	−3,5

Die Wertetabelle gehört zu einer proportionalen Funktion mit der Funktionsgleichung $y = -3{,}5x$.

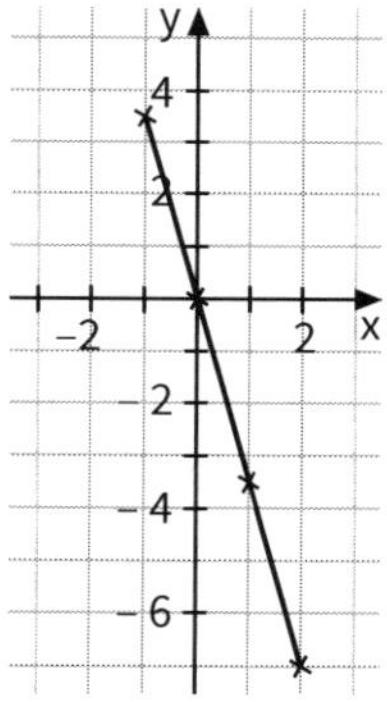

c)

x	y	x : y
4	3,2	0,8
3	2,4	0,8
2	1,6	0,8
1	0,4	0,4

Die Zuordnung ist nicht proportional.

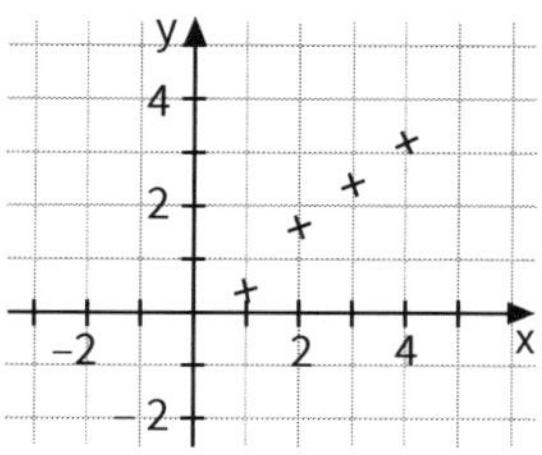

d)

x	y	x : y
−1	0,5	−0,5
0	0	–
1	0,5	0,5
2	1	0,5

Die Zuordnung ist nicht proportional.

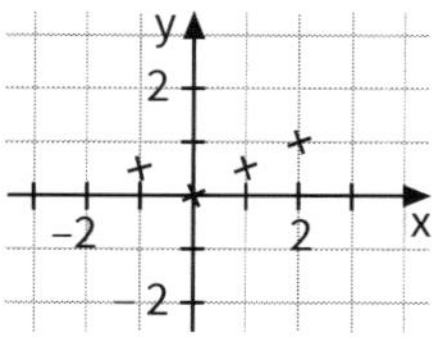

e)

x	y	x : y
−1	1	−1
0	0	–
1	1	1
2	4	2

Die Zuordnung ist nicht proportional.

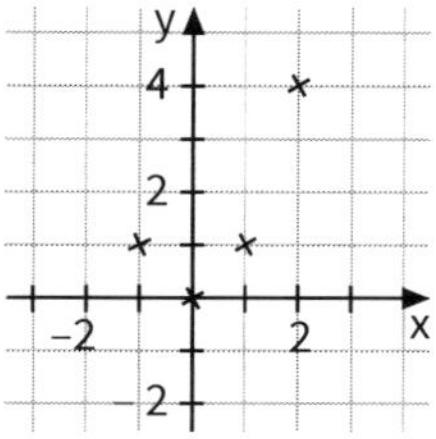

154 **12. a)**

x	y
−2	6
1	−3
4	−12

$y = -3x$

b)

x	y
0,5	0,25
−12	−6
2	1

$y = 0{,}5x$

c)

x	y
2,4	3,6
0	0
$-\frac{4}{3}$	−2

$y = 1{,}5x$

d)

x	y
−0,1	0,01
0	0
1	−0,1

$y = -0{,}1x$

e)

x	y
−4	−10
−0,2	−0,5
−3	−7,5

$y = 2{,}5x$

13. a) –

b) Der Punkt P liegt auf dem Graphen, der Punkt Q nicht. Q müsste die Koordinaten Q(−9,8 | −26,46) haben, dann würde er auf dem Graphen liegen.

155 **14.** Die Auflösung des GTR ist nicht so gut, um den Graphen als durchgehenden Graphen zu zeichnen. $y = 6x$ ist natürlich eine Funktion, auch wenn das Bild im GTR nicht so aussieht.

15. a) $y = 8{,}5x$
x: Zeit (in s)
y: Höhe über Erdgeschossniveau (in m)

b) Etwa 10,6 s

c) 765 m

d) Der Fahrstuhl muss zunächst anfahren und auf $8{,}5\,\frac{m}{s}$ beschleunigen und dann wieder rechtzeitig abbremsen. Halte unterwegs werden auch nicht berücksichtigt.

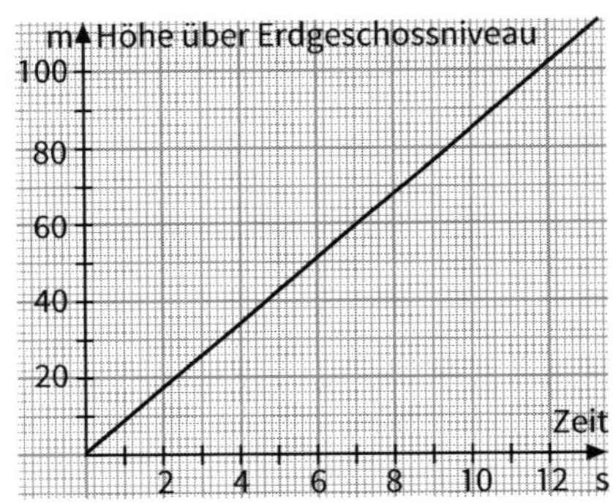

16. a) Es wird der Verbrauch pro 100 km berechnet. Der Verbrauch wird durch die gefahrenen km dividiert und dann mit 100 multipliziert.

b) Rechenvorschrift: = C6/B6
Für Autogas wird jeweils der Preis pro Liter berechnet, also Spaltenüberschrift z. B. Preis pro Liter.
Man erhält folgende Werte (in l pro 100 km):
5,9; 5,8; 5,1; 6,3; 6,6

c) Die Funktion *Autogasvolumen (in l)* → *Rechnungshöhe (in €)* ist nicht proportional, da der Preis pro Liter unterschiedlich ist.

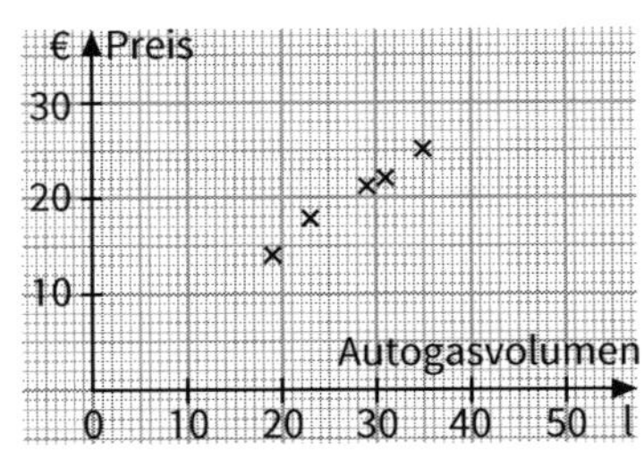

155 16. c) Fortsetzung
Die Funktion
Verbrauch an Autogas (in l) → gefahrene Strecke (in km)
ist nicht proportional, da der Verbrauch pro 100 km unterschiedlich ist.

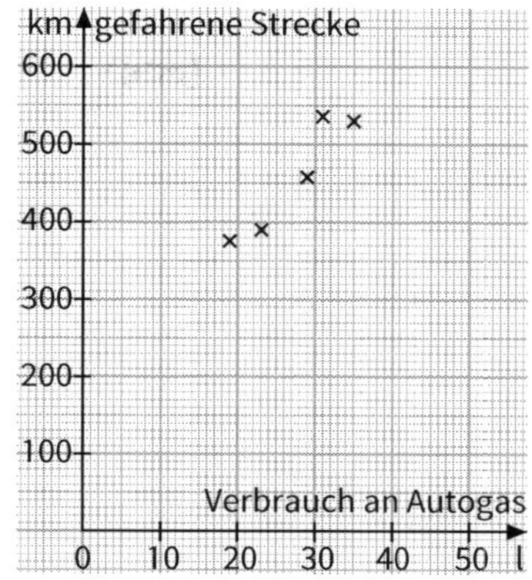

Das kann ich noch!

A) 1) $A = \frac{7\,\text{cm} \cdot 3\,\text{cm}}{2} = 10{,}5\,\text{cm}^2$

2) $A = 12\,\text{cm} \cdot 8\,\text{cm} = 96\,\text{cm}^2$

3) $A = \frac{720\,\text{cm} + 55\,\text{dm}}{2} \cdot 4{,}1\,\text{m} = \frac{72\,\text{dm} + 55\,\text{dm}}{2} \cdot 41\,\text{dm} = 2\,603{,}5\,\text{dm}^3$

156 17. a) (1)

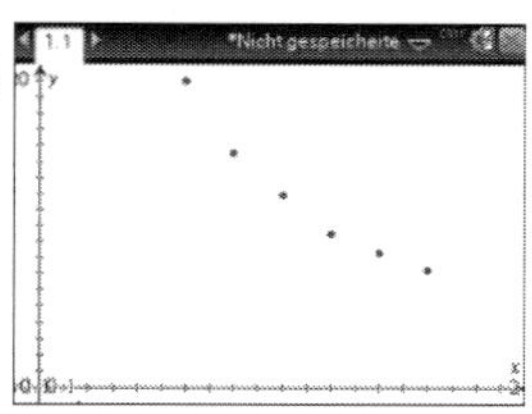

(2)

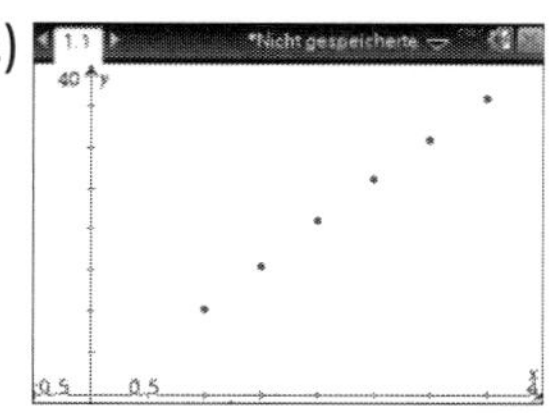

b) Siehe Bilder unter Teilaufgabe a).

c) (1) p und V sind annähernd antiproportional zueinander ($p \cdot V \approx 11{,}6$).

(2) l und R sind annähernd proportional zueinander $\left(\text{mit } \frac{R}{l} \approx 10{,}3\right)$.

4.2.2 Steigung – Steigungsdreieck

Einstieg:

Die Graphen sind Halbgeraden vom Punkt O (0 | 0) aus. Die Steigung der Halbgeraden findet man, wenn man z. B. 100 m nach rechts und um die jeweilige Prozentzahl der Steigung nach oben geht.
Funktionsgleichungen: $y = 0{,}8\,x$; $y = 0{,}35\,x$; $y = 0{,}12\,x$
100 % Steigung bedeutet: die Straße steigt auf 100 m um 100 m an. Man erhält so ein gleichschenklig-rechtwinkliges Dreieck, der Steigungswinkel beträgt also 45°.
Funktionsgleichungen: $y = -0{,}1\,x$; $y = -0{,}4\,x$; $y = -x$; $y = -1{,}5\,x$

158 1. a) Gerade durch O (0 | 0) und P (5 | 6).
Der Funktionswert wird **(1)** um 1,2 größer; **(2)** um 2,4 größer; **(3)** um 6,0 größer; **(4)** um 1,2 kleiner.

b) Gerade durch O (0 | 0) und P (5 | 3).
Der Funktionswert wird **(1)** um 0,6 größer; **(2)** um 1,2 größer; **(3)** um 3,0 größer; **(4)** um 0,6 kleiner.

158

1. c) Gerade durch O(0|0) und P(2|−3).
Der Funktionswert wird **(1)** um 1,5 kleiner; **(2)** um 3,0 kleiner; **(3)** um 7,5 kleiner; **(4)** um 1,5 größer.
d) Gerade durch O(0|0) und P(4|−3).
Der Funktionswert wird **(1)** um $\frac{3}{4} = 0{,}75$ kleiner; **(2)** um $1\frac{1}{2} = 1{,}5$ kleiner; **(3)** um $3\frac{3}{4} = 3{,}75$ kleiner; **(4)** um $\frac{3}{4} = 0{,}75$ größer.

2. Geraden durch O(0|0) und P(1|5) für m = 5;
P(5|−1) für m = −0,2; P(1|1) für m = 1;
P(10|−13) für m = −1,3; P(3|2) für $m = \frac{2}{3}$.

3. Die Geraden in a) und c) steigen, die Geraden in b), d) und e) fallen.
Man erhält die Geraden durch O(0|0) und:
a) P(1|3); b) P(1|−2); c) P(5|7); d) P(2|−1); e) P(5|−6)

4. $\frac{110\,\text{m}}{4\,\text{km}} = \frac{110\,\text{m}}{4000\,\text{m}} = \frac{11}{400} = 0{,}0275 = 2{,}75\,\%$

159

5. a) Der Funktionswert steigt um **(1)** 0,5; **(2)** 1; **(3)** 1,5; (m = 0,5).
b) Der Funktionswert fällt um **(1)** 0,6; **(2)** 1,2; **(3)** 1,8; (m = −0,6).
c) Der Funktionswert steigt um **(1)** 0,4; **(2)** 0,8; **(3)** 1,2; (m = 0,4).

6. Für positive m steigt die Gerade (von links nach rechts), für negative m fällt die Gerade (von links nach rechts).
Je größer der Betrag von m ist, desto steiler verläuft die Gerade.

7. a) Gerade durch O(0|0) und P(5|12)
f(x) **(1)** steigt um 9,6; **(2)** steigt um 12; **(3)** fällt um 12.
b) Gerade durch O(0|0) und P(5|7)
f(x) **(1)** steigt um 5,6; **(2)** steigt um 7; **(3)** fällt um 7.
c) Gerade durch O(0|0) und P(10|3)
f(x) **(1)** steigt um 1,2; **(2)** steigt um 1,5; **(3)** fällt um 1,5.
d) Gerade durch O(0|0) und P(4|−1)
f(x) **(1)** fällt um 1; **(2)** fällt um 1,25; **(3)** steigt um 1,25.
e) Gerade durch O(0|0) und P(5|−4)
f(x) **(1)** fällt um 3,2; **(2)** fällt um 4; **(3)** steigt um 4.
f) Gerade durch O(0|0) und P(7|1)
f(x) **(1)** steigt um $\frac{4}{7}$; **(2)** steigt um $\frac{5}{7}$; **(3)** fällt um $\frac{5}{7}$.
g) Gerade durch O(0|0) und P(5|−2)
f(x) **(1)** fällt um 1,6; **(2)** fällt um 2; **(3)** steigt um 2.
h) Gerade durch O(0|0) und P(10|−1)
f(x) **(1)** fällt um 0,4; **(2)** fällt um 0,5; **(3)** steigt um 0,5.

159 7. i) Gerade durch O(0|0) und P(1|−1)
f(x) (1) fällt um 4; (2) fällt um 5; (3) steigt um 5.
j) Gerade durch O(0|0) und P(2|−7)
f(t) (1) fällt um 14; (2) fällt um 17,5; (3) steigt um 17,5.
Die Änderungsraten geben an, wie sich der Funktionswert ändert, wenn man um 1 nach rechts geht.

8. $y = \frac{3}{4}x$ ist falsch. Er hat die Gerade fur $y = \frac{4}{3}x$ gezeichnet.
Richtig wäre für $y = \frac{3}{4}x$ die Gerade durch O(0|0) und P(4|3).
$y = -\frac{3}{5}x$ ist falsch. Er hat die Gerade zu $y = -\frac{5}{3}x$ gezeichnet.
Richtig wäre für $y = -\frac{3}{5}x$ die Gerade durch O(0|0) und P(5|−3).

9. a) $m = 1{,}6$; $y = 1{,}6\,x$; Gerade durch O(0|0) und P(5|8)
b) $m = -1{,}8$; $y = -1{,}8\,x$; Gerade durch O(0|0) und P(5|−9)
c) $m = \frac{5{,}4}{2} = 2{,}7$; $y = 2{,}7\,x$; Gerade durch O(0|0) und P(10|27)
d) $m = -\frac{6}{5}$; $y = -\frac{6}{5}x$; Gerade durch O(0|0) und P(5|−6)
e) $m = \frac{5{,}4}{3} = 1{,}8$; $y = 1{,}8\,x$; Gerade durch O(0|0) und P(5|9)

10. a) g_1: $y = -3x$; g_2: $y = \frac{1}{2}x$; g_3: $y = -\frac{1}{2}x$;
b) g_4: $= -\frac{3}{2}x$; g_5: $= y = \frac{3}{4}x$; g_6: $y = -\frac{1}{2}x$;
c) g_7: $y = \frac{3}{2}x$; g_8: $= y = x$; g_9: $y = -x$

160 11. –

12. Zahnradbahn: $48\,\% = 0{,}48 = \frac{48}{100} = \frac{12}{25}$
Skipiste: $78\,\% = 0{,}78 = \frac{78}{100} = \frac{39}{50}$
Weinberg: $65\,\% = 0{,}65 = \frac{65}{100} = \frac{13}{20}$
Alle verlaufen flacher als die Winkelhalbierende, also unterhalb der Winkelhalbierenden.

13. a) E und A b) C und G c) F und B d) D und H

14. a) $m = 5$; $y = 5x$
b) $m = -3$; $y = -3x$
c) $m = -\frac{3}{2}$; $y = -\frac{3}{2}x$
d) $m = -\frac{2}{5}$; $y = -\frac{2}{5}x$
e) $m = \frac{5{,}1}{3} = 1{,}7$; $y = 1{,}7x$
f) $m = 4$; $y = 4x$

15. Nick hat die Steigung richtig berechnet. Jule hat die Werte auf den Achsen falsch abgelesen und Aisha hat die Werte für Δ_y und Δ_x vertauscht.

16. –

4.3 Lineare Funktionen und ihre Graphen

161 **Einstieg:**

a)

Belastung (in kg)	0	1	2	3	4	5	6	7	8
(1) Verlängerung der Feder (in cm)	0	0,5	1,0	1,5	2,0	2,5	3,0	3,5	4,0
(2) Federlänge (in cm)	6,0	6,5	7,0	7,5	8,0	8,5	9,0	9,5	10,0

(1) Die Zuordnung ist proportional. Der Graph ist eine Halbgerade O(0|0) aus durch P(8|4).

(2) Die Zuordnung ist nicht proportional. Der Graph ist eine Halbgerade von Q(0|6) aus durch R(8|10). Sie ist parallel zur Halbgeraden aus (1) und um 6 Einheiten in Richtung der y-Achse nach oben verschoben.

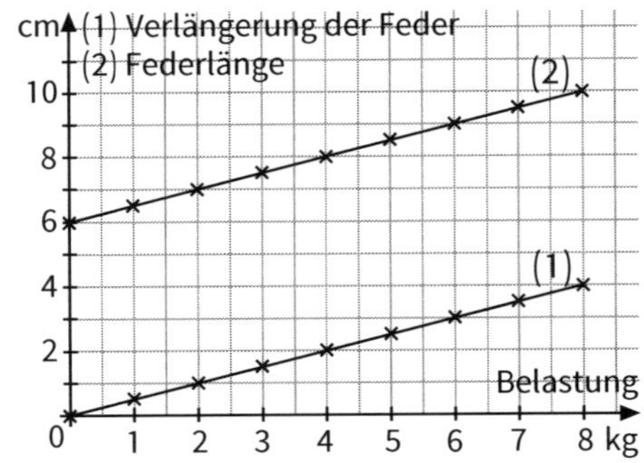

b) (1) $y = 0{,}5x$;
x: Belastung (in kg) mit $x \geq 0$;
y: Verlängerung der Feder (in cm)

(2) $y = 0{,}5x + 6$; x: Belastung (in kg) mit $x \geq 0$; y: Federlänge (in cm)

c) (1) Die Feder wird um 1,2 cm länger.

(2) Die Feder wird um 0,9 cm kürzer.

d) (1) 4 kg (2) 7 kg (3) 8,4 kg

e) 28 kg

162 2. a) $m = \frac{3}{4}$; $b = -2$; Gerade durch P(0|−2) und Q(4|1).

b) $m = -\frac{1}{3}$; $b = 1$; Gerade durch P(0|1) und Q(3|0).

c) $m = \frac{2}{3}$; $b = -1$; Gerade durch P(0|−1) und Q(3|1).

d) $m = -1{,}5$; $b = 2$; Gerade durch P(0|2) und Q(2|−1).

e) $m = -1$; $b = 4{,}5$; Gerade durch P(0|4,5) und Q(5|−0,5).

f) $m = 1$; $b = 0$; Gerade durch P(0|0) und Q(5|5).

g) $m = 0$; $b = -3$; Gerade parallel zur x-Achse durch P(0|−3).

h) $m = 0$; $b = 0$; Gerade identisch mit der x-Achse.

163

3. (1) Die Geraden schneiden sich im Punkt S(10|3,5).

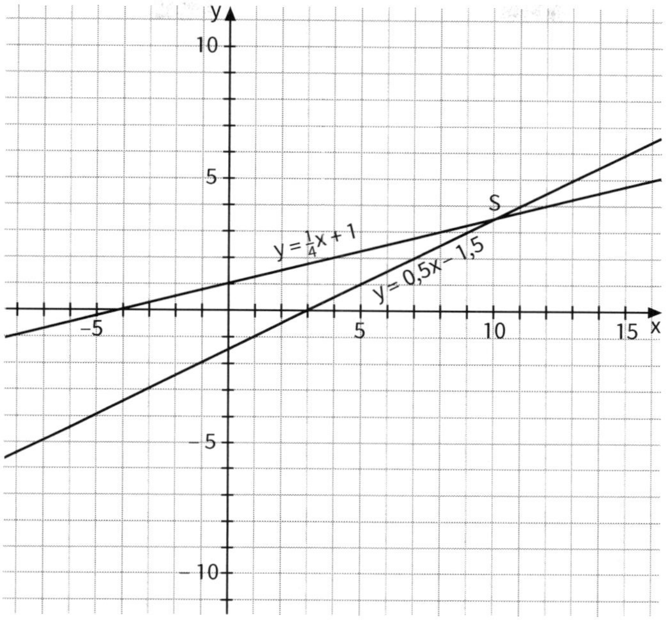

(2) Die Geraden verlaufen parallel zueinander.

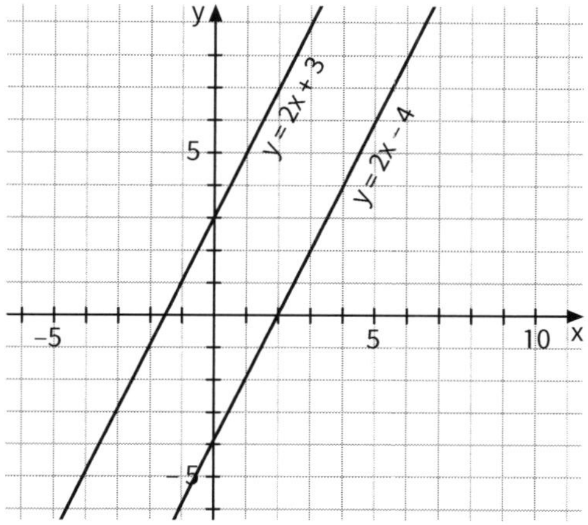

163 3. (3) Die Geraden fallen zusammen.

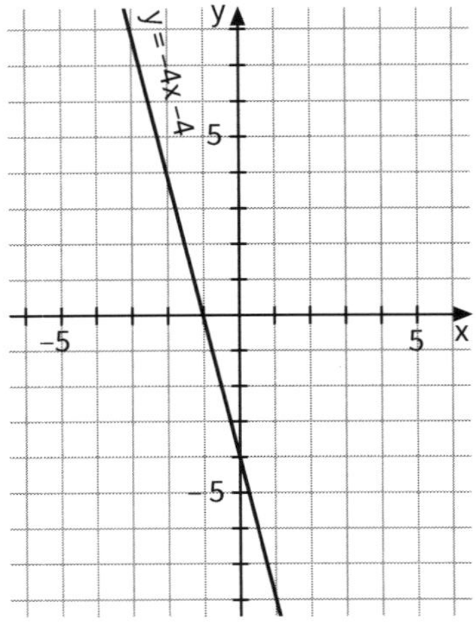

164 4. a) Der Graph wird bei positivem b in Richtung der y-Achse um b nach oben, bei negativem b in Richtung der y-Achse um | b | nach unten verschoben.
b) –

5. a) Strecke von P (0 | 21) bis Q (17,5 | 0)
b) $y = -1{,}2x + 21$, x: Brenndauer (in h), y: Länge der Kerze (in cm), Änderungsrate $-1{,}2\,\frac{\text{cm}}{\text{h}}$; Abnahme der Kerzenlänge in cm pro Stunde.
c) Sie ist noch (1) 15 cm; (2) 12 cm; (3) 6 cm lang.
d) Nach $14\frac{1}{3}$ h, also nach 14 h 20 min ist die Kerze nur noch 3,8 cm lang.
e) Nach 17,5 h, also nach 17 h 30 min ist die Kerze abgebrannt.

164

6. **a)** $y = -0{,}8x + 48$; x: Temperatur ϑ (in °C), y: Fugenbreite b (in mm)
Gerade durch P(0|48) und Q(25|28); Funktionswerte sind nur oberhalb der x-Achse sinnvoll, da die Fugenbreite nicht negativ werden darf.

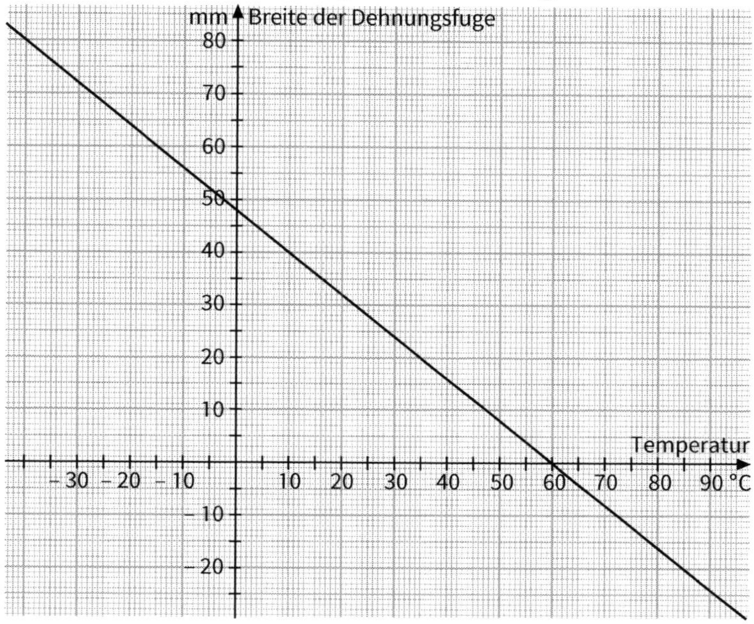

b)

Temperatur ϑ (in °C)	30	10	−10	−15
Fugenbreite b (in mm)	24	40	56	60

c) −7,5 °C
d) 60 °C

7. $y = 5x - 22$
Frage z. B.:
In welcher Tiefe befindet er sich nach 3 min Auftauchen?
Antwort:
In 7 m Tiefe.

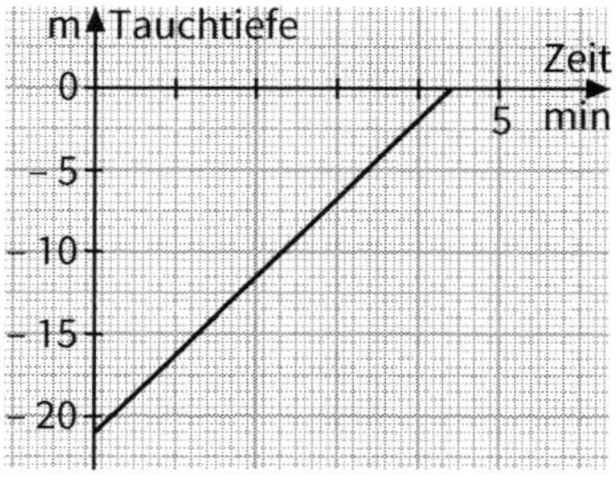

8. Die Graphen zu den angegebenen Funktionen sind Geraden durch O(0|0) und dem angegebenen Punkt P.

a) P(2|3); **(1)** $y = 1{,}5x + 4$ **(2)** $y = 1{,}5x - 1$
b) P(1|−4); **(1)** $y = -4x + 4$ **(2)** $y = -4x - 1$

164

8. c) $P(3|-2)$; (1) $y=-\frac{2}{3}x+4$ (2) $y=-\frac{2}{3}x-1$
   d) $P(4|5)$; (1) $s=\frac{5}{4}r+4$ (2) $s=\frac{5}{4}r-1$
   e) $P(5|-1)$; (1) $v=-\frac{u}{5}+4$ (2) $v=-\frac{u}{5}-1$

9. Die Graphen der angegebenen Funktionen sind Geraden durch die Punkte P und Q und schneiden die y-Achse im Punkt P.
   Der Graph der proportionalen Funktion ist dazu parallel und geht durch den Punkt $O(0|0)$.
   a) $P(0|1)$; $Q(5|3)$; $b=1$; $y=g(x)=0{,}4x$
   b) $P(0|3{,}5)$; $Q(2|2{,}5)$; $b=3{,}5$; $y=g(x)=-\frac{1}{2}x$
   c) $P\left(0\middle|-\frac{4}{5}\right)$; $Q\left(1\middle|\frac{1}{5}\right)$; $b=-\frac{4}{5}$; $y=g(x)=x$
   d) $P(0|-2{,}5)$; $Q(4|-5{,}5)$; $b=-\frac{5}{2}$; $y=g(x)=-\frac{3}{4}x$

165

10. a) $g(x)$ ist eine proportionale Funktion; Gerade durch $O(0|0)$ und $P(2|1)$. Die Graphen zu f und h sind dazu parallele Geraden, die in Richtung der y-Achse um 4 Einheiten nach oben bzw. um 2 Einheiten nach unten verschoben sind.
    b) $h(x)$ ist eine proportionale Funktion; Gerade durch $O(0|0)$ und $P(2|-3)$. Die Graphen zu f und g sind dazu parallele Geraden, die in Richtung der y-Achse um 5 Einheiten nach oben bzw. um 4 Einheiten nach unten verschoben wurden.

11. $y=5$ ist falsch. Die Funktionsgleichung zur gezeichneten Geraden ist $y=5x$.
    Der Graph zu $y=5$ wäre eine zur x-Achse parallele Gerade.
    $y=2x$ ist falsch. Die Funktionsgleichung zur gezeichneten Geraden ist $y=\frac{1}{2}x$.
    Der Graph zu $y=2x$ wäre eine Gerade durch die Punkte $O(0|0)$ und $P(1|2)$.
    $y=-3-\frac{3}{2}x$ ist falsch. Die Funktionsgleichung zur gezeichneten Geraden ist $y=-3x-\frac{3}{2}$.
    $y=-2x+3$ ist falsch. Die Funktionsgleichung zur gezeichneten Geraden ist $y=2x+3$.
    Der Graph zu $y=-2x+3$ wäre eine Gerade durch die Punkte $P(0|3)$ und $Q(1|1)$.
    Der Graph zu $y=-3-\frac{3}{2}x$ wäre eine Gerade durch die Punkte $P(0|-3)$ und $Q(2|-6)$.
    $y=-\frac{1}{3}x+2$ ist falsch. Die Funktionsgleichung zur gezeichneten Geraden ist $y=-\frac{1}{2}x+2$.
    Der Graph zu $y=-\frac{1}{3}x+2$ wäre eine Gerade durch die Punkte $P(0|2)$ und $Q(3|1)$.

165

12. a)

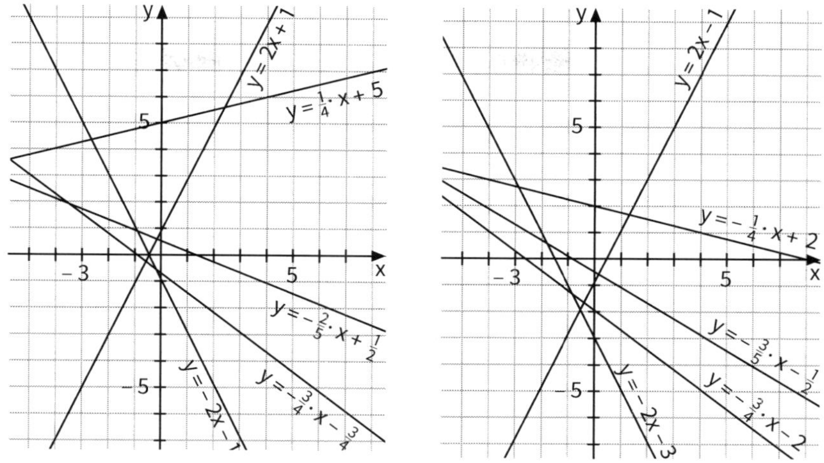

b)

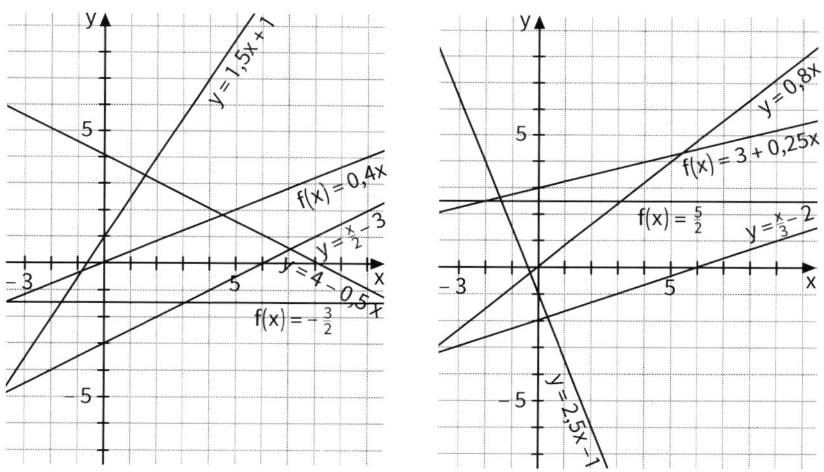

13. a) $g_1(x) = 2x - 1$

$g_2(x) = x - 1$

$g_3(x) = \frac{x}{2} - 1$

$g_4(x) = -1$

$g_5(x) = -x - 1$

y-Achsenabschnitt $c = -1$

b) $g_1(x) = -\frac{x}{2} - 2$

$g_2(x) = -\frac{x}{2} - 1{,}5$

$g_3(x) = -\frac{x}{2}$

$g_4(x) = -\frac{x}{2} + 1$

$g_5(x) = -\frac{x}{2} + 2$

Steigung $m = -\frac{1}{2}$

14. –

15. a) $g_1(x) = -x + 2$

$g_2(x) = -2x + 1$

$g_3(x) = -\frac{x}{4} - 0{,}5$

b) $g_1(x) = x - 1{,}5$

$g_2(x) = \frac{x}{6} + 2$

$g_3(x) = 3x + 1{,}5$

c) $g_1(x) = -x$

$g_2(x) = x$

$g_3(x) = 1{,}5$

166

16. a) Der Funktionswert ändert sich nicht, wenn man x um 1 erhöht.
Steigung $m = 0$; y-Achsenabschnitt $b = 4$
Funktionsgleichung: $y = 4$

b) Der Funktionswert ändert sich nicht, wenn man x um 1 erhöht.
Steigung $m = 0$; y-Achsenabschnitt $b = -1$
Funktionsgleichung: $y = -1$

c) Der Funktionswert ändert sich nicht, wenn man x um 1 erhöht.
Steigung $m = 0$; y-Achsenabschnitt $b = 3$
Funktionsgleichung: $y = 3$

d) Der Funktionswert ändert sich nicht, wenn man x um 1 erhöht.
Steigung $m = 0$; y-Achsenabschnitt $b = -3$
Funktionsgleichung: $y = -3$

e) Der Funktionswert ändert sich nicht, wenn man x um 1 erhöht.
Steigung $m = 0$; y-Achsenabschnitt $b = 0$
Funktionsgleichung: $y = 0$

f) Der Funktionswert wird um 1 erhöht, wenn x um 1 erhöht wird.
Steigung $m = 1$; y-Achsenabschnitt $b = 0$
Funktionsgleichung: $y = x$

17. a) P_1 liegt auf dem Graphen.
b) P_3 und P_4 liegen auf dem Graphen.
c) P_1, P_3 und P_4 liegen auf dem Graphen.
d) Keiner der Punkte liegt auf dem Graphen.

18. (1) $y = mx,\ m > 0$
(2) $y = mx + b,\ m > 0,\ b > 0$
(3) (a) durch 1. und 3. Quadranten: $y = mx,\ m > 0$
(b) durch 2. und 4. Quadranten: $y = mx,\ m < 0$
(c) durch 1. und 2. Quadranten: $y = b,\ b > 0$
(d) durch 3. und 4. Quadranten: $y = b,\ b < 0$
(e) durch 1. und 4. Quadranten: $x = c,\ c > 0$
(f) durch 2. und 3. Quadranten: $x = c,\ c < 0$

19. Die Gerade ist parallel zur x-Achse für $m = 0$.
Sie steigt (von links nach rechts) für $m > 0$ und fällt (von links nach rechts) für $m < 0$. Die Gerade schneidet die y-Achse im Punkt $S(0\,|\,b)$.

20. a) Bei Ben und Tim ist die Einteilung der Achsen jeweils auf beiden Achsen gleich: von –10 bis 10 (bzw. von –20 bis 20). Die Geraden verlaufen vom Bild her identisch.
Mia hat auf der y-Achse eine größere Einteilung gewählt. Die Gerade verläuft daher vom Bild her flacher. Eva hat auf der x-Achse eine größere Einteilung gewählt. Die Gerade verläuft daher vom Bild her steiler.

166

20. b) (1)

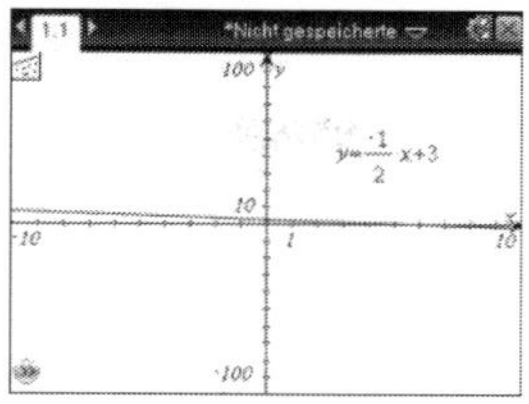

(2)

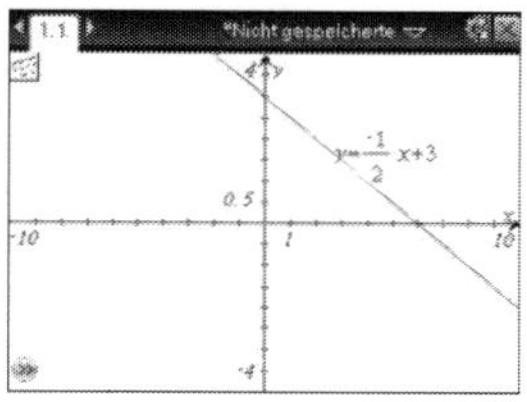

(3)

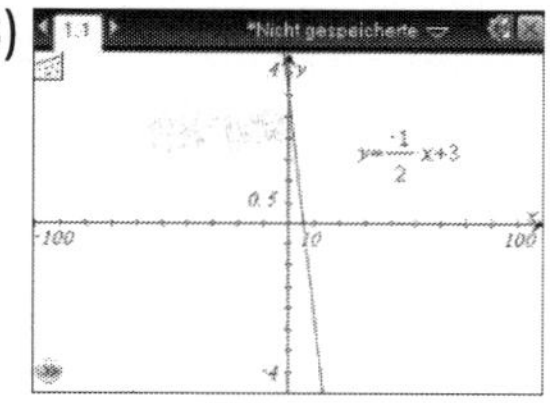

167

21. x: Zeit (in min);
y: Anzahl der Besucher im Stadion
$y = 45\,000 - 6 \cdot 200 \cdot x = -1\,200x + 45\,000$
Nach $45\,000 : 1\,200 = 37{,}5$ Minuten haben alle Besucher das Stadion verlassen.

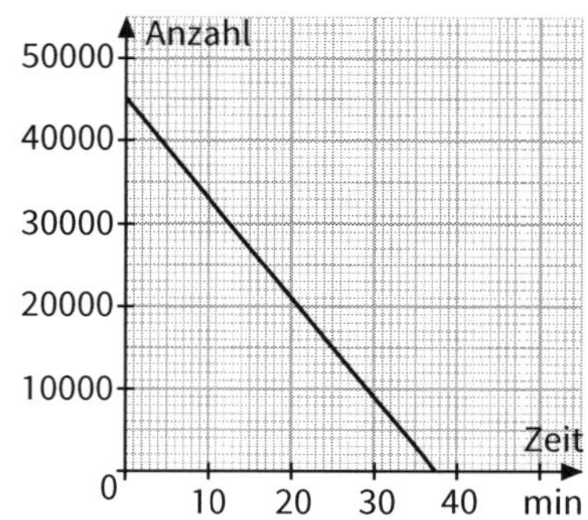

22. $\gamma = 180 - 2\alpha$ für $0 < \alpha < 90$; α und γ in °
Der Graph geht von $(0\,|\,180)$ bis $(90\,|\,0)$, wobei die Schnittpunkte mit den Achsen nicht dazu gehören.

23. $\alpha = 90 - \beta$ für $0 < \beta < 90$; α und β in °.
Der Graph geht von $(0\,|\,90)$ bis $(90\,|\,0)$, wobei die Schnittpunkte mit den Achsen nicht dazu gehören.

24. a) x: Zeit (in h); y: Wasserhöhe (in m)
$y = 2{,}5 - 0{,}4x$ mit $x \geq 0$
Der Graph geht von $(0\,|\,2{,}5)$ bis $\left(6\frac{1}{4}\,\middle|\,0\right)$

b) Nach $6\frac{1}{4}$ h, also nach 6 h 15 min ist das Becken leer.

c) Insgesamt fasst das Becken $6\,m^3 \cdot 6\frac{1}{4} = 37{,}5\,m^3$ Wasser.
Die Grundfläche ist also $15\,m^2$ groß.

167

25. a) $m_1 \neq m_2$. Die Geraden schneiden sich im Punkt $P(-2|-5)$.
b) $y = -x + 1$ und $y = -x - 1$, also $m_1 = m_2$.
Die Geraden sind parallel zueinander.
c) $y = -\frac{x}{3} + 2$ und $y = -\frac{x}{3} + 2$, also $m_1 = m_2$.
Die Geraden sind parallel zueinander; sie sind sogar identisch, da auch $b_1 = b_2$.
d) $y = \frac{2}{3}x - 2$ und $y = \frac{3}{2}x - 3$, also $m_1 \neq m_2$.
Die Geraden schneiden sich im Punkt $P(1{,}2|-1{,}2)$.

26. a) Die Geraden schneiden sich, da $m_1 \neq m_2$.
b) $y = -1{,}5x - 2$ und $y = -1{,}5x + 7$;
Die Geraden sind parallel zueinander, da $m_1 = m_2$.
c) $y = x - 19$ und $y = \frac{1}{3}x + 15$; Die Geraden schneiden sich, da $m_1 \neq m_2$.
d) $y = -\frac{2}{3}x + \frac{1}{3}$ und $y = -\frac{2}{3}x + \frac{1}{3}$;
Die Geraden sind parallel zueinander, da $m_1 = m_2$.
Sie sind sogar identisch, da auch $b_1 = b_2$.

27. *Beispiele:*
a) $y = 3x + 2$ b) $y = -3x - 6$ c) $y = -x + 2$, Schnittpunkt $S(2|0)$

4.4 Nullstellen linearer Funktionen – Lösen linearer Gleichungen

170

1. a) $y = -6x + 80$
b) $0 = -6x + 80$
$x = 13\frac{1}{3}\,s \approx 13{,}3\,s$
Es dauert etwa 13,3 s bis zum Erdgeschoss.
c) $-9 = -6x + 80$
$x = 14\frac{5}{6}\,s \approx 14{,}8\,s$
Es dauert etwa 14,8 s bis zum 3. Untergeschoss.

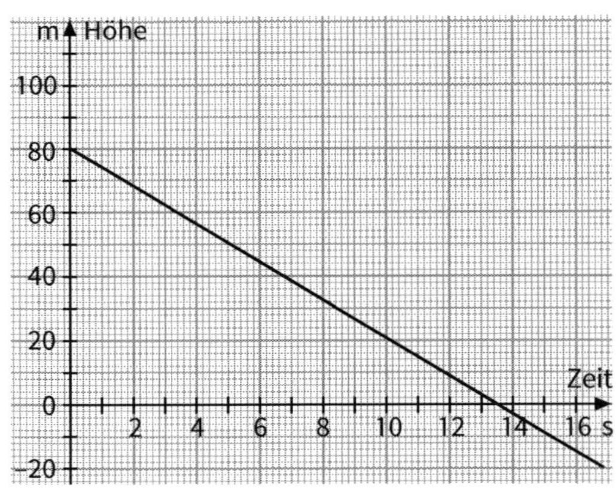

171

2. a) $x_0 = 2{,}5$

b) $x_0 = \frac{7}{4} = 1\frac{3}{4} = 1{,}75$

c) $x_0 = -6$

d) $x_0 = -\frac{8}{3} = -2\frac{2}{3}$
$\approx -2{,}7$

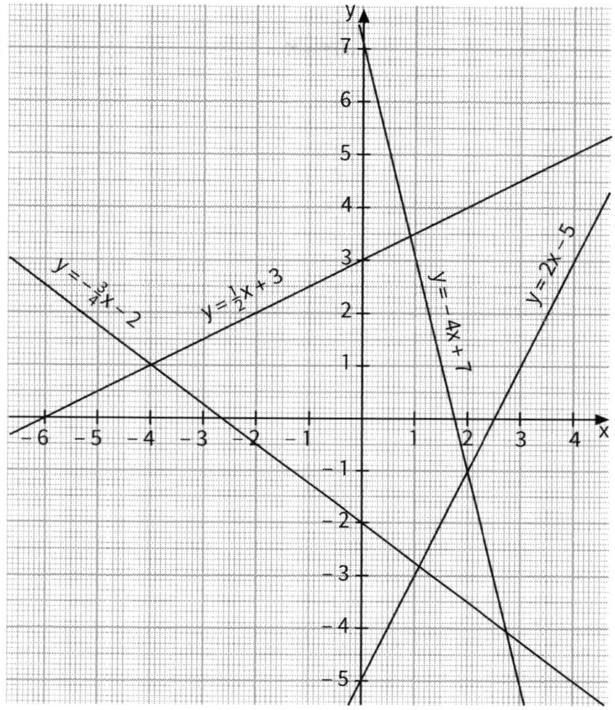

3. a) $x_0 = \frac{7}{3} = 2\frac{1}{3} \approx 2{,}3$

b) $x_0 = \frac{9}{2} = 4\frac{1}{2} = 4{,}5$

c) $x_0 = -50$

d) $x_0 = -7{,}5$

e) $x_0 = \frac{35}{3} = 11\frac{2}{3} \approx 11{,}7$

f) $x_0 = \frac{15}{4} = 3\frac{3}{4} = 3{,}75$

g) $x_0 = 0$

h) keine Nullstelle

4. a) Funktionsgleichung: $y = -1{,}5x + 200$

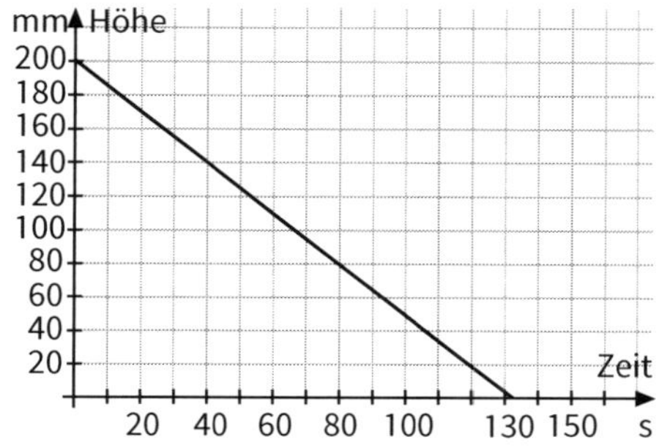

b) $133\frac{1}{3}$ s nach Beginn des Sinkfluges.

c) Nach $126\frac{2}{3}$ s nach Beginn des Sinkfluges.

d) Funktionsgleichung: $y = -2x + 200$; Nullstelle: $x_0 = 100$
Der Ballon landet dann $33\frac{1}{2}$ s früher.

171

5. a) $x = -\frac{5}{2} = -2\frac{1}{2} = -2{,}5$

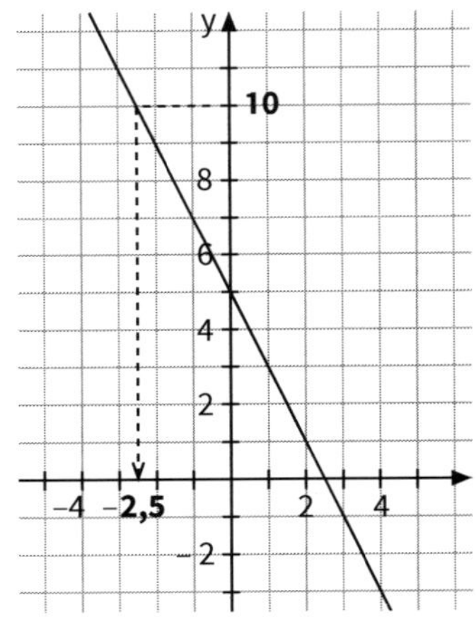

b) $x = \frac{1}{3} \approx 0{,}3$

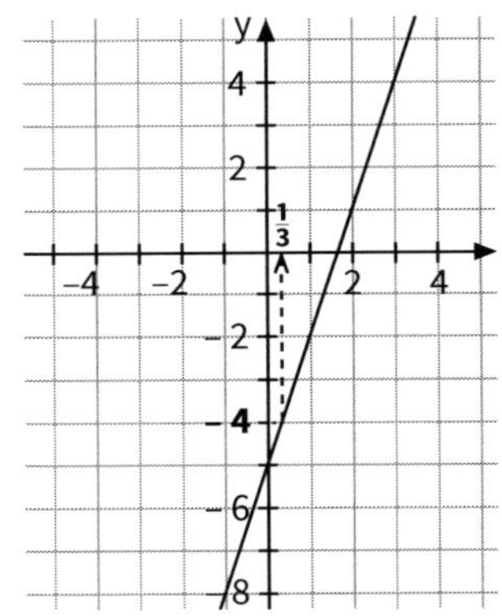

c) $x = 8$

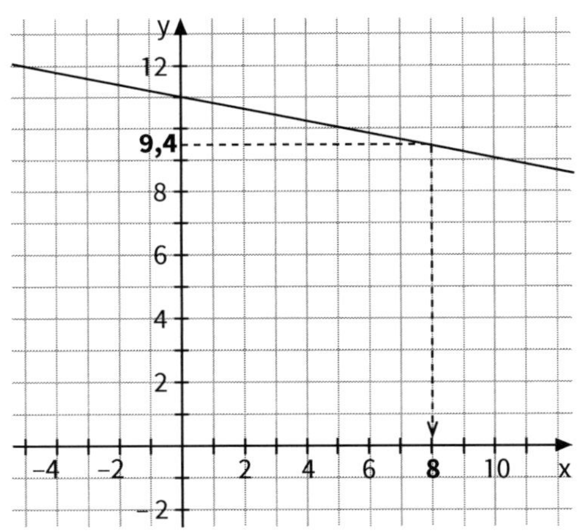

171

5. **d)** $x = 6\frac{2}{3} \approx 6{,}7$

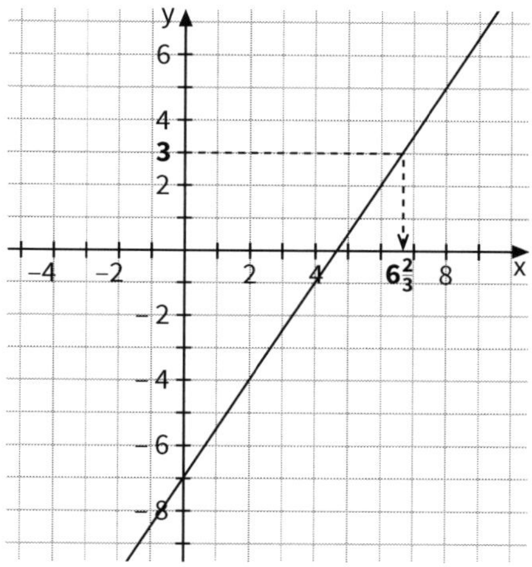

e) $x = 5$

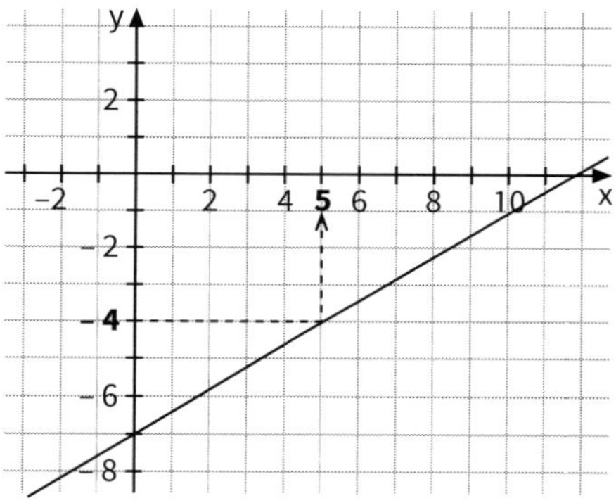

f) $x = \frac{9}{2} = 4\frac{1}{2} = 4{,}5$

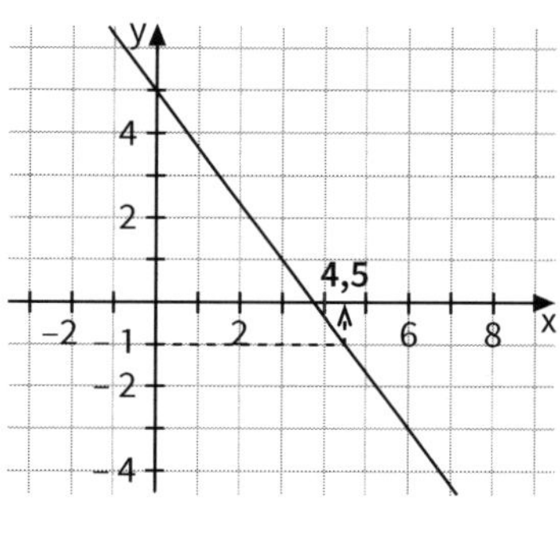

171 6. a)

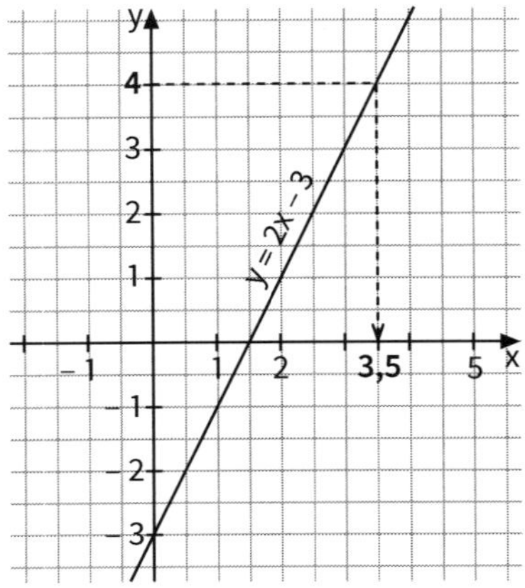
y
x
y = 2x − 3
4
3
2
1
−1
−2
−3
−1
1
2
3,5
5

b)

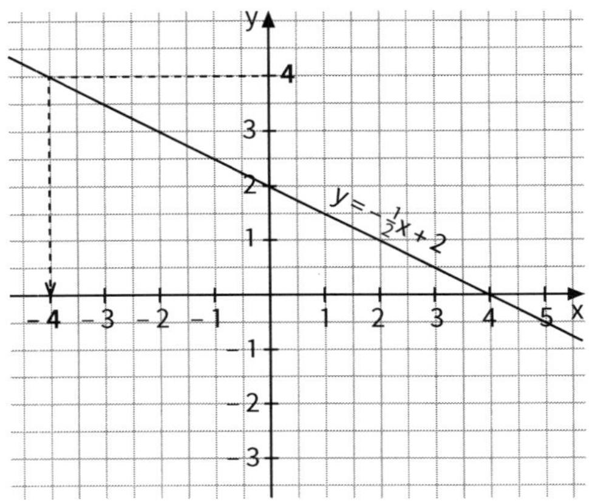
y
x
$y = -\frac{1}{2}x + 2$
4
3
2
1
−1
−2
−3
−4
−3
−2
−1
1
2
3
4
5

c)

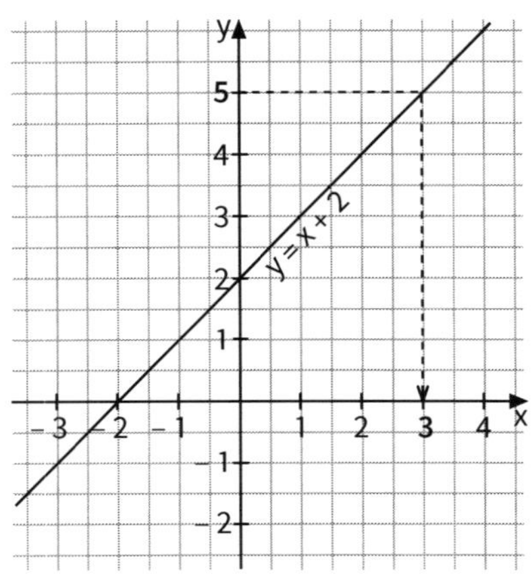
y
x
y = x + 2
5
4
3
2
1
−1
−2
−3
−2
−1
1
2
3
4

171

6. **d)**

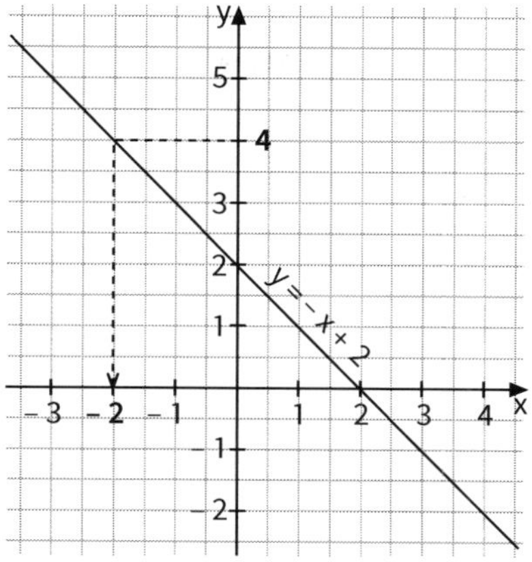

7. Niklas hat den Schnittpunkt mit der y-Achse berechnet.
Lara hat die Nullstelle richtig berechnet.

8. **a)** $x = 15$ **b)** $x = -19{,}375$ **c)** $x = 100$ **d)** $x = -67{,}5$

9. **a)** Der Tank ist leer.
b) Die Kerze ist vollständig abgebrannt.
c) Ankunft bei der Anlegestelle.
d) Prepaid-Karte weist kein Guthaben mehr auf. Die Karte ist leer.

10. Z. B. $f(x) = x - 4$ $g(x) = -\frac{1}{2}x + 2$ $h(x) = 5x - 20$

11. Achsenabschnitt: $y_0 = 5{,}5$
Nullstelle: $x_0 = 11$
Funktionsgleichung: $y = -0{,}5x + 5{,}5$

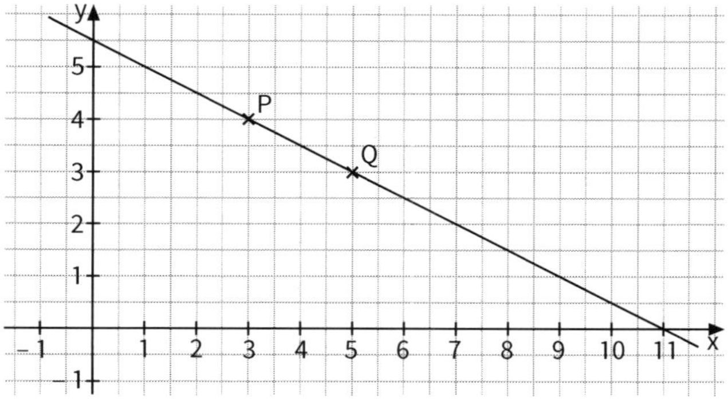

Auf den Punkt gebracht: Dokumentieren von Rechenergebnissen

172 1. Sarah hat ihre Lösung ausführlich aufgeschrieben. Die Lösung ist ohne weitere Erklärungen gut lesbar und verständlich.
Mia hat nur einige der wichtigsten Punkte ihrer Lösung aufgeschrieben.
Man kann nicht erkennen, wie sie auf die Gleichung bzw. zu dem Ergebnis gekommen ist. Auch die Aufgabenstellung mit den für die Lösung wichtigen Angaben fehlt.

173 2. a) Aus der Angabe „100 g Gummitierchen kosten 0,98 €" kann man berechnen, dass 1 g Gummitierchen $\frac{0{,}98}{100}$ € = 0,0098 € kosten.
Da die Zuordnung *Menge der gekauften Gummitierchen (in g) → Preis (in €)* proportional ist, erhält man die Funktionsgleichung $y = \frac{0{,}98}{100}x = 0{,}0098\,x$.
Am Graphen kann man mithilfe der Trace-Funktion ablesen, dass Sabine 158 Gummitierchen für 1,55 € kaufen kann.

b) Marius hat die Anzahl der Gummitierchen mit zwei Stellen nach dem Komma angegeben. Da es nur ganze Gummitierchen gibt, ist das nicht sinnvoll.
Den Preis hat er auf vier Stellen nach dem Komma angegeben. Für weitere Rechnungen kann das sinnvoll sein, aber nicht, wenn man den Preis (in €) ablesen möchte. Dazu benötigt man nur zwei Stellen nach dem Komma.
Bei dem Graphen fehlt an der x-Achse die Angabe, dass die Menge in g angegeben ist.
Pascal hat im Text zum Graphen zwar angegeben, wie er mit dem Rechner vorgegangen ist, es fehlen aber die Pfeilspitzen an den Achsen und die Bezeichnungen an den Achsen.

4.5 Geraden durch Punkte

4.5.1 Geraden durch zwei Punkte

174 **Einstieg:**

Wir zeichnen für die Zuordnung *Höhe über den Nordpol (in km) → Lufttemperatur in der Troposphäre (in °C)* die Punkte $P_1(11\,|-65)$ und $P_2(8\,|-50)$ sowie die Gerade durch P_1 und P_2.

Die Gerade hat die Steigung $m = \frac{-15}{3} = -5$.

Wir erkennen, dass die Gerade die y-Achse im Punkt $S(0\,|-10)$ schneidet. Der y-Achsenabschnitt ist also -10. Wir erhalten so die Funktionsgleichung $y = -5x - 10$. Die Punktprobe zeigt, dass die Punkte P_1 und P_2 auf dieser Geraden liegen, und bestätigt unsere gefundene Funktionsgleichung.

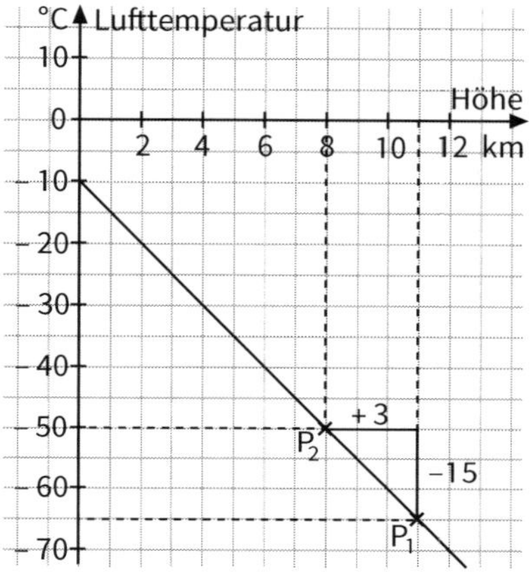

176 **2.** a) $y = -2 \cdot x - 7$ b) $y = \frac{2}{5} \cdot x + \frac{4}{5}$ c) $y = -\frac{2}{3} \cdot x - \frac{5}{3}$ d) $y = 3 \cdot x + 5$

3. a) $y = \frac{7}{8} \cdot x - \frac{13}{4}$ b) $0 \cdot x + 3$, also $y = 3$ c) $y = 1{,}5 \cdot x + 1$ d) $y = -\frac{1}{2}x + 1$

4. a) Der zweite Wert ist falsch.
b) Funktionsgleichung:
$y = 2{,}5 \cdot x + 18{,}6$
Zweiter Wert:
$f(102{,}4) = 274{,}6$

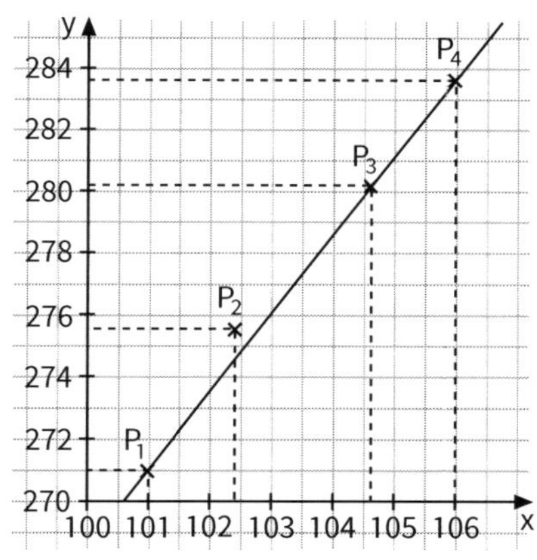

176 5. a)

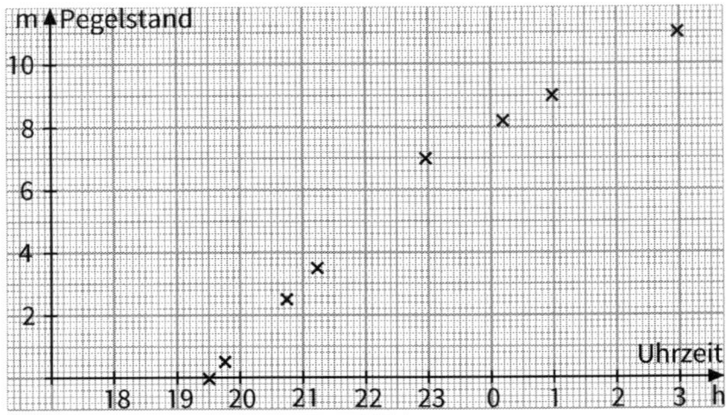

b) Die Form des Wasserbeckens legt nahe, dass das Wasser von 0 m bis 7 m Höhe gleichmäßig steigt. Dieser Wasserstand ist um 23.00 Uhr erreicht. Nach 23.00 Uhr steigt das Wasser auch wieder gleichmäßig, nun aber langsamer, da das Becken im oberen Teil eine wesentlich größere Grundfläche besitzt. Im unteren Teil steigt das Wasser pro Stunde um 2 m an. Um 22.00 Uhr beträgt der Pegelstand also 5 m.
Im oberen Teil steigt das Wasser pro Stunde um 1 m an. Um 2.00 Uhr beträgt der Pegelstand also 10 m.

c) Die Pegelstände von 19.30 Uhr bis 23.00 Uhr liegen auf einer Geraden und die Pegelstände von 23.00 Uhr bis 3.00 Uhr liegen auf einer Geraden.
Bei den Werten ab 0.00 Uhr muss man immer 24 addieren, also 24.00 Uhr statt 0 Uhr, 25.00 Uhr statt 1.00 Uhr, usw.
Für die Uhrzeit x und die Pegelstände y (in m) erhält man:
Funktionsgleichung für die Zeit von 19.30 Uhr bis 23.00 Uhr: $y = 2x - 39$
Funktionsgleichung für die Zeit von 23.00 Uhr bis 3.00 Uhr: $y = x - 16$

4.5.2 Geraden durch Punktwolken

Einstieg:

Man zeichnet nach Augenmaß eine Gerade ein und bestimmt dann die Funktionsgleichung. Mit dem Rechner erhält man: $y = 7{,}91x - 35{,}35$

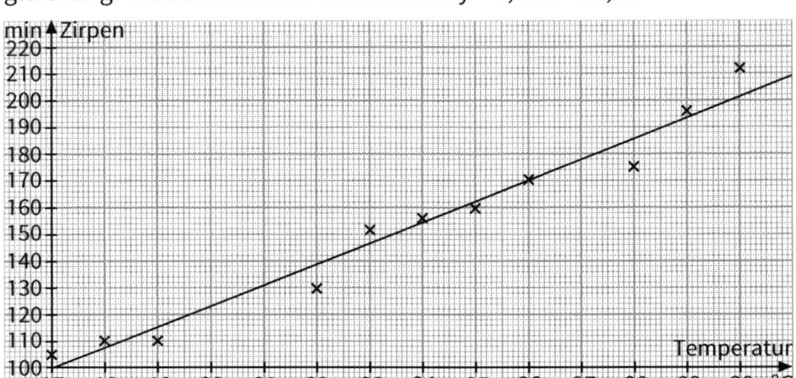

178

2. a) Die Punkte liegen etwa auf einer Geraden. Mit dem Rechner erhält man für die Ausgleichsgerade folgende Funktionsgleichung: $y = 0{,}174\,x + 44{,}6$

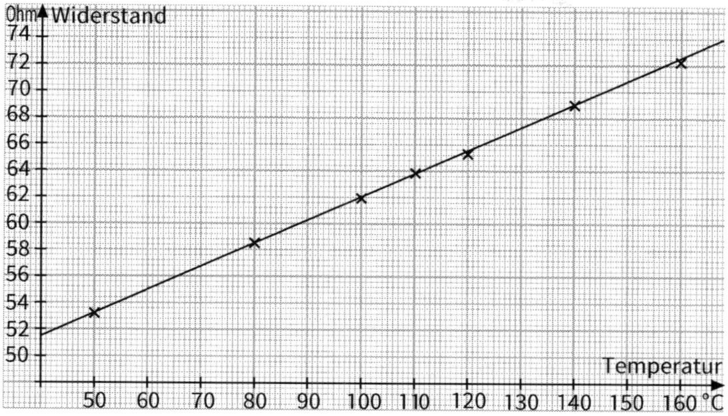

b) Widerstand bei 25 °C: 49 Ohm

3. a) Männer: $y \approx -0{,}0096978\,x + 29{,}2384615$
   Frauen: $y \approx -0{,}0178462\,x + 46{,}3325934$
   b) Wenn man den Schnittpunkt der beiden Geraden berechnet, kann man daraus folgern, dass Männer und Frauen etwa im Jahr 2100 gleich schnell sind. Man setzt dabei voraus, dass sich die Laufzeiten weiter so verändern

4. Für die Zuordnung *Anzahl der Stunden → Punkte* erhält man für die Ausgleichsgerade ungefähr die Funktionsgleichung $y = 4\,x + 61$.

5. a) Man erhält für die Ausgleichsgerade ungefähr die Funktionsgleichung $y = 0{,}36\,x$.
   b) –

6. Für die Zuordnung *Alter der Frauen → Alter der Männer* erhält man die Ausgleichsgerade mit (ungefähr) der Funktionsgleichung $y = x + 2{,}4$. Die Männer sind gut zwei Jahre älter als die Frauen.

Das kann ich noch!

A) 1) 20 % von 400 € sind 80 €.
   2) 15 % von 80 kg sind 12 kg.
   3) 18 m sind 75 % von 24 m.
   4) 150 l sind 30 % von 500 l.
   5) 40 g von 160 g sind 25 %.
   6) 25 $ von 500 $ sind 5 %.

Im Blickpunkt: Regressionsgeraden durch Punktwolken

179

1. a) –

b) Die gezeichnete Gerade ist ein Beispiel, bei dem man davon ausgeht, dass der Sohn eines 1,50 m großen Vaters 1,55 m groß ist und der Sohn eines 2,00 m großen Vaters 1,95 m groß ist. Die Funktionsgleichung ist $y = 0{,}8x + 35$.

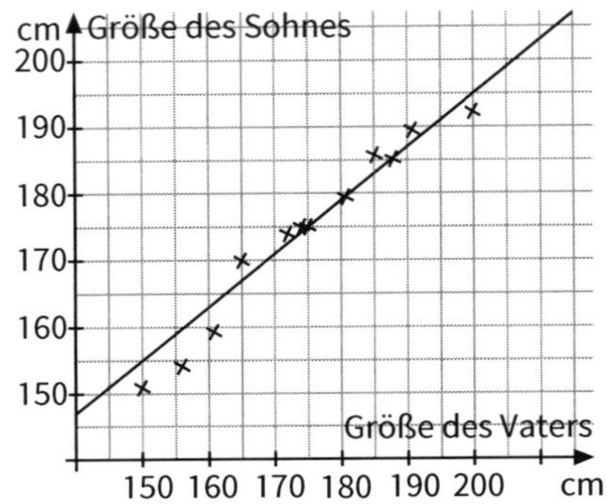

c) Der Sohn wird etwa so groß wie sein Vater sein, nämlich 1,71 m.

d) Die berechnete lineare Funktion, hat eine etwas größere Steigung und einen kleineren y-Achsenabschnitt als die als Beispiel in Teilaufgabe b) gewählte lineare Funktion.

180

2. a) Funktionsgleichung:
$y = -2{,}7\overline{3}x + 1{,}0\overline{4}$

b) $-26\,°C$

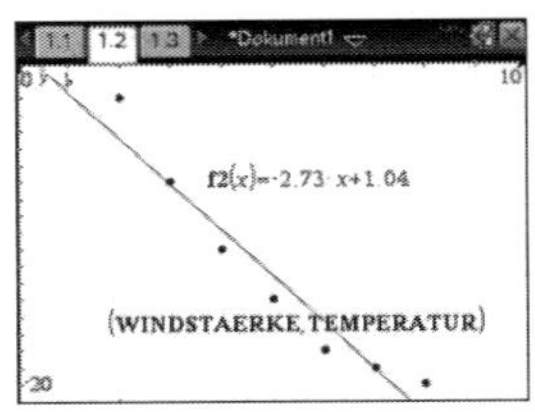

3. Die Werte liegen ungefähr auf einer Geraden mit der Funktionsgleichung $y = 77x + 10{,}2$.

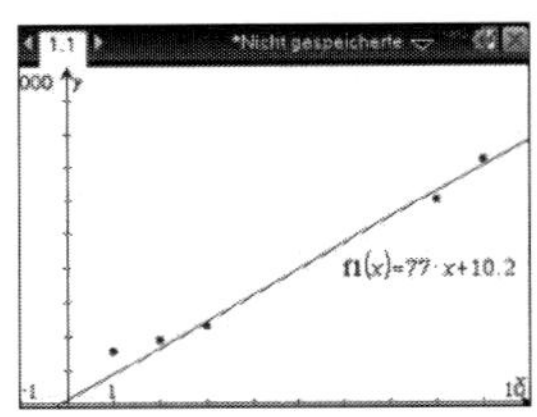

4.6 Vermischte Übungen

181

1. a)

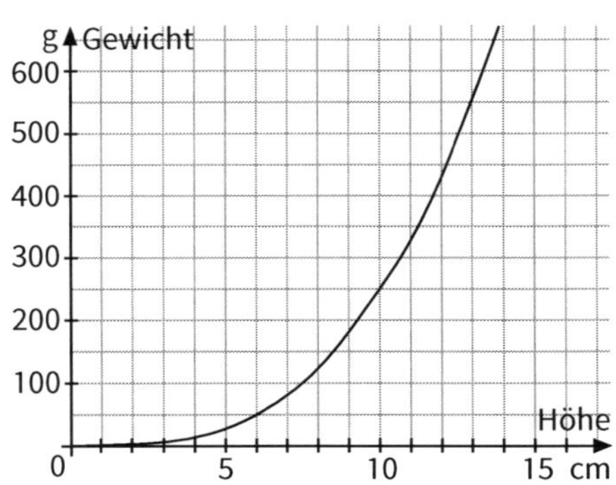

181

1. b)

Gewicht (in g)	50	100	200	500
Höhe (in cm)	5,8	7,4	9,3	12,6

c) $y = \frac{1}{4}x^3$ passt am besten.

d) $843{,}75\,g \approx 840\,g$

2. a) $f(10) = 60$; $f(-10) = -60$; $f(0) = 0$; $f(1) = 6$; $f(-0{,}5) = -3$; $f\left(\frac{1}{3}\right) = 2$;
$f\left(-\frac{2}{5}\right) = -\frac{12}{5} = -2\frac{2}{5} = -2{,}4$

b) $f(10) = -\frac{19}{2} = -9\frac{1}{2} = -9{,}5$; $f(-10) = \frac{21}{2} = 10\frac{1}{2} = 10{,}5$; $f(0) = \frac{1}{2} = 0{,}5$;
$f(1) = -\frac{1}{2} = -0{,}5$; $f(-0{,}5) = 1$; $f\left(\frac{1}{3}\right) = \frac{1}{6}$; $f\left(-\frac{2}{5}\right) = \frac{9}{10} = 0{,}9$

c) $f(10) = \frac{37}{5} = 7\frac{2}{5} = 7{,}4$; $f(-10) = -\frac{38}{5} = -7\frac{3}{5} = -7{,}6$; $f(0) = -\frac{1}{10} = -0{,}1$;
$f(1) = \frac{13}{20} = 0{,}65$; $f(-0{,}5) = -0{,}475$; $f\left(\frac{1}{3}\right) = \frac{3}{20} = 0{,}15$; $f\left(-\frac{2}{5}\right) = -\frac{2}{5} = -0{,}4$

d) $r(10) = -1$; $r(-10) = 3$; $r(0) = 1$; $r(1) = \frac{4}{5} = 0{,}8$; $r(-0{,}5) = 1{,}1$; $r\left(\frac{1}{3}\right) = \frac{14}{15} = 0{,}9\overline{3}$;
$r\left(-\frac{2}{5}\right) = \frac{27}{25} = 1\frac{2}{25} = 1{,}08$

e) Alle Funktionswerte haben den Wert 4,5.

3. a) (1) 3 — (2) $\frac{17}{8} = 2\frac{1}{8} = 2{,}1257$

b) (1) 2 — (2) $\frac{23}{8} = 2\frac{7}{8} = 2{,}875$

c) (1) $-\frac{1}{40} = -0{,}025$ — (2) $-\frac{39}{160} = -0{,}24375$

d) (1) $\frac{12}{5} = 2\frac{2}{5} = 2{,}4$ — (2) $\frac{3}{10} = 0{,}3$

e) (1) 1 — (2) $-\frac{19}{16} = -1\frac{3}{16} = -1{,}1875$

4. a) (1) $m = 1$ — (2) $c = \frac{13}{3} = 4\frac{1}{3} = 4{,}\overline{3}$

b) (1) $m = 3$ — (2) $c = \frac{2}{3} = 0{,}\overline{6}$

c) (1) $m = -6$ — (2) $c = \frac{17}{9} = 1\frac{8}{9} = 1{,}\overline{8}$

d) (1) $m = 0$ — (2) $c = \frac{5}{3} = 2\frac{2}{3} = 2{,}\overline{6}$

5. Eine Parallele zur y-Achse ist kein Funktionsgraph, da zu der Stelle x, an der die Gerade die x-Achse schneidet, unendlich viele Funktionswerte gehören. Zu dieser Geraden gehört also keine lineare Funktion.

181 6. a)

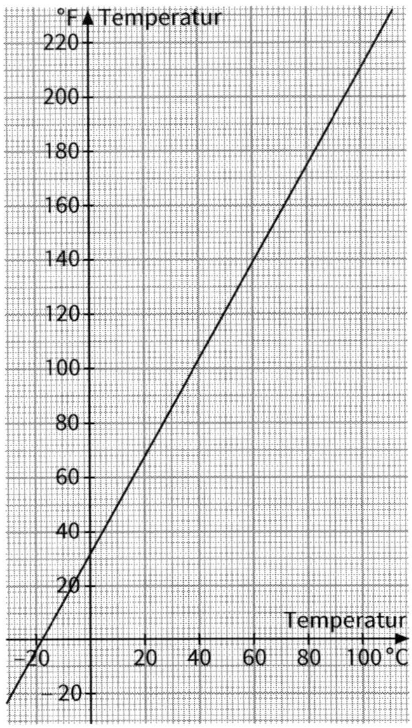

Temperatur (in °C) → Temperatur (in °F): $y = \frac{9}{5}x + 32 = 1{,}8x + 32$

Temperatur (in °F) → Temperatur (in °C): $y = \frac{5}{9}x - \frac{160}{9} = \frac{5}{9}x - 17\frac{7}{9}$

b) −40 °C = −40 °F

c) Man erhält folgende Wertetabelle:

Temperatur (in °F)	Umrechnung mit Formel (in °C)	Umrechnung mit Faustformel (in °C)
−20	−29	−26
−10	−23	−21
0	−18	−16
+10	−12	−11
+20	−7	−6
+30	−1	−1
+40	+4	+4
+50	+10	+9
+60	+16	+14
+70	+21	+19
+80	+27	+24
+90	+32	+29
+100	+38	+34

Für normale Temperaturen ist die Faustformel ganz gut.

182

7. a) Die Punkte liegen nicht auf einer Geraden, also nicht auf dem Graphen einer linearen Funktion.
   b) Die Punkte liegen nicht auf einer Geraden, also nicht auf dem Graphen einer linearen Funktion.
   c) Die Punkte liegen auf dem Graphen der linearen Funktion mit $y = -\frac{2}{3}x + 5$.
   d) Die Punkte liegen auf dem Graphen der linearen Funktion mit $y = \frac{1}{2}x$.

8. Funktionsgleichungen:
   RentaCar:
   $y = 0{,}4\,x$
   Car4you:
   $y = 69$
   EuroCar:
   $y = 0{,}13\,x + 40$
   Germancar:
   $y = 0{,}1\,x + 50$
   Welche Firma am günstigsten ist, hängt von der Länge der Fahrstrecke ab. Bis 148 km ist RentaCar am günstigsten, ab 149 km bis 223 km EuroCar und ab 224 km Car4you. Germancar ist nie der günstigste Anbieter.

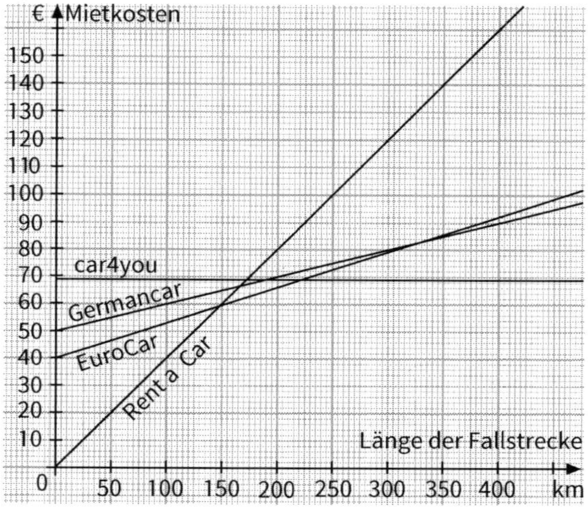

9. *1. Beispiel*
   Sachverhalt: Eine Anfangs 8 cm hohe Kerze wird beim Brennen stündlich 1,5 cm kürzer.
   Zuordnung: Brenndauer (in h) → Länge der Kerze (in cm)
   Wertetabelle:

x	0	1	2	3	4	5
y	8,0	6,5	5	3,5	2	0,5

   Funktionsgleichung: $y = -1{,}5x + 8$ mit $0 \le x \le 8$
   Graph: Strecke von $P(0|8)$ bis $Q\left(5\frac{1}{3}\middle|0\right)$

   2. Beispiel
   Sachverhalt: Ein Taxiunternehmen verlangt einen Grundpreis von 4,00 € und zusätzlich 0,50 € für jeden gefahrenen Kilometer.
   Zuordnung: Gefahrende Strecke (in km) → Kosten (in €)
   Wertetabelle:

x	0	2	4	6	8
y	4	5	6	7	8

   Funktionsgleichung: $y = 0{,}5x + 4$ mit $x > 0$
   Graph: Halbgerade von $P(0|4)$ durch $Q(8|8)$

182 **9.** *3. Beispiel*

Sachverhalt: Das Ergebnis ist das Doppelte der Zahl vermindert um 1.

Zuordnung: Zahl → Doppelte der Zahl vermindert um 1

Wertetabelle:

x	0	1	2	3	4	5
y	−1	1	3	5	7	9

Funktionsgleichung: $y = 2x - 1$

Graph: Gerade durch P(0|−1) und Q(5|9).

4. Beispiel

Sachverhalt: Eine Leiste kostet 2,00 € pro m.

Zuordnung: Länge der Leiste (in m) → Preis (in €)

Wertetabelle:

x	1	2	3	4	5
y	0,5	1	1,5	2	2,5

Funktionsgleichung: $y = 0{,}5x$ mit $x > 0$

Graph: Halbgerade von O(0|0) durch P(4|2).

10. a) **(1)** *Zum Beispiel:* $y = 2$, $y = 4$, $y = 6$ … und $y = 3x + 5$, $y = 3x$, $y = 3x - 5$, $y = 3x - 10$, …

(2) *Zum Beispiel:* $y = 1{,}5x + 5$, $y = 1{,}5x$, $y = 1{,}5x - 5$, $y = 1{,}5x - 10$, … und $y = -\frac{1}{3}x + 10$, $y = -\frac{1}{3}x + 8$, $y = -\frac{1}{3}x + 6$ …

(3) *Zum Beispiel:* $y = \frac{1}{2}x$, $y = x$, $y = 2x$, $y = 3x$, $y = -3x$, $y = -2x$, $y = -x$, $y = -\frac{1}{2}x$

b) –

11. –

Auf den Punkt gebracht: Mathematisches Problemlösen

183

1. Chris hat folgende Funktionsterme aufgestellt und die zugehörigen Geraden gezeichnet.
   Herr Krause: $f(x) = 12x$
   Herr Schmitz, wenn er ihm hinterher fährt: $g(x) = 20x - 5$
   Herr Schmitz, wenn er ihm entgegen fährt: $g(x) = -20x + 17$
   Man kann mit dem GTR nun die Schnittpunkte bestimmen.
   Schnittpunkt der Geraden zu f(x) und g(x): $S_1\left(\frac{5}{8} \middle| \frac{15}{2}\right) = S_1(0{,}625 \mid 7{,}5)$
   Schnittpunkt der Geraden zu f(x) und h(x): $S_2\left(\frac{17}{32} \middle| \frac{51}{8}\right) = S_2(0{,}53125 \mid 6{,}375)$
   Wenn Herr Schmitz Herrn Krause hinterher fährt, benötigt er 0,625 Stunden, das sind 37,5 Minuten. Er erreicht ihn 7,5 km vom Büro entfernt.
   Wenn Herr Schmitz Herrn Krause entgegen fährt, benötigt er 0,53125 Stunden, das sind genau 31,875 Minuten, also knapp 32 Minuten. Er erreicht ihn 6,375 km vom Büro entfernt.

184

2. a) Z. B. Umfang eines Dreiecks; Dreieckskonstruktion (Kongruenzsatz sss) Dreiecksungleichung, …
   b) Wir beschreiben das Finden des Dreiecks ABC mithilfe eines dynamischen Geometrieprogramms.
      (1) Wir konstruieren ein Dreieck AB′C′ mit den Seitenlängen $|AB'| = c + a = 21\,cm$, $|B'C'| = a + b = 18\,cm$ und $|AC'| = c + b = 24\,cm$. Auf der Seite $\overline{AB'}$ wählen wir einen Punkt B.
      (2) Wir zeichnen um A einen Kreis mit dem Radius $|AB|$; den Schnittpunkt mit der Seite $\overline{AC'}$ nennen wir D. Es gilt: $|AB| = |AD|$.
      (3) Wir zeichnen um B′ einen Kreis mit dem Radius $|B'B|$; den Schnittpunkt mit der Seite $\overline{B'C'}$ nennen wir E. Es gilt: $|B'B| = |B'E|$.
      (4) Wir zeichnen um C′ einen Kreis mit dem Radius $|C'D|$; den Schnittpunkt mit der Seite $\overline{B'C'}$ nennen wir F. Es gilt: $|C'D| = |C'F|$.

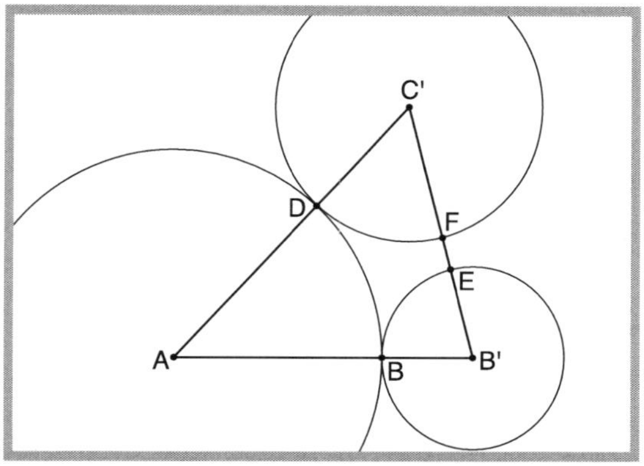

184 2. b) Fortsetzung

Wir möchten nun erreichen, dass $|AB| = c$ und $|BB'| = a$ ist. Dann wäre auch $|AD| = c$ und $|DC'| = b$. Ebenso wäre $|B'E| = a$ und $|C'F| = b$. Da $a + b = |B'C'|$, muss dann $E = F$ sein.

(5) Wir ziehen am Punkt B und lassen ihn auf der Seite $\overline{A'B}$ wandern, bis die Punkte E und F zusammenfallen.

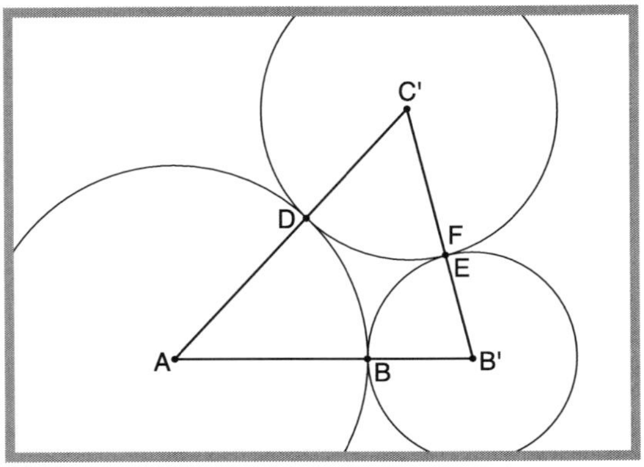

Wir wissen also: $a = |B'B|$, $b = |C'D|$, $a = |B'E|$.

Wir konstruieren nun ein Dreieck ABC mit den Seitenlängen a, b und c.

(6) Wir nehmen die Strecke $\overline{AB}$ als Seite c des Dreiecks und zeichnen um B einen Kreis mit dem Radius $|BB'| = a$. Der dritte Eckpunkt C des gesuchten Dreiecks liegt auf diesem Kreis.

(7) Wir zeichnen um A einen Kreis mit dem Radius $|C'D| = b$. Der dritte Eckpunkt C liegt auch auf diesem Kreis, ist also der Schnittpunkt dieses Kreises mit dem Kreis aus (6).

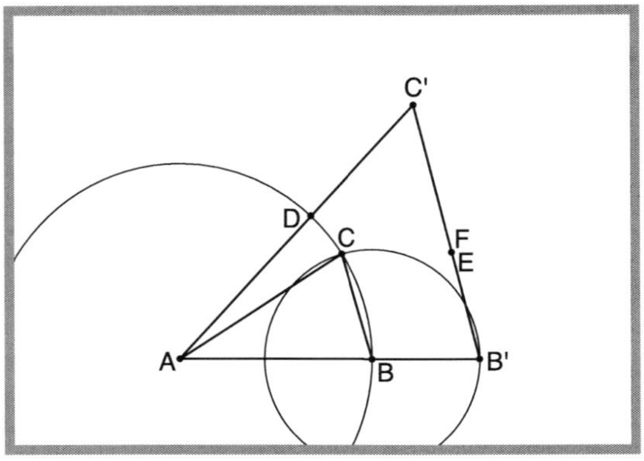

ABC ist das gesuchte Dreieck mit den Seitenlängen a, b und c. Durch Messen erhalten wir:

$a \approx 7{,}5\,\text{cm}$; $b \approx 10{,}5\,\text{cm}$; $c \approx 13{,}5\,\text{cm}$.

184 2. **c)** Wir legen uns eine Tabelle an mit Spalten für a, b, c, $a + b$, $a + c$ und $b + c$ an und prüfen, ob die gegebenen Bedingungen erfüllt sind. Wir gehen dabei systematisch vor (alle Werte in cm).
Für a wählen wir die Werte 1, 2, 3, ….
Für b wählen wir die Werte so, dass die Bedingung $a + b = 18$ immer erfüllt ist, also $b = 18 - a$.
Für c wählen wir die Werte so, dass die Bedingung $c + a = 21$ immer erfüllt ist, also $c = 21 - a$.
in der Spalte für $b + c$ prüfen wir nun jeweils, ob die Bedingung $b + c = 24$ erfüllt ist und ergänzen eine Spalte mit richtig /falsch.
Bis $a = 7$ ist der Wert für $b + c$ größer als 24, für $a = 8$ aber kleiner als 24.
Der richtige Wert für a muss also zwischen 7 und 8 liegen.
Wir versuchen es mit 7,5 und erhalten das richtige Ergebnis.

a (in cm)	b (in cm)	c (in cm)	a + b (in cm)	a + c (in cm)	b + c (in cm)	
1	17	20	18	21	37	falsch
2	16	19	18	21	35	falsch
3	15	18	18	21	33	falsch
4	14	17	18	21	31	falsch
5	13	16	18	21	29	falsch
6	12	15	18	21	27	falsch
7	11	14	18	21	25	falsch
8	10	13	18	21	23	falsch
7,5	10,5	13,5	18	21	24	richtig

$a = 7{,}5\,\text{cm}$, $b = 10{,}5\,\text{cm}$ und $c = 13{,}5\,\text{cm}$.

d) Für den Umfang u gilt: $2(a + b + c) = 2u = 18\,\text{cm} + 24\,\text{cm} + 21\,\text{cm} = 63\,\text{cm}$, also $u = 31{,}5\,\text{cm}$.
Da $a + b = 18\,\text{cm}$, ist $c = u - (a + b) = 13{,}5\,\text{cm}$.
Da $c + a = 21\,\text{cm}$, ist $b = u - (c + a) = 10{,}5\,\text{cm}$.
Da $b + c = 24\,\text{cm}$, ist $a = u - (b + c) = 7{,}5\,\text{cm}$.

Hinweis:
Eine rein algebraische Lösung führt hier sehr schnell zum Ziel (alle Werte in cm):
$a + b = 18$, also $b = 18 - a$
$c + a = 21$, also $c = 21 - a$
Durch einsetzen in die Gleichung $b + c = 24$ erhält man nun:
$b + c = (18 - a) + (21 - a) = 39 - 2a = 24$, also $2a = 15$ und damit $a = 7{,}5$.
Aus den ersten beiden Gleichungen ergibt sich:
$b = 18 - 7{,}5 = 11{,}5$ und $c = 21 - 7{,}5 = 13{,}5$

184

3. Nach dem Passieren eines Tores hat er einen Apfel weniger als die Hälfte aller Äpfel die er vorher hatte. Zählt man also zur Anzahl der Äpfel, die er nach Passieren eines Tores noch hat, einen Apfel hinzu, so hatte er vor Passieren dieses Tores die doppelte Anzahl an Äpfeln. Wir legen eine Tabelle an.

Nach Passieren von	Anzahl der Äpfel	Vor Passieren von	Anzahl der Äpfel
Tor 7	1	Tor 7	$(1+1)\cdot 2=4$
Tor 6	4	Tor 6	$(4+1)\cdot 2=10$
Tor 5	10	Tor 5	$(10+1)\cdot 2=22$
Tor 4	22	Tor 4	$(22+1)\cdot 2=46$
Tor 3	46	Tor 3	$(46+1)\cdot 2=94$
Tor 2	94	Tor 2	$(94+1)\cdot 2=190$
Tor 1	190	Tor 1	$(190+1)\cdot 2=382$

Am Anfang hatte er 382 Äpfel.

4. a) Es sind noch 18 Lakritzbonbons übrig, davon erhält Fabian 12 und Babette 6.

b) Das andere Windrad benötigt 6 Sekunden für eine volle Umdrehung. Das schnelle Rotorblatt legt in 1 Sekunde $\frac{1}{3}$ Umdrehungen, das langsame $\frac{1}{6}$ Umdrehungen zurück. Man kann die Aufgabe z. B. mit einer Tabelle lösen. Zum Zeitpunkt 0 stehen beide nach oben zeigende Rotorblätter übereinander. Wir betrachten nun das nach oben stehende Rotorblatt des schnelleren Windrads und das um $\frac{1}{3}$ Umdrehung nach rechts stehende Rotorblatt des langsameren Windrads.

(1) Beide Rotorblätter drehen sich in dieselbe Richtung. Das schnellere Rotorblatt steht oben und muss das langsamere Rotorblatt, das um $\frac{1}{3}$ nach rechts gedrehte Rotorblatt „einholen".

Zeit (in s)	Umdrehung des schnelleren Rotorblatts vom oberen Stand	Umdrehung des langsameren Rotorblatts vom oberen Stand	Rechnung	Ergebnis
0	0	$\frac{1}{3}$	$0<\frac{1}{3}$	zu klein
1	$\frac{1}{3}$	$\frac{1}{3}+\frac{1}{6}=\frac{1}{2}$	$\frac{1}{3}<\frac{1}{2}$	zu klein
2	$\frac{2}{3}$	$\frac{1}{3}+\frac{2}{6}=\frac{2}{3}$	$\frac{2}{3}=\frac{2}{3}$	richtig

Nach 2 Sekunden sind die Rotorblätter wieder übereinander, also dann auch alle drei Rotorblätter.

184 **4. b)** Fortsetzung

(2) Beide Rotorblätter drehen sich gegenläufig (kommt eigentlich in der Wirklichkeit nicht vor). Die Rotorblätter stehen also im ersten Drittel übereinander. Die Summe beider Umdrehungen muss $\frac{1}{3}$ sein. Wir probieren mithilfe einer Tabelle.

Zeit (in s)	Umdrehung des schnelleren Rotorblatts	Umdrehung des langsameren Rotorblatts	Rechnung	Ergebnis
1	$\frac{1}{3}$	$\frac{1}{6}$	$\frac{1}{3}+\frac{1}{6}=\frac{1}{2}>\frac{1}{3}$	zu groß
$\frac{1}{2}$	$\frac{1}{6}$	$\frac{1}{12}$	$\frac{1}{6}+\frac{1}{12}=\frac{1}{3}<\frac{1}{3}$	zu klein
$\frac{3}{4}$	$\frac{1}{4}$	$\frac{1}{8}$	$\frac{1}{4}+\frac{1}{8}=\frac{3}{8}>\frac{1}{3}$	zu groß
$\frac{2}{3}$	$\frac{2}{9}$	$\frac{1}{9}$	$\frac{2}{9}+\frac{1}{9}=\frac{1}{3}=\frac{1}{3}$	richtig

Nach $\frac{2}{3}$ Sekunden sind die beiden Rotorblätter übereinander, also sind auch alle drei Rotorblätter übereinander.

c) Für $n > 1$ erhält man:
Anzahl der Würfel mit drei blauen Seiten: 8
Anzahl der Würfel mit zwei blauen Seiten: $8(n-2) = 12n - 24$
Anzahl der Würfel mit einer blauen Seite: $6(n-2)^2 = 6n^2 - 24n + 24$
Anzahl der Würfel mit keiner blauen Seite: $(n-3)^3 = n^3 - 6n^2 + 12n - 8$
Man erhält folgende Werte für $n = 2$ bis 10:

Anzahl n der kleinen Würfel an einer Kante	Anzahl der Würfel mit				Gesamtanzahl
	3 blauen Seiten	2 blauen Seiten	1 blauen Seite	keiner blauen Seite	
2	8	0	0	0	8
3	8	12	6	1	27
4	8	24	24	8	64
5	8	36	54	27	125
6	8	48	96	64	216
7	8	60	150	125	343
8	8	72	216	216	512
9	8	84	294	343	729
10	8	96	384	512	1 000

4.7 Antiproportionale Funktionen

185

Einstieg:

a) Funktionsgleichung: $y = \frac{18}{x}$

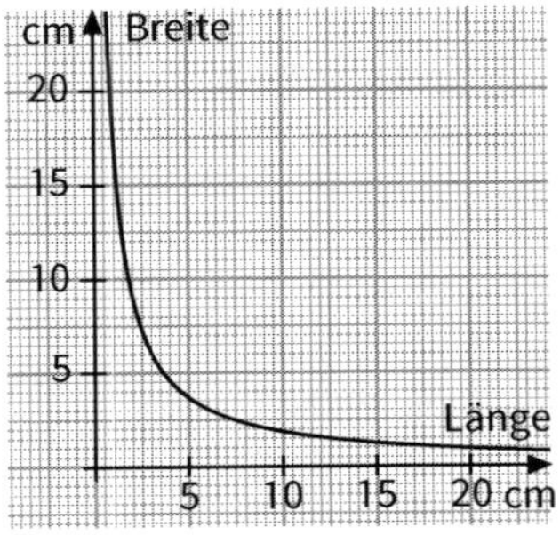

b) Man erhält den zweiten Ast der Parabel, der punktsymmetrisch zum ersten Ast ist. Symmetriepunkt ist der Ursprung O (0 | 0).

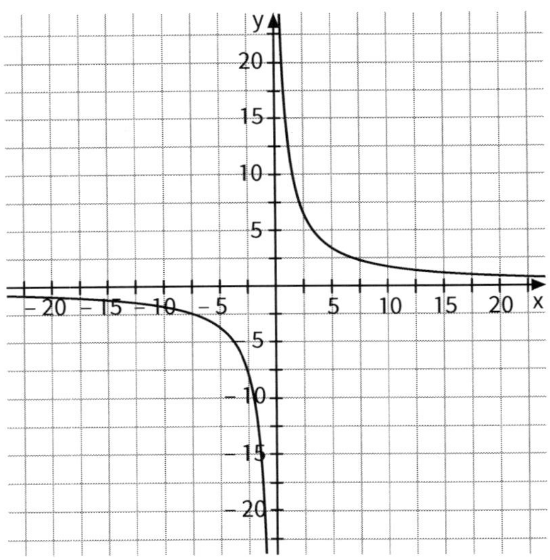

186

2. a)

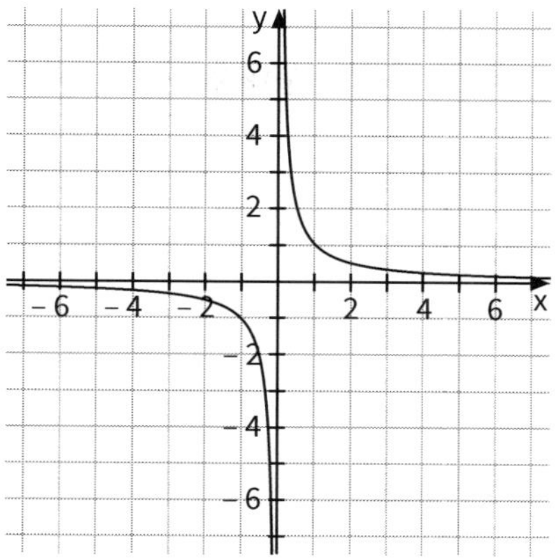

b)

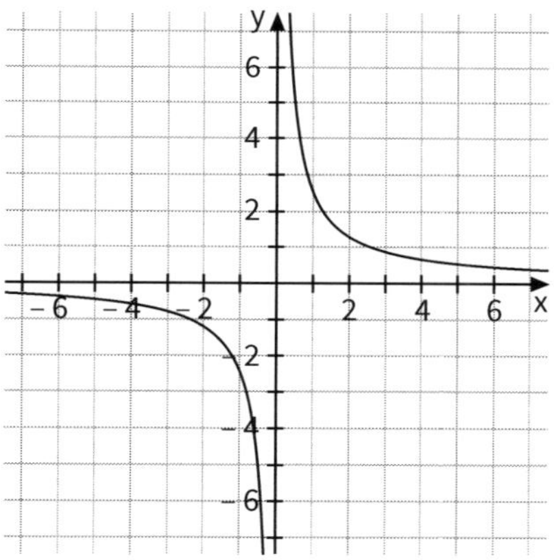

c)

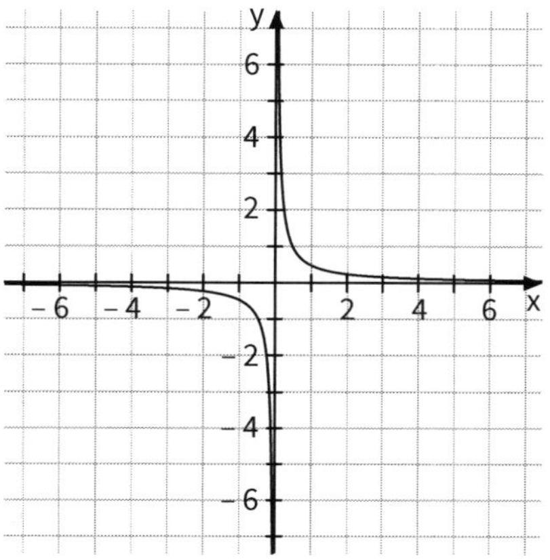

186 2. d)

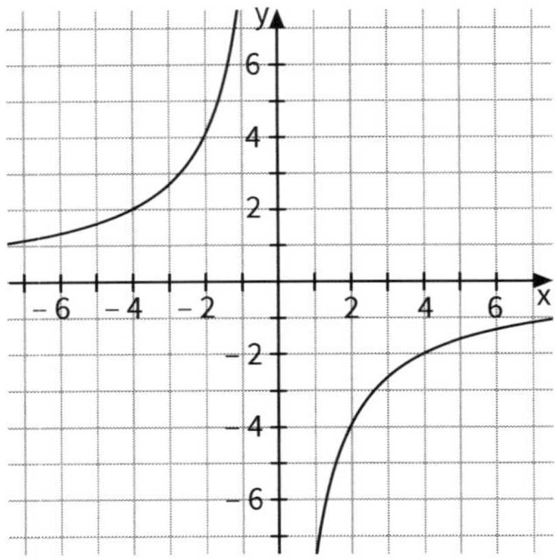

e)

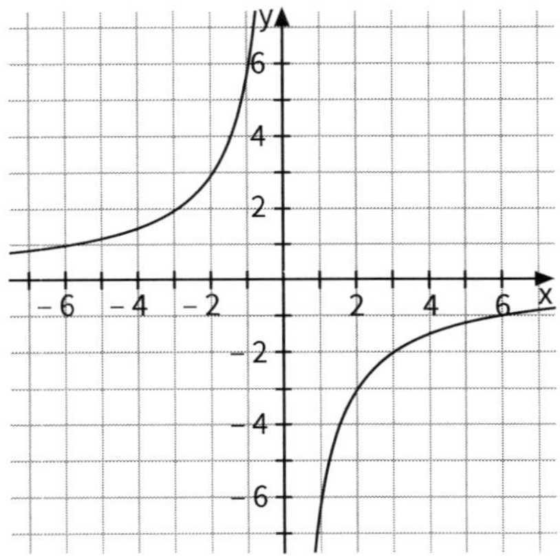

3. a) Wir setzen voraus, dass die Zuordnung *Anzahl der Programmierer → Anzahl der Arbeitstage* antiproportional ist.
Mit dem Dreisatz erhalten wir: 30 Tage; 20 Tage; 18 Tage.

b) Funktionsgleichung: $y = \frac{180}{x}$
$x \cdot y = x \cdot \frac{180}{x} = 180$
Das Produkt hat immer den Wert 180 (Manntage).
Die Funktion ist also antiproportional.

c) 9 Programmierer [15 Programmierer; 18 Programmierer; 45 Programmierer]

4. a) $k = 12$; Funktionswerte: $f(1) = 12$; $f(-1{,}4) = -8\frac{4}{7}$; $f\left(-\frac{1}{2}\right) = -24$

b) $k = 4$; Funktionswerte: $f(1) = 4$, $f(-1{,}4) = -2\frac{6}{7}$; $f\left(-\frac{1}{2}\right) = -8$

c) $k = 5$; Funktionswerte: $f(1) = 5$; $f(-1{,}4) = -3\frac{4}{7}$; $f\left(-\frac{1}{2}\right) = -10$

d) $k = -9$; Funktionswerte: $f(1) = -9$; $f(-1{,}4) = 6\frac{3}{7}$; $f\left(-\frac{1}{2}\right) = 18$

186 5. $y = \frac{2,4}{x}$; $P_2(2,5\,|\,0,96)$; $P_3(-4\,|\,-0,6)$; $P_4(-1\,|\,-2,4)$; $P_5\left(-\frac{5}{12}\,\middle|\,-5,76\right)$

Im Blickpunkt: Energie sparen

187 1. a) *LED-Leuchte*

1 000 Stunden: $12,50\,€ + \frac{4}{1\,000} \cdot 1\,000 \cdot 0,27\,€ = 13,58\,€$

8 000 Stunden: $12,50\,€ + \frac{4}{1\,000} \cdot 8\,000 \cdot 0,27\,€ = 21,14\,€$

16 000 Stunden: $12,50\,€ + \frac{4}{1\,000} \cdot 16\,000 \cdot 0,27\,€ = 29,78\,€$

8-W-Energiesparlampe

1 000 Stunden: $4,30\,€ + \frac{8}{1\,000} \cdot 1\,000 \cdot 0,27\,€ = 6,46\,€$

8 000 Stunden: $4,30\,€ + \frac{8}{1\,000} \cdot 8\,000 \cdot 0,27\,€ = 21,58\,€$

16 000 Stunden: $2 \cdot \left(4,30\,€ + \frac{8}{1\,000} \cdot 8\,000 \cdot 0,27\,€\right) = 43,16\,€$

b)

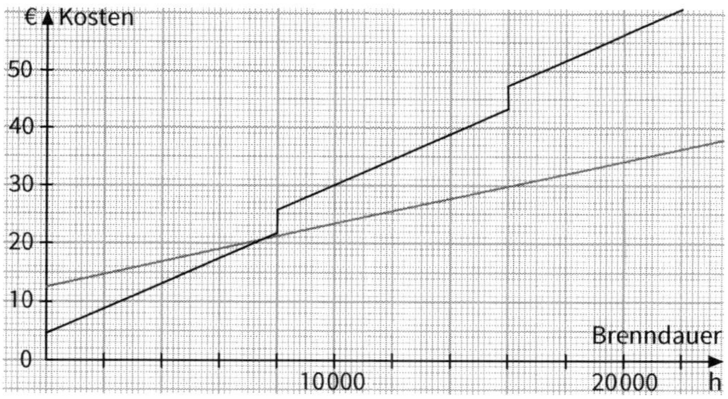

2. 4 Batterien kosten 3,60 €. Sie liefern in den 18 Stunden 7,2 Wh elektrische Energie. Der Akku und das Ladegerät kosten 13 €. In 18 Stunden müssen sie $7,2\,\text{Wh} : 0,9\,\text{Wh} = 8$, also achtmal aufgeladen werden. Die Aufladung kostet $8 \cdot \frac{0,9}{1\,000} \cdot 0,27\,€ = 0,001944\,€$.

Man erhält folgende Tabelle:

Spieldauer (in h)	18	36	72	90
Batteriekosten (in €)	3,60	7,20	10,80	18,00
Batterie: gelieferte Energie (in Wh)	7,2	14,4	21,6	28,8
Akku: Anzahl der Ladungen	8	16	24	32
Kosten der Akkuladungen (in €)	0,001944	0,003888	0,005832	0,007776
Kosten Akku und Ladegerät (in €)	13,00	13,00	13,00	13,00

Bei 72 Stunden Nutzungsdauer ist der Einsatz der Batterien kostengünstiger, bei 90 Stunden aber der Einsatz von Akkus.

3. –

4.8 Aufgaben zur Vertiefung

188

1.

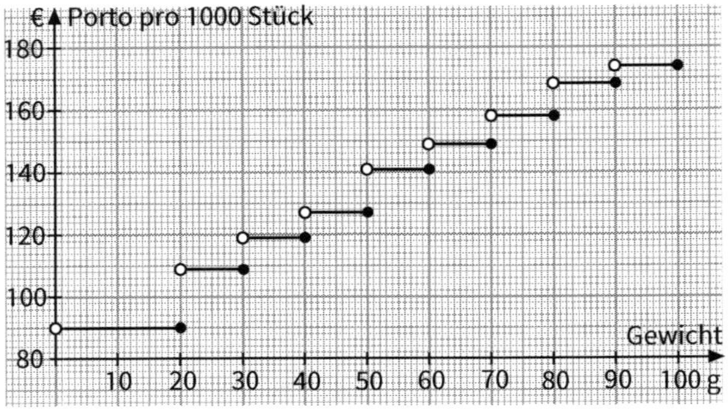

2. a) $29 + (s - 50) \cdot 0{,}2 = 0{,}2\,s + 19$

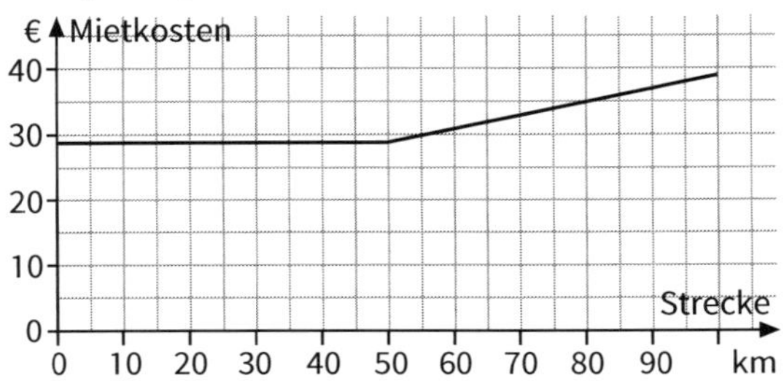

b) Pauschale 29 € am Tag. 50 km frei. Darüber 20 Cent pro km.

3. a) $y = 0{,}87\,x; \quad 0 \le x \le 1\,000$
$y = 0{,}81\,x; \quad 1\,000 < x \le 3\,000$
$y = 0{,}79\,x; \quad 3\,000 < x \le 5\,000$
$y = 0{,}77\,x; \quad 5\,000 < x$

b) 3 000 l kosten 2 430 €;
3 001 l kosten 2 370,79 €

c) An den Übergangsstellen ist der Graph „ausgeglichen“, sodass keine „Sprünge“ im Graphen vorkommen.

d) Er könnte z. B. im Bereich um 3 000 l eine Preis von 0,80 € pro l nehmen, also 2 400 €.
Die Funktionsgleichung wäre dort dann $y = 0{,}8\,x$.

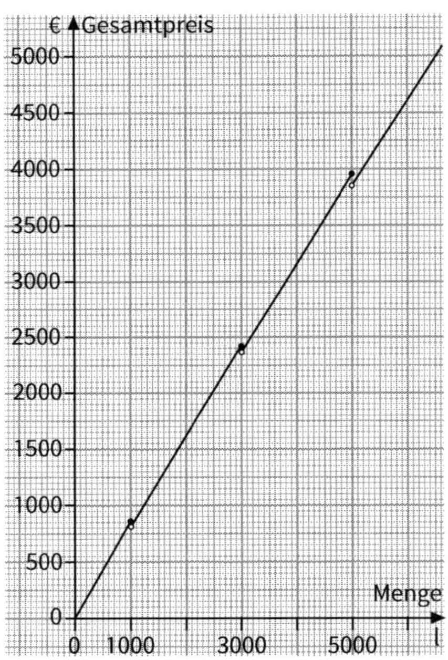

5. Prismen

192 **Lernfeld: Körper herstellen und damit experimentieren**

1. Auftrag: Verpackungen
Keine Lösungen

2. Auftrag: Körper kneten
Die Herstellung von präzisen Körpern (z. B. Würfel) aus Knetmasse ist nicht ganz einfach. Man erhält die besten Ergebnisse, wenn man die Startkörper (Würfel) durch Herausschneiden aus einem Block gewinnt.
Beim parallel geführten Zusammendrücken der Körperseiten bilden sich meistens unerwünschte Verformungen der Ebenen. Diese sind durch leichtes Drücken wieder zu korrigieren. Insgesamt ist bei diesem Auftrag etwas Geduld und Sorgfalt notwendig. Je kleiner der Körper ist, desto einfacher ist der Verformungsakt. Allerdings handelt man sich dabei auch größere relative Fehler bei den Längenmessungen ein.
Mögliche Ergebnisse der Schülerlösungen:
Entdecken (funktionaler) Zusammenhänge zwischen Kantenlängen und Volumen der untersuchten geometrischen Körper
Gewinnen von Vermutungen über Volumenformel für Prismen

5.1 Netz und Oberflächeninhalt eines Prismas

193 **Einstieg:**
Es entstehen Körper mit zwei zueinander parallelen und kongruenten Vielecken als Grund- und Deckfläche. Die Seitenflächen sind Rechtecke.

194 2. Die Schachteln sind Prismen, die Mantelfläche besteht also aus Rechtecken. Sie unterscheiden sich durch ihre Grundfläche.
   - gleichseitiges Dreieck
   - Trapez
   - Quadrat (Körper ist ein Würfel.)
   - regelmäßiges Sechseck
   - regelmäßiges Fünfeck

195 3. –

195

4. Alle Elemente außer Element (3) sind Prismen. Die Grundflächen sind jeweils Vielecke.

(1) 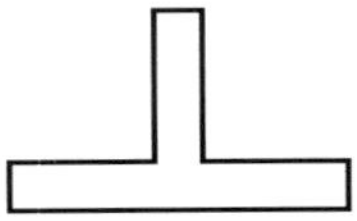

(2) 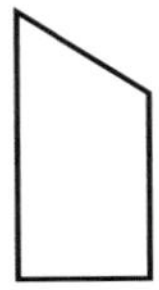

(3) kein Prisma; Grundfläche ist kein Vieleck.

(4) 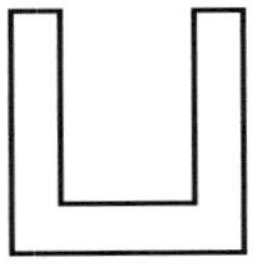

(5) 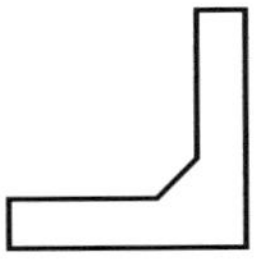

5. a)

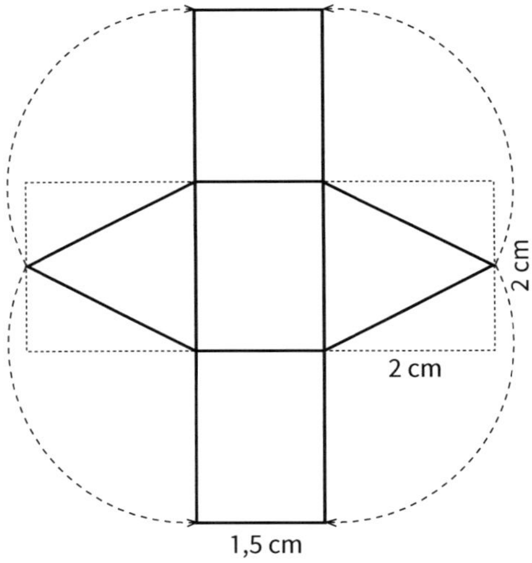

b)

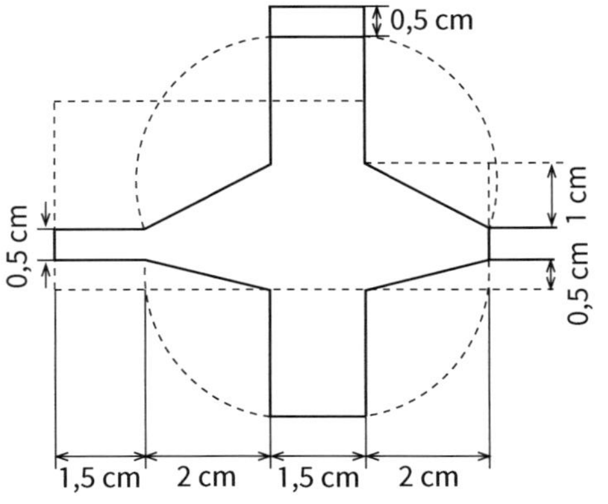

195

5. c)

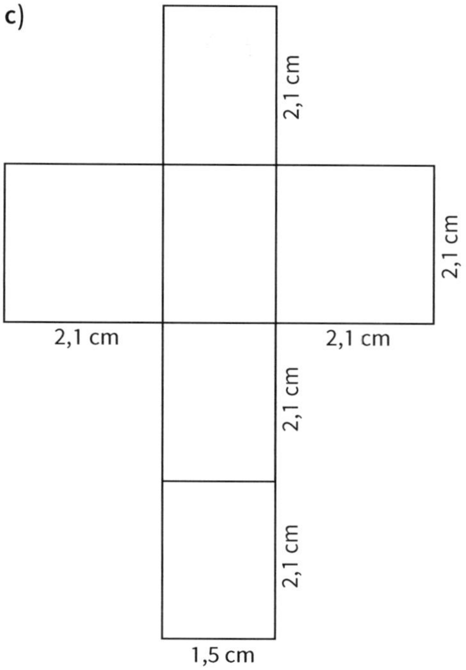

6. Obere Reihe von links nach rechts: falsch; richtig; falsch; falsch
Untere Reihe von links nach rechts: falsch; falsch; falsch; falsch

7. a) $230\,cm^2$ **b)** – **c)** $78\,cm$

196

8. a) $G = \frac{23\,mm \cdot 19\,mm}{2} = 218{,}5\,mm^2$

$M = (23\,mm + 21\,mm + 24\,mm) \cdot 150\,mm = 10\,200\,mm^2$

$O = 2 \cdot 218{,}5\,mm^2 + 10\,200\,mm^2 = 10\,637\,mm^2 = 106{,}37\,cm^2$

b) $G = 25\,mm \cdot 15\,mm = 375\,mm^2$

$M = (2 \cdot 25\,mm \cdot 150\,mm + 2 \cdot 18\,mm \cdot 150\,mm) = 12\,900\,mm^2$

$O = 2 \cdot 375\,mm^2 + 12\,900\,mm^2 = 20\,400\,mm^2 = 204\,cm^2$

c) $G = \frac{(34\,mm + 16\,mm) \cdot 14\,mm}{2} = 350\,mm^2$

$M = (34\,mm + 18\,mm + 16\,mm + 16\,mm) \cdot 150\,mm = 12\,600\,mm^2$

$O = 2 \cdot 350\,mm^2 + 12\,600\,mm^2 = 13\,300\,mm^2 = 133\,cm^2$

d) $G = \left(\frac{22\,mm \cdot 17\,mm}{2} + \frac{22\,mm \cdot 13\,mm}{2}\right) = 330\,mm^2$

$M = 2 \cdot (21\,mm \cdot 150\,mm) + 2 \cdot (17\,mm \cdot 150\,mm) = 11\,400\,mm^2$

$O = 2 \cdot 330\,mm^2 + 11\,400\,mm^2 = 12\,060\,mm^2 = 120{,}60\,cm^2$

196 9. a)

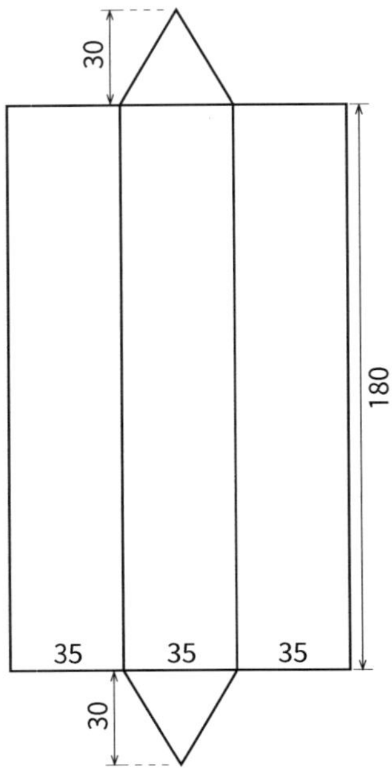

$$O = \left(\frac{2 \cdot 35\,\text{mm} \cdot 30\,\text{mm}}{2}\right) + 3 \cdot 35\,\text{mm} \cdot 180\,\text{mm} = 19\,950\,\text{mm}^2 = 199{,}5\,\text{cm}^2$$

b)

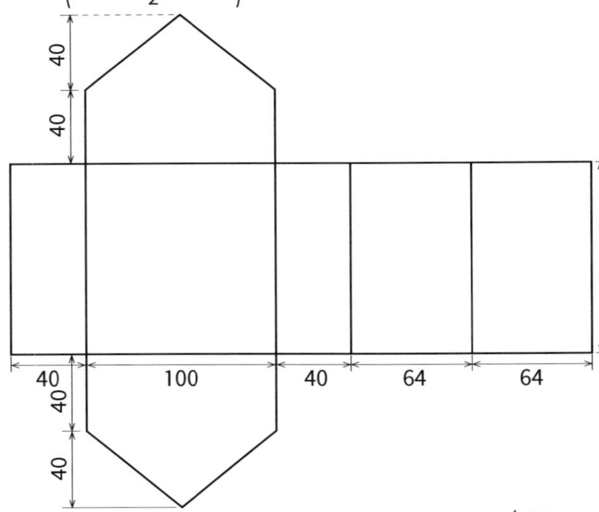

$$O = 100\,\text{mm} \cdot 100\,\text{mm} + 4 \cdot 100\,\text{mm} \cdot 40\,\text{mm} + 2 \cdot \left(\frac{100\,\text{mm} \cdot 40\,\text{mm}}{2}\right)$$

$$+ 2 \cdot (64\,\text{mm} \cdot 100\,\text{mm})$$

$$= 42\,800\,\text{mm}^2 = 428\,\text{cm}^2$$

196 9. c)

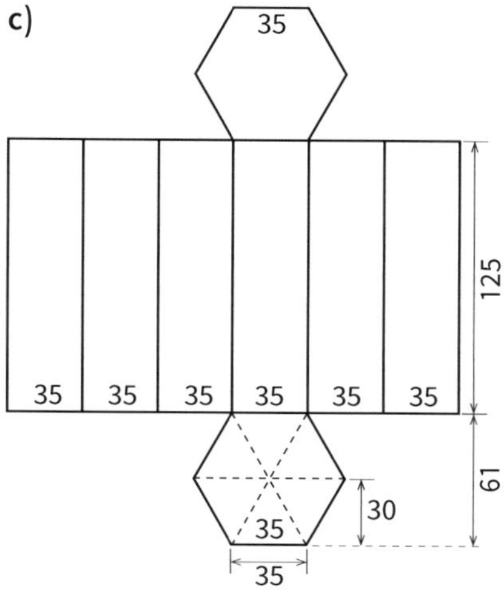

$G = 6 \cdot \frac{35\,mm \cdot 30\,mm}{2} = 3\,150\,mm^2$

$M = 6 \cdot 35\,mm \cdot 125\,mm = 26\,250\,mm^2$

$O = 2 \cdot 3\,150\,mm^2 + 26\,250\,mm^2 = 32\,550\,mm^2$

d)

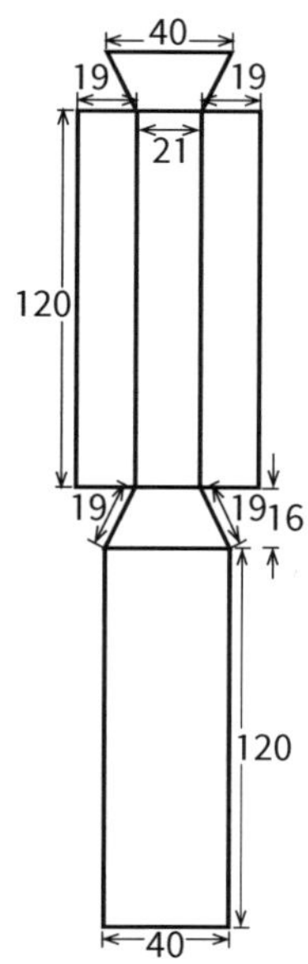

$O = 2 \cdot \frac{40\,mm + 21\,mm}{2} \cdot 16\,mm + 99\,mm \cdot 120\,mm$

$= 12\,856\,mm^2 = 128{,}56\,mm^2$

10. a) **(1)** 6 Ecken, 9 Kanten **(2)** 8 Ecken, 12 Kanten **(3)** 10 Ecken, 15 Kanten

b) Ein n-seitiges Prisma hat 2 n Ecken und 3 n Kanten. Die Grundfläche hat n Ecken, da es zwei Grundflächen gibt, gibt es im n-seitigen Prisma 2 n Ecken. Die Grundseiten besitzen je n Kanten mit den Mantelflächen, also 2 n Kanten für beide Grundflächen und nochmals n Kanten, die die beiden Grundflächen verbinden. Insgesamt gibt es also 3 n Kanten.

196 **11.** M = 50 cm · 12 cm = 600 cm²

12. a) Der Oberflächeninhalt (1) vervierfacht sich; (2) verneunfacht sich.
b) Der Oberflächeninhalt (1) vervierfacht sich; (2) verneunfacht sich.
c) Der Grundflächeninhalt bleibt unverändert. Der Mantelflächeninhalt verdoppelt [verdreifacht] sich. Der Oberflächeninhalt wird (1) um 50 cm² größer; (2) um 100 cm² größer.
d) –

Das kann ich noch!

A) 1) 126 l
2) 1 m³ = 1 000 l, also 24 Stapel zu je 42 l.

5.2 Schrägbild eines Prismas

197 **Einstieg:** Keine Lösungen

199 **3.** (1)

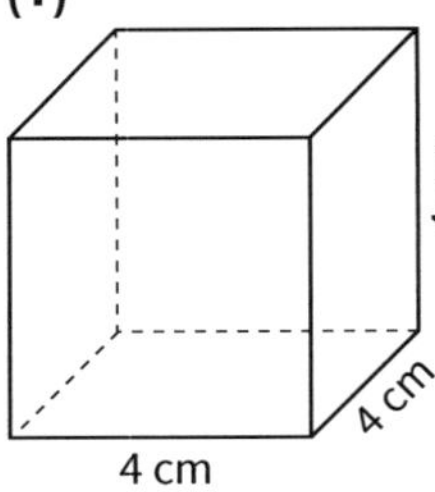

Winkel: 45°
Faktor: $\frac{1}{2}$

(2)

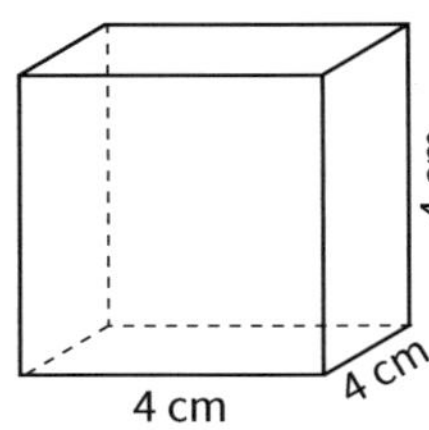

Winkel: 30°
Faktor: $\frac{1}{3}$

(3)

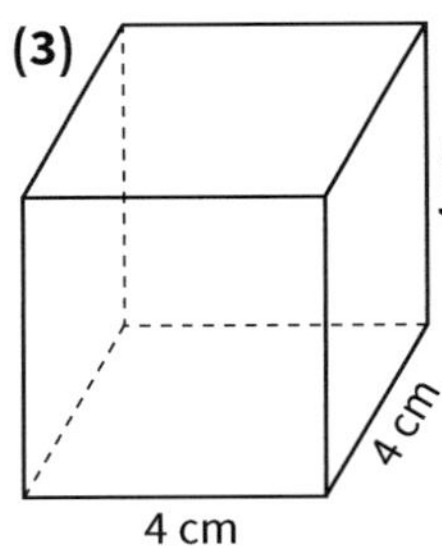

Winkel: 60°
Faktor: $\frac{2}{3}$

4. (1)

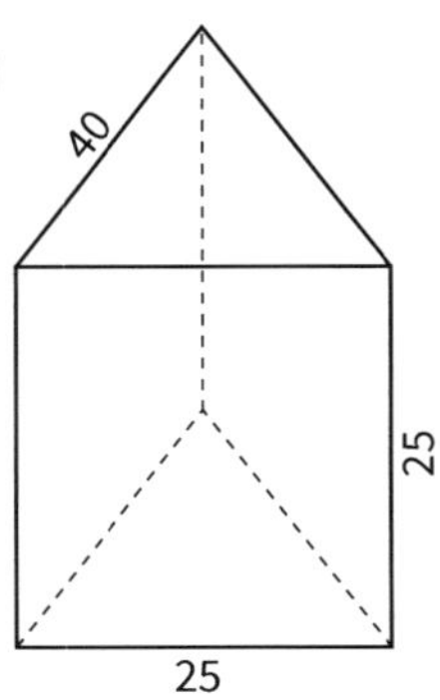

(2)

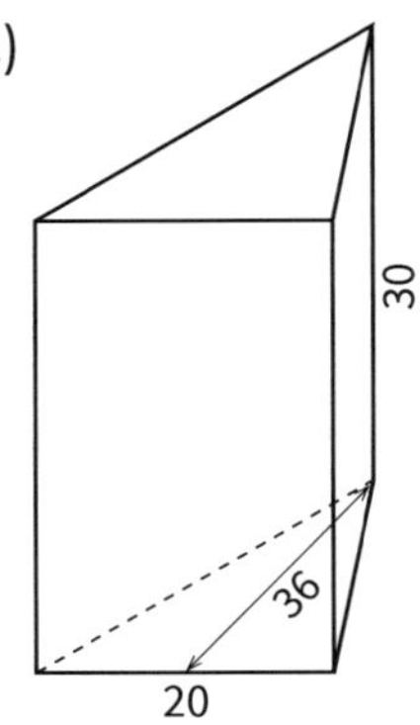

199 4. (3)

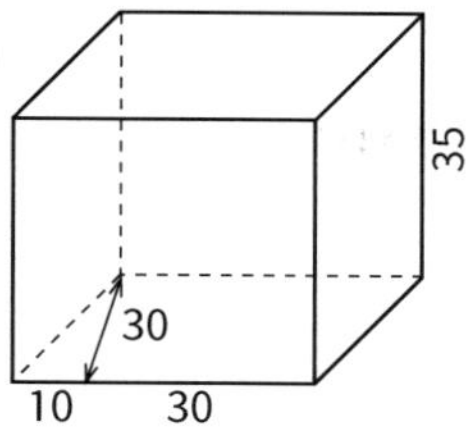

(4)

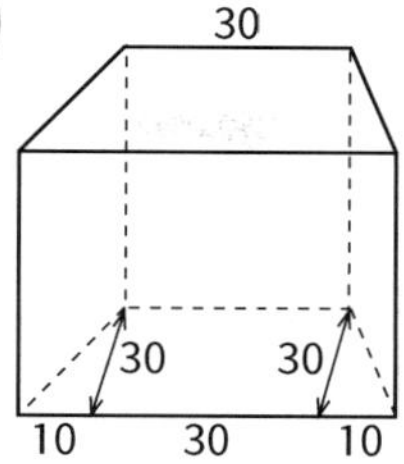

5.

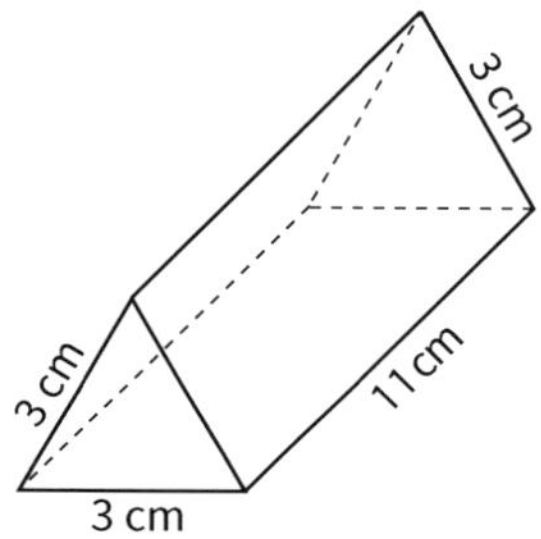

200 6. a) *Körper A*

(1)

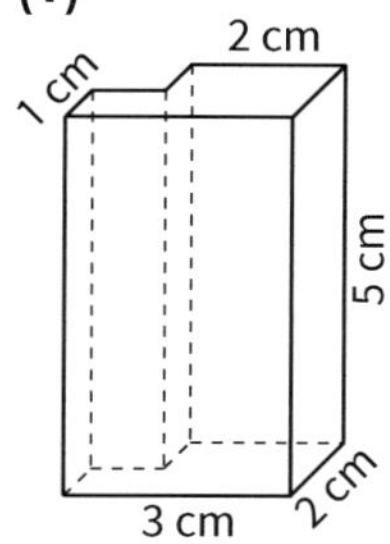

(2)

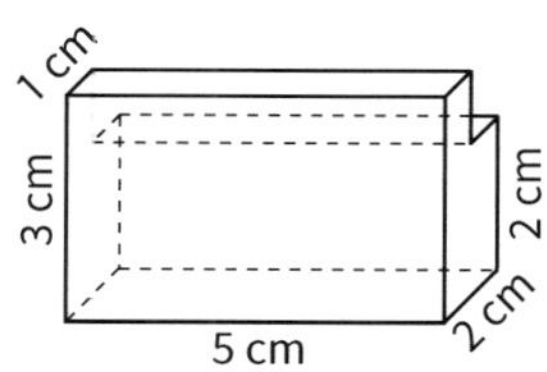

Körper B

(1)

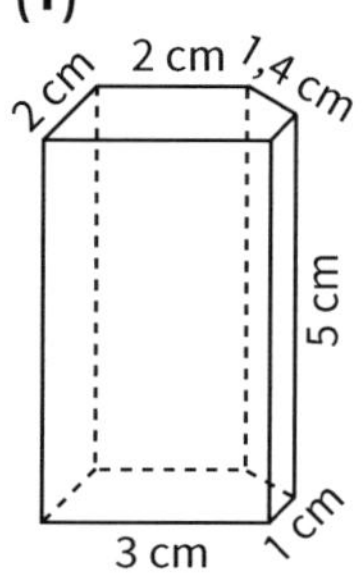

(2)

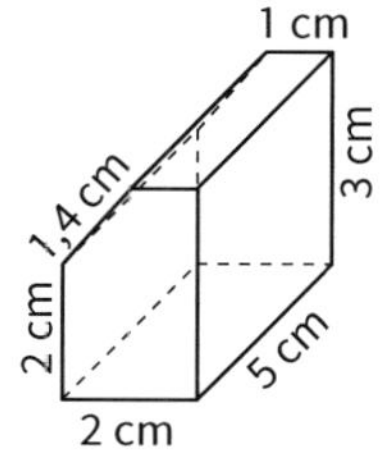

200 6. a) Fortsetzung

Körper C

(1)

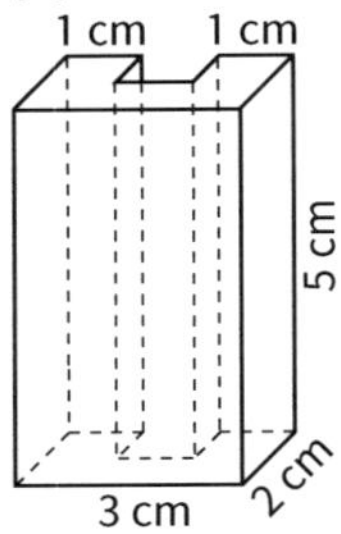

(2)

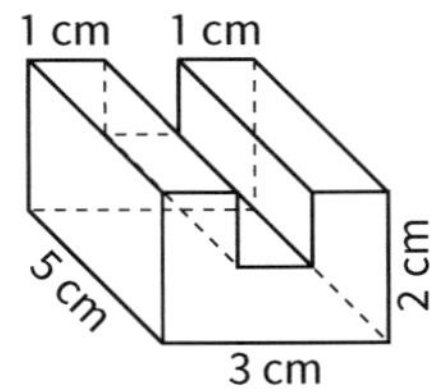

Körper D

(1)

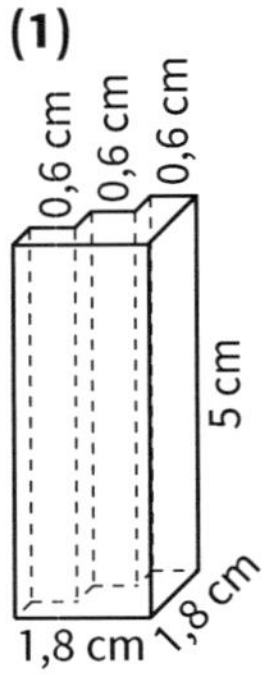

(2)

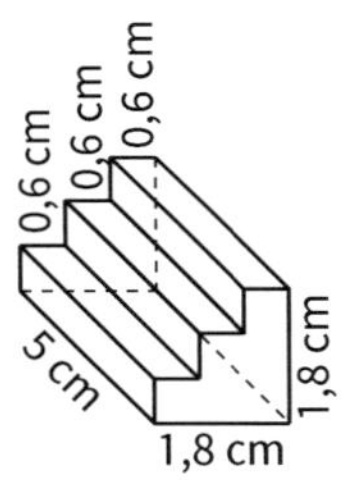

b) **A:** $O = 2 \cdot (2\,\text{cm} \cdot 2\,\text{cm} + 1\,\text{cm} \cdot 1\,\text{cm})$
$+ (3\,\text{cm} + 2\,\text{cm} + 2\,\text{cm} + 1\,\text{cm} + 1\,\text{cm} + 1\,\text{cm}) \cdot 5\,\text{cm}$
$= 60\,\text{cm}^2$

B: $O = 2 \cdot \left(3\,\text{cm} \cdot 1\,\text{cm} + \frac{3\,\text{cm} + 2\,\text{cm}}{2} \cdot 1\,\text{cm}\right)$
$+ (3\,\text{cm} + 1\,\text{cm} + 1{,}4\,\text{cm} + 2\,\text{cm} + 2\,\text{cm}) \cdot 5\,\text{cm}$
$= 58\,\text{cm}^2$

C: $O = 2 \cdot (3\,\text{cm} \cdot 2\,\text{cm} - 1\,\text{cm} \cdot 1\,\text{cm}) + (3\,\text{cm} + 2\,\text{cm} + 5 \cdot 1\,\text{cm} + 2\,\text{cm}) \cdot 5\,\text{cm}$
$= 70\,\text{cm}^2$

D: $O = 2 \cdot (1{,}8\,\text{cm} \cdot 0{,}6\,\text{cm} + 1{,}2\,\text{cm} \cdot 0{,}6\,\text{cm} + 0{,}6\,\text{cm} \cdot 0{,}6\,\text{cm})$
$+ (1{,}8\,\text{cm} + 1{,}8\,\text{cm} + 6 \cdot 0{,}6\,\text{cm}) \cdot 5\,\text{cm}$
$= 40{,}32\,\text{cm}^2$

7. **(1)**

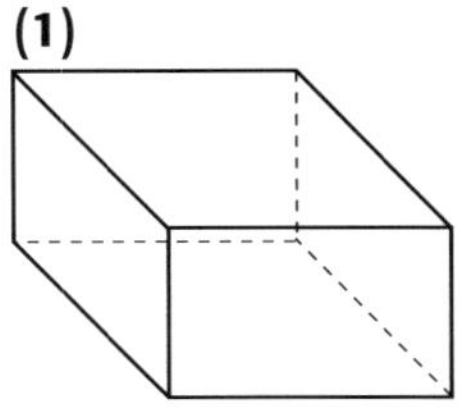

(2)

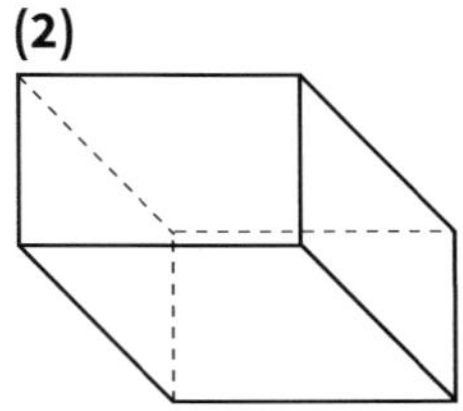

(3)

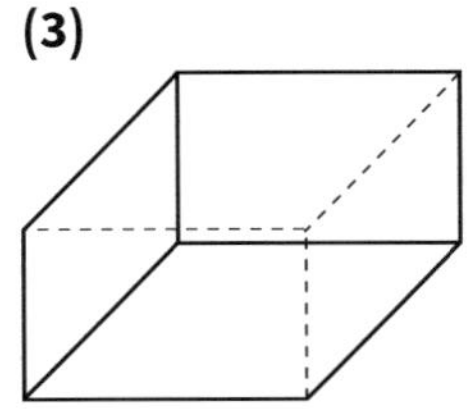

200

8. a) Zunächst zeichnet sie die obere Grundfläche und trägt von dort entsprechend der Höhe zwei Strecken nach „unten“ ab, dann die Parallele zur oberen „langen“ Strecke. Anschließend werden die beiden Parallelen zu den Schenkeln und die noch fehlende Strecke (Parallele zur kurzen Basisseite) gezeichnet.
   b) Siehe Lösung zu Aufgabe 2 im Schülerbuch.

9. a)

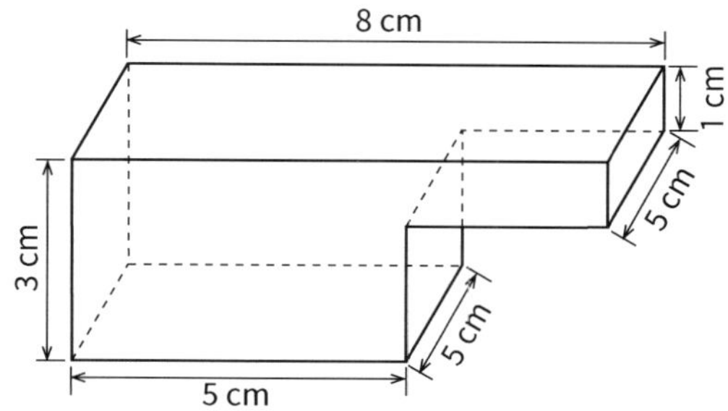

b)

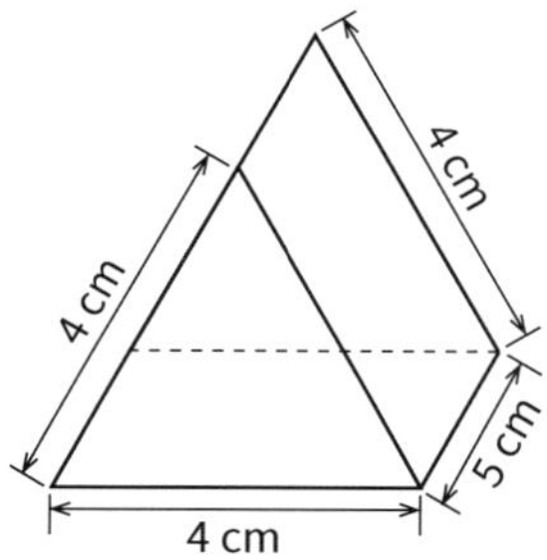

c)

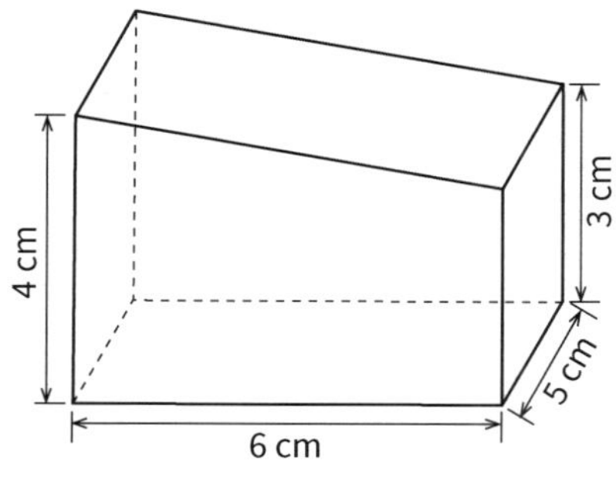

10. a)

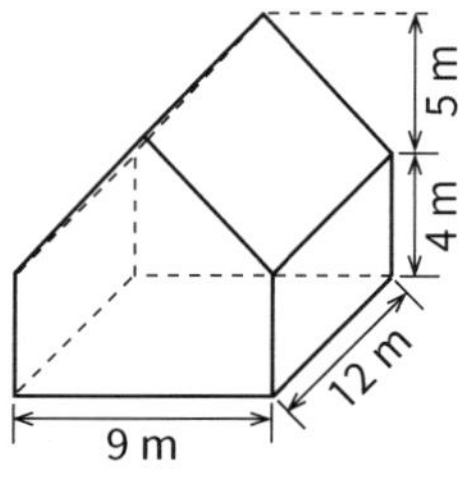

200 10. b) (1)

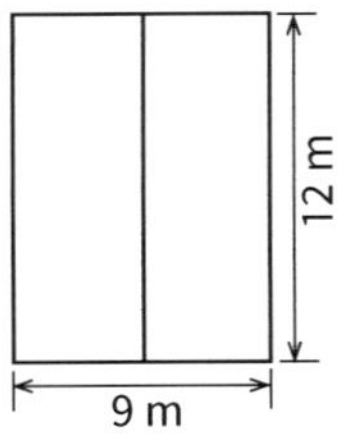

(2)

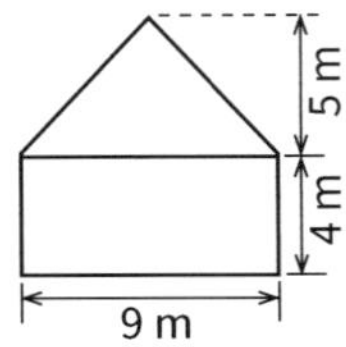

(3)

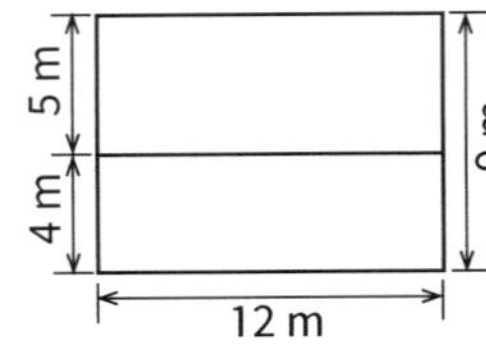

c) –

5.3 Volumen eines Prismas

201 **Einstieg:**

2 Kästchen entsprechen 1 cm und 1 Kästchendiagonale entspricht 1 cm.

a) $V = 0{,}5\,\text{cm} \cdot 1\,\text{cm} \cdot 4\,\text{cm} = 2\,\text{cm}^3$

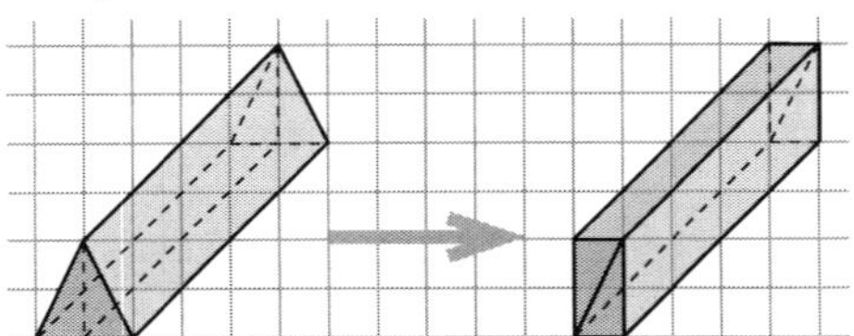

b) $V = 1{,}5\,\text{cm} \cdot 1\,\text{cm} \cdot 4\,\text{cm} = 6\,\text{cm}^3$

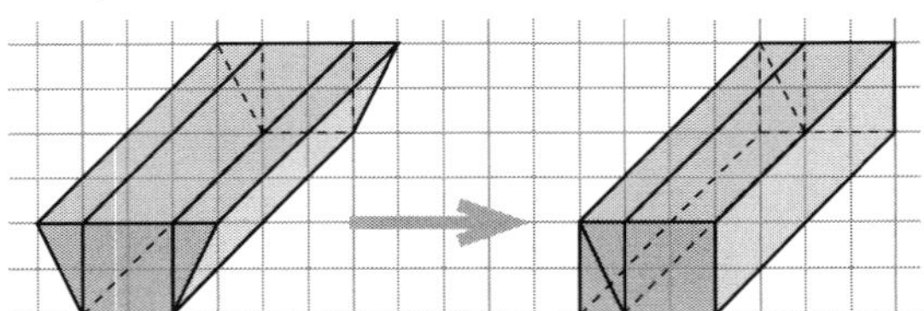

c) $V = 3{,}5\,\text{cm} \cdot 0{,}5\,\text{cm} \cdot 4\,\text{cm} = 7\,\text{cm}^3$

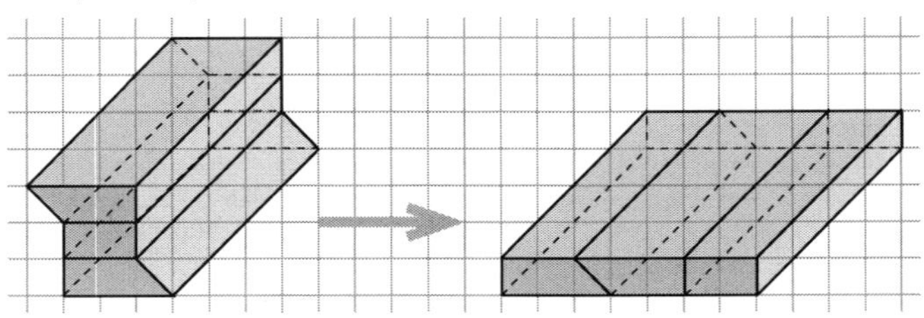

d) $V = 2\,\text{cm} \cdot 2\,\text{cm} \cdot 3\,\text{cm} = 12\,\text{cm}^3$

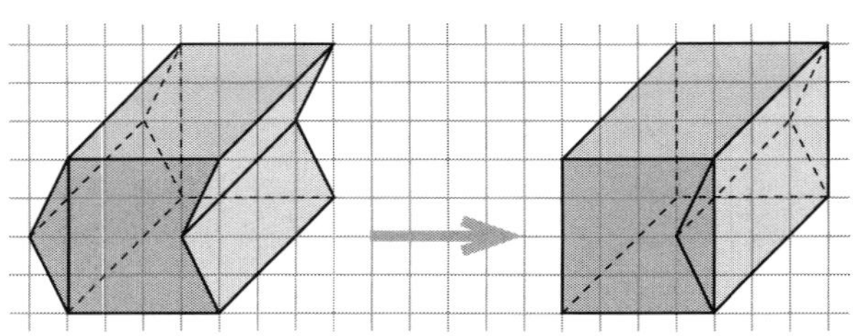

202

2. a) Man zerlegt die Prismen wie in der Einführung auf S. 36 des Schülerbandes und erhält Quader mit gleich großen Grundflächen und gleicher Höhe.
Für alle Prismen gilt:
$G = \frac{3\,\text{cm} \cdot 2\,\text{cm}}{2} = 3\,\text{cm}^2$; $V = 3\,\text{cm}^2 \cdot 3{,}5\,\text{cm} = 10{,}5\,\text{cm}^3$

b) Die Grundfläche lässt sich in Dreiecke zerlegen, das Prisma entsprechend in Prismen mit dreieckiger Grundfläche, für die gilt: $V_D = G_D \cdot h$.

c) Für das Prisma gilt:
$V_P = V_{D1} + V_{D2} + V_{D3} + \ldots + V_{Dn}$
$= G_{D1} \cdot h + G_{D2} \cdot h + G_{D3} \cdot h + \ldots + G_{Dn} \cdot h$
$= (G_{D1} + G_{D2} + G_{D3} + \ldots + G_{Dn}) \cdot h$
$= G \cdot h$

203

3. Mit den Maßen im Bild erhält man:
a) $900\,\text{m}^3$
b) Untergeschoss $3\,600\,\text{m}^3$; Obergeschoss $4\,800\,\text{m}^3$;
$V = 3\,600\,\text{m}^3 + 4\,800\,\text{m}^3 = 8\,400\,\text{m}^3$

4. a) $60\,\text{cm}^3$ c) $1\,833{,}195\,\text{m}^3$ e) $40{,}185\,\text{dm}^3$
b) $282{,}596\,\text{dm}^3$ d) $162\,472{,}5\,\text{cm}^3$

5. P_1 und P_2; P_3 und P_6; P_4, P_5 und P_7

6. 6,5 dm

7. a) $324\,\text{cm}^3$ b) $843{,}75\,\text{m}^3$ c) $10\,000\,\text{cm}^3$ d) $100\,\text{m}^3$

8. Das Volumen wird (1) verdoppelt; (2) verdreifacht; (3) halbiert.

204

9. a) $60\,000\,\text{cm}^3 = 60\,\text{dm}^3 = 60\,\text{l}$
$7\,400\,\text{cm}^2 = 74\,\text{dm}^2$
Der Körper fasst 60 l und man benötigt $74\,\text{dm}^2$ Blech für die Herstellung.
oder $V = 60\,\text{l}$; $O = 74\,\text{dm}^2$
b) $V = 81\,\text{l}$ $O = 85{,}8\,\text{dm}^2$
c) $V = 10{,}5\,\text{l}$ $O = 25\,\text{dm}^2$

10. a) $292{,}74\,\text{m}^3$ b) $357{,}14\,\text{m}^3$ c) $390{,}852\,\text{m}^3$ d) $484{,}416\,\text{m}^3$

11. –

12. a) $231\,000\,\text{cm}^3$ b) $268\,800\,\text{cm}^3$ c) $402\,500\,\text{cm}^3$
1 824,9 kg 2 123,52 kg 3 179,75 kg

204 13. a) P_1: fehlende Seitenlänge 50 mm
$V = 192\,000\ mm^3$; $O = 5\,040\ mm^2$
Gesamte Kantenlänge: 336 mm

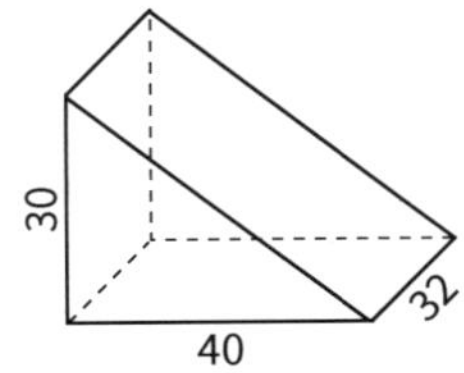

b) P_2: fehlende Seitenlängen 21 mm, 40 mm
$V = 10\,350\ mm^3$; $O = 3\,503\ mm^2$
Gesamte Kantenlänge: 289 mm

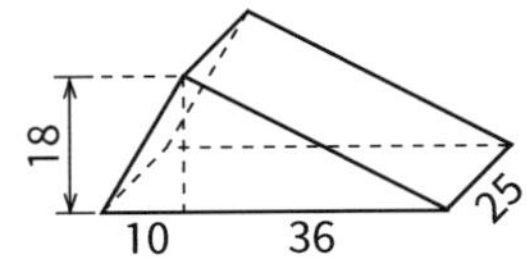

c) P_3: fehlende Seitenlängen 32 mm, 25 mm, 32 mm
$V = 26\,250\ mm^3$; $O = 5\,490\ mm^2$
Gesamte Kantenlänge: 368 mm

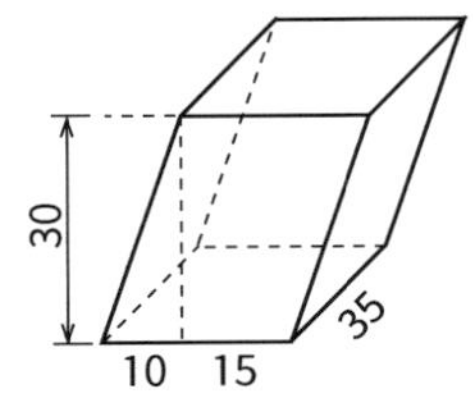

d) P_4: fehlende Seitenlängen 23 mm, 20 mm, 23 mm
$V = 23\,040\ mm^3$; $O = 5\,240\ mm^2$
Gesamte Kantenlänge: 364 mm

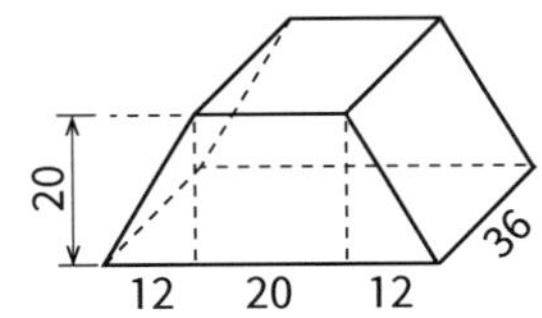

14. Der Mantelflächeninhalt wird verdoppelt (verdreifacht), die Größe der Grundfläche bleibt unverändert. Der Oberflächeninhalt vergrößert sich um den Mantelflächeninhalt (um das Doppelte des Mantelflächeninhalts). Das Volumen verdoppelt (verdreifacht) sich.
$G = 25\ cm^2$; $M = 50\ cm^2$; $O = 2 \cdot G + M = 100\ cm^2$; $V = 1\,250\ cm^3$
(1) $G = 25\ cm^2$; $M = 100\ cm^2$; $O = 150\ cm^2$; $V = 2\,500\ cm^3$
(2) $G = 25\ cm^2$; $M = 150\ cm^2$; $O = 200\ cm^2$; $V = 3\,750\ cm^3$

205 15. a) $1\,000\ cm^3$
7 300 g

b) $352\ cm^3$
2 569,6 g

c) $420\ cm^3$
3 066 g

16. a) $V = 810\ m^3$
b) $O \cdot 505{,}8\ m^2$ (ohne Deckfläche)
24 227,82 €

17. a) Für die Grundfläche eines Steines gilt: $G = 254\ cm^2 = 2{,}54\ dm^2$
Für $30\ m^2 = 3\,000\ dm^2$ müsste man 1 181,1 Steine bestellen. 3 % mehr bedeutet, dass 1 216,54 also 1 237 Steine bestellt werden müssen.
b) $V = 1\,778\ cm^3$; $m = 4\,445\ g = 4{,}445\ kg$
$4{,}445\ kg \cdot 1\,217 \approx 5\,410\ kg = 5{,}41\ t$
Es werden zwei Farten benötigt.

205

18. Größe der Terrasse: $A = 39{,}95\,m^2 = 3\,995\,dm^2$
Quadratsteine:
$A = 272{,}25\,cm^2 = 2{,}7225\,dm^2$; $V = 2\,178\,cm^3 = 2{,}178\,dm^3$; $m = 5{,}0094\,kg \approx 5\,kg$
Man benötigt für die Terrasse mindestens 1 468 Quadratsteine (ohne Berücksichtigung von Fugen und ohne Berücksichtigung von Verschnitt). Die Steine wiegen knapp 7,4 t. Man benötigt also 3 Lkw-Transporte.
Bischofsmütze:
Man kann die Länge der Grundseite zechnerisch ermitteln (rechtwinklig-gleichseitiges Dreieck mit 16,5 cm Schenkellänge): $g \approx 23{,}3\,cm$
$A \approx 327{,}185\,cm^2 = 3{,}27185\,dm^2 \approx 3{,}27\,dm^2$;
$V \approx 2617{,}48\,cm^3 = 2{,}61748\,dm^3 \approx 2{,}617\,dm^3$
$m \approx 6{,}020204\,kg \approx 6\,kg$
Man benötigt für die Terrasse mindestens 1 527 Bischofsmützen (ohne Berücksichtigung von Fugen und ohne Berücksichtigung von Verschnitt). Die Steine wiegen fast 9,2 t. Man benötigt also 4 Lkw-Transporte.
Man kann natürlich auch die Terrasse mit Quadratsteinen und mit Bischofsmützen pflastern.

6. Quadratwurzeln und reelle Zahlen

207

Einstiegsseite:

→ Familie Müller: $16 \cdot 5\,€ = 80\,€$
Familie Meyer: $50 \cdot 5\,€ = 250\,€$
Familie Yilmaz: $25 \cdot 5\,€ = 125\,€$

→ Das Grundstück von Familie Müller ist 400 m^2 groß, das von Familie Meyer ebenfalls 400 m^2 und das von Familie Yilmaz 625 m^2.
Im Vergleich zur Grundstücksgröße bezahlt Familie Meyer wesentlich mehr als die beiden anderen Familien.

→ Das Grundstück von Familie Müller ist 400 m^2 groß. Die Seitenlänge eines gleich großen Quadrats wäre 20 m lang.
Das Grundstück von Familie Meyer ist ebenfalls 400 m^2 groß. Die Seitenlänge eines gleich großen Quadrats wäre also auch 20 m lang.
Das quadratische Grundstück von Familie Yilmaz ist 625 m^2 groß mit der Seitenlänge 25 m.
Daraus ergeben sich dann folgende Gebühren nach dem Quadratwurzel-Maßstab.
Familie Müller: $20 \cdot 5\,€ = 100\,€$
Familie Meyer: $20 \cdot 5\,€ = 100\,€$
Familie Yilmaz: $25 \cdot 5\,€ = 125\,€$

Lernfeld: Entdeckungen an Zahlen

208

1. Auftrag: Seitenlänge eines Quadrats

Diese Aufgabe führt dazu, dass Schüler unbewusst bereits den Vorgang des Radizierens anwenden, ohne dabei notwendigerweise die Bedeutung eines Wurzelzeichens zu kennen.

→ Um zu den gesuchten Seitenlängen zu gelangen, überprüft man jeweils, welche Seitenlänge mit sich selbst multipliziert den angegebenen Flächeninhalt ergibt.
Dann lauten die Seitenlängen von links nach rechts:
2 cm, 1,2 cm, $\sqrt{5}$ cm $\approx$ 2,24 cm, 4 cm, 1 cm, 3 cm, 2,5 cm
Ein Problem kann dabei entstehen, dass man keine rationale Seitenlänge findet, die mit sich selbst multipliziert 5 cm^2 ergibt. Daher schreibt man $\sqrt{5}$ cm $\approx$ 2,24 cm.

208 **2. Auftrag: Unterschiedliche Striche: Bruchstrich – Periodenstrich**

Diese Aufgabe führt zu der Erkenntnis, dass Bruchzahlen äquivalent zu besonderen Dezimalbrüchen sind: zu endlichen oder zu periodischen. Dies bereitet auf das Kapitel vor, in dem die Schüler rationale und irrationale Zahlen unterscheiden müssen und als Teilmenge der reellen Zahlen erkennen müssen und ebenso darauf, dass Schüler Dezimalbrüche in gewöhnliche Brüche umwandeln können müssen.

→ Lisa versucht wahrscheinlich, die beiden Dezimalbrüche schriftlich zu addieren und meint damit, dass die Zahlen 3 und 6 jeweils addiert werden müssten. Lisas Auffassung nach hätte dies zur Folge, dass dies eigentlich viele 9en hintereinander ergeben müsste. Einzig am Ende des Bruches „zwei Drittel“ in Dezimalschreibweise steht bei der Darstellung am Taschenrechner eine 7. Daher wäre das Ergebnis gemäß Lisa trotzdem ungleich 1, weshalb sie an der Lösung von Kevin zweifelt.

→ Lösungen von links nach rechts:

$\frac{7}{10} = 0{,}7$ (abbrechend)

$\frac{4}{3} = 1{,}33\ldots$ (nicht abbrechend)

$\frac{5}{6} = 0{,}833\ldots$ (nicht abbrechend)

$\frac{4}{7} = 0{,}571428\ldots$ (nicht abbrechend)

$\frac{1}{19} = 0{,}05263\ldots$ (nicht abbrechend)

$\frac{3}{4} = 0{,}75$ (abbrechend)

$\frac{5}{8} = 0{,}625$ (abbrechend)

$\frac{3}{25} = 0{,}12$ (abbrechend)

$\frac{8}{200} = 0{,}04$ (abbrechend)

→ $0{,}07 = \frac{7}{100}$; $0{,}24 = \frac{24}{100} = \frac{6}{25}$; $1{,}53 = \frac{153}{100} = 1\frac{53}{100}$; $4{,}125 = \frac{33}{8} = 4\frac{1}{8}$

→ Man erhält folgende Werte:

$1:9 = 0{,}\overline{1}$; $4:9 = 0{,}\overline{4}$; $1:99 = 0{,}\overline{01}$; $52:99 = 0{,}\overline{52}$; $7:999 = 0{,}\overline{007}$; $214:99 = 0{,}\overline{214}$

Es entsteht eine Regelmäßigkeit, sodass immer genau die Zahlen, die im Zähler eines Bruches mit Neunen im Nenner, sich bei der Dezimalschreibweise unter dem Periodenstrich wiederfinden. Die Anzahl der Neunen im Nenner gibt dabei die Anzahl der Stellen der Zahlen unter dem Periodenstrich an. Damit kann man sofort periodische Brüche umwandeln, z. B.:

$0{,}\overline{32} = \frac{32}{99}$; $0{,}\overline{8} = \frac{8}{9}$; $0{,}\overline{014} = \frac{14}{999}$

→ Lösungen zu den Aufgaben von links nach rechts:

$\frac{2}{9}$; $\frac{6}{9} = \frac{2}{3}$; $\frac{16}{99}$; $\frac{53}{99}$; $\frac{123}{999}$; $\frac{17}{999}$

→ Lösungen zu den Aufgaben von links nach rechts:

Alle Berechnungen erfolgen gemäß der im Buch abgebildeten Beispielrechnung.

$\frac{176}{990} = \frac{73}{495}$; $\frac{25}{990} = \frac{5}{198}$; $\frac{43}{90}$; $\frac{289}{990}$; $\frac{1\,222}{9\,900} = \frac{611}{4\,950}$; $\frac{7\,944}{9\,990} = \frac{1\,324}{1\,665}$

6.1 Quadratwurzeln

6.1.1 Einführung der Quadratwurzeln

209 **Einstieg:**

Die Grenze von Wyoming ist ungefähr 500 km lang.

210 **2.** a) 6 cm b) 11 m c) 18 mm d) 2,5 m e) 0,7 km

3.

$1^2 = 1$	$6^2 = 36$	$11^2 = 121$	$16^2 = 256$	$21^2 = 441$
$2^2 = 4$	$7^2 = 49$	$12^2 = 144$	$17^2 = 289$	$22^2 = 484$
$3^2 = 9$	$8^2 = 64$	$13^2 = 169$	$18^2 = 324$	$23^2 = 529$
$4^2 = 16$	$9^2 = 81$	$14^2 = 196$	$19^2 = 361$	$24^2 = 576$
$5^2 = 25$	$10^2 = 100$	$15^2 = 225$	$20^2 = 400$	$25^2 = 625$

4. a) 7
b) 15
c) 12
d) 9
e) 0
f) 22
g) nicht definiert
h) 17
i) 11
j) 1
k) nicht definiert
l) 19
m) 13
n) 24
o) nicht definiert
p) 100
q) 80
r) 120

5. Die Quadratwurzel ist als nicht negativ definiert worden.
Nur $\sqrt{81} = 9$ ist richtig.

6. a) $\frac{1}{2}$
b) $\frac{1}{3}$
c) $\frac{4}{10} = \frac{2}{5}$
d) $\frac{9}{15} = \frac{3}{5}$
e) $\frac{9}{10}$
f) $\frac{5}{12}$
g) $\frac{13}{14}$
h) $\frac{7}{15}$
i) $\frac{19}{18}$
j) $\frac{6}{17}$
k) nicht definiert
l) $\frac{18}{11}$

7. a) 0,5
b) 0,4
c) 0,1
d) 0,3
e) 1,6
f) 2,5
g) nicht definiert
h) 0,07
i) 0,8

8. a) $\sqrt{144}$
b) $\sqrt{289}$
c) nicht definiert
d) $\sqrt{90\,000}$
e) $\sqrt{0{,}49}$
f) $\sqrt{\frac{25}{49}}$

9. a) Richtig.
b) Falsch, denn $\sqrt{-1\,024}$ ist nicht definiert.
c) Richtig.
d) Falsch.
e) Falsch, denn die Quadratwurzel ist nicht negativ: $\sqrt{0{,}04} = 0{,}2$.

210 **10.** a) $\sqrt{9} = 3$ b) $\sqrt{4} = 2$ c) $\sqrt{16} = 4$ d) $\sqrt{36} = 6$ e) $\sqrt{1} = 1$

11. a) $16 = 4 \cdot 4$; $2^2 = \sqrt{16} = 2 \cdot 2$; $\sqrt{4} = 2 = \sqrt{\sqrt{16}}$

b) $0{,}1 = \frac{1}{10} = \sqrt{\frac{1}{100}} = \frac{10}{100} = \sqrt{0{,}01}$; $\frac{1}{100} = 0{,}01 = \left(\frac{1}{10}\right)^2$

12. Länge der Quadratseite $a = \sqrt{841}\text{ m} = 29\text{ m}$;
Umfang: $u = 4 \cdot 29\text{ m} = 116\text{ m}$. Man benötigt $116\text{ m} - 4\text{ m} = 112\text{ m}$ Zaun.

13. Für die Kantenlänge a (in dm), die Größe O der Oberfläche (in dm^2) und das Volumen V (in dm^3) gilt:

$O = 6a^2$, also $a = \sqrt{\frac{O}{6}}$; $V = a^3$

$54\text{ dm}^2 : 6 = 9\text{ dm}^2$, d. h. 3 dm Kantenlänge; $V = 27\text{ dm}^3$

[$150\text{ dm}^2 : 6 = 25\text{ dm}^2$, d. h. 5 dm Kantenlänge; $V = 125\text{ dm}^3$]

14. a) 30 b) 5 c) 7 d) 6 e) 6 f) 1

6.1.2 Näherungswerte von Quadratwurzeln

211 **Einstieg:**

Für die Seitenlänge s (in dm) des doppelt so großen Quadrats gilt:

$\left(\frac{s}{2}\right)^2 + \left(\frac{s}{2}\right)^2 = 1\text{ dm}^2$

$\left(\frac{s}{2}\right)^2 = \frac{1}{2}\text{ dm}^2$

$s^2 = \frac{4}{2} = 2\text{ dm}^2$

$s = \sqrt{2} \approx 1{,}41421\text{ dm}$

212 **2.** a) natürliche Zahl
b) nicht abbrechender Dezimalbruch
c) abbrechender Dezimalbruch
d) natürliche Zahl
e) nicht abbrechender Dezimalbruch
f) nicht abbrechender Dezimalbruch
g) abbrechender Dezimalbruch
h) abbrechender Dezimalbruch

3. $\sqrt{2\,000} \approx 44{,}721359549$
Der angezeigte Wert kann nicht exakt sein, da das Quadrat der letzten Ziffer immer ungleich 0 ist und somit mindestens eine Ziffer hinter dem Komma ungleich 0 ist. Das Quadrat der angezeigten Zahl kann also nicht gleich 2 000 sein.

4. Bei Eingabe des Terms $\sqrt{9{,}0000001}$ zeigt die Anzeige 3.
Erklärung: Das Ergebnis ist falsch, denn $3 \cdot 3 \neq 9{,}0000001$.
Der Taschenrechner kann das Ergebnis aber nicht genau anzeigen, denn die erste von null verschiedene Ziffer hinter dem Komma wäre an einer Stelle, für die die Stellenanzahl in der Anzeige nicht ausreicht.

Es ist: $\sqrt{9{,}0000001} = 3{,}000000016\ldots$

212

5. Wie in Aufgabe 4 darf sich der Unterschied erst bei den nicht mehr angezeigten Stellen auswirken. z. B. Wurzel aus $\sqrt{25{,}00000000002}$; dort wird 5 als Ergebnis angezeigt.

6. a) Es gilt $1 < \sqrt{2} < 2$, damit hat $\sqrt{2}$ Nachkommastellen mit Ziffern ungleich 0. Beim Quadrieren der letzten Ziffer entsteht eine Zahl, die nicht auf 0 endet. Somit ist mindestens eine Ziffer hinterm Komma ungleich 0 und das Quadrat der Lösung kann nicht gleich 2 sein.
   b) Weil 4 eine Quadratzahl ist, $2 \cdot 2 = 4$, also $\sqrt{4} = 2$. $\sqrt{4}$ liegt damit nicht zwischen zwei natürlichen Zahlen und hat folglich keine Nachkommastellen.

7. Wäre die Wurzel aus einer Primzahl p eine natürliche Zahl n, so wäre p durch n teilbar, denn $n \cdot n = p$ und somit wäre p keine Primzahl.

6.1.3 Irrationale Zahlen

Einstieg:

a) Jakob quadriert beide Seiten der Gleichung und multipliziert beide Seiten der Gleichung mit dem Nenner des Bruches. Jakob vergleicht dann die Endziffern der Dezimalbrüche auf beiden Seiten. Auf der rechten Seite erhält er die Endziffer des Quadrats von 5, das ist 25, also die Endziffer 5. Auf der rechten Seite muss er die Endziffer des Quadrats von 3, also die 9, noch mit 2 multiplizieren. Das Produkt ist 18, hat also die Endziffer 8. Da die letzten Ziffern der beiden Zahlen verschieden sind, sind auch die Zahlen verschieden. Damit ist das Gleichheitszeichen zwischen den beiden Seiten der Gleichung falsch und führt zu einem Widerspruch. $\sqrt{2}$ kann also nicht durch diesen Bruch dargestellt werden kann.

b) Man kann an dieser Stelle verschiedene Brüche ausprobieren. Man wird jedoch zu dem Ergebnis gelangen, dass sich bei jedem weiteren Versuch ein ähnlicher Widerspruch ergibt wie bei Jakob. Es gibt keinen Bruch, der genau $\sqrt{2}$ ist. Dieses wird auf Seite 142 des Schülerbandes auch allgemein bewiesen.

214

2. Wenn $\sqrt{\frac{1}{3}}$ eine Bruchzahl ist, dann müsste sie sich als vollständig gekürzter Bruch $\frac{m}{n}$ darstellen lassen. Da $\sqrt{\frac{1}{3}}$ zwischen $\sqrt{\frac{1}{4}} = \frac{1}{2}$ und $\sqrt{\frac{1}{1}} = 1$ liegt, ist $\sqrt{\frac{1}{3}}$ keine natürliche Zahl. Somit ist n ungleich 1. Nimmt man $\frac{m}{n} = \sqrt{\frac{1}{3}}$ an und quadriert beide Seiten der Gleichung, so ergibt sich $\frac{m \cdot m}{n \cdot n} = \frac{1}{3}$. Da der Bruch auf der linken Seite nicht mehr gekürzt werden kann, müsste $n \cdot n = 3$ sein. Es gibt aber keine natürliche Zahl, deren Quadrat gleich 3 ist. Also ist $\sqrt{\frac{1}{3}}$ keine rationale Zahl.

214

3. **a)** Es ist $10 \cdot 0,\overline{9} = 9,\overline{9}$

und $1 \cdot 0,\overline{9} = 0,\overline{9}$ | 2. Gleichung von der 1. Gleichung subtrahieren

$9 \cdot 0,\overline{9} = 9$

Damit ergibt sich $0,\overline{9} = \frac{9}{9} = 1$.

Das Ergebnis ist demnach korrekt, da $1 - 0,\overline{9} = 0$ ist.

b) $1,3 = \frac{9}{9} + \frac{3}{10} = \frac{117}{90} = 1,2999\ldots = 1,2\overline{9}$ $\quad 2,75 = \frac{18}{9} + \frac{3}{4} = \frac{99}{36} = 2,74999\ldots = 2,74\overline{9}$

215

4.

a) $0,\overline{09}$	**f)** $-0,8125$	**k)** 6	**p)** $1,\overline{7}$
b) $-0,4$	**g)** $0,\overline{100}$	**l)** $-0,\overline{72}$	**q)** $1,\overline{142857}$
c) $-1,58\overline{3}$	**h)** $-0,\overline{6}$	**m)** $-0,\overline{769230}$	**r)** $1,\overline{36}$
d) $-0,28$	**i)** $-1,4375$	**n)** $-0,3\overline{571428}$	
e) $-0,425$	**j)** $-0,\overline{7}$	**o)** $-1,171875$	

5. **a)** $\frac{1}{7} = 0,\overline{142857}$; $\quad \frac{2}{7} = 0,\overline{285714}$; $\quad \frac{3}{7} = 0,\overline{428571}$;

$\frac{4}{7} = 0,\overline{571428}$; $\quad \frac{5}{7} = 0,\overline{714285}$; $\quad \frac{6}{7} = 0,\overline{857142}$

Die Perioden bestehen aus den gleichen Ziffern.

b) $\frac{1}{13} = 0,\overline{076923}$; $\quad \frac{2}{13} = 0,\overline{153846}$; $\quad \frac{3}{13} = 0,\overline{230769}$; $\quad \frac{4}{13} = 0,\overline{307692}$;

$\frac{5}{13} = 0,\overline{384615}$; $\quad \frac{6}{13} = 0,\overline{461538}$; $\quad \frac{7}{13} = 0,\overline{538461}$; $\quad \frac{8}{13} = 0,\overline{615384}$;

$\frac{9}{13} = 0,\overline{692307}$; $\quad \frac{10}{13} = 0,\overline{769230}$; $\quad \frac{11}{13} = 0,\overline{846153}$; $\quad \frac{12}{13} = 0,\overline{923076}$

Bei den Zählern 1, 3, 4, 9, 10, 12 bestehen die Perioden aus den Ziffern 0, 2, 3, 6, 7, 9.

Bei den Zählern 2, 5, 6, 7, 8, 11 bestehen die Perioden aus den Ziffern 1, 3, 4, 5, 6, 8.

6. **a)** $\frac{59}{4}$ $\quad$ **b)** $\frac{3333}{10000}$ $\quad$ **c)** $-\frac{341}{20}$ $\quad$ **d)** $\frac{1}{5000}$ $\quad$ **e)** $\frac{33}{32}$ $\quad$ **f)** $-\frac{829}{100}$

7.

a) $2\frac{7}{9}$	**d)** $2\frac{7}{99}$	**g)** $2\frac{7}{90}$	**j)** $3\frac{2}{9}$	**m)** $3\frac{200}{999}$	**p)** $3\frac{1}{450}$
b) $\frac{8}{33}$	**e)** $\frac{119}{495}$	**h)** $\frac{80}{333}$	**k)** $\frac{8}{333}$	**n)** $\frac{800}{3333}$	**q)** $\frac{1199}{4995}$
c) $22\frac{16}{45}$	**f)** $-5\frac{65}{198}$	**i)** $19\frac{43}{225}$	**l)** $3\frac{3376}{8325}$	**o)** $0,2 = \frac{2}{10}$	**r)** $7\frac{1}{4}$

8. Wir stellen jeweils die Wurzel als vollständig gekürzten Bruch $\frac{m}{n}$ dar.

a) $\frac{m}{n} = \sqrt{8}$, also $\frac{m \cdot m}{n \cdot n} = 8$. Da $\sqrt{8}$ zwischen 2 und 3 liegt, ist $\frac{m}{n}$ keine natürliche Zahl, also $n \neq 1$. Da $\frac{m \cdot m}{n \cdot n}$ bereits gekürzt und $n \cdot n \neq 1$ ist, ist $\frac{m \cdot m}{n \cdot n}$ nicht gleich der natürlichen Zahl 8. Also ist $\sqrt{8}$ keine rationale Zahl.

b) $\frac{m}{n} = \sqrt{18}$, also $\frac{m \cdot m}{n \cdot n} = 18$. Da $\sqrt{18}$ zwischen 4 und 5 liegt, ist $\frac{m}{n}$ keine natürliche Zahl, also $n \neq 1$. Da $\frac{m \cdot m}{n \cdot n}$ bereits gekürzt und $n \cdot n \neq 1$ ist, ist $\frac{m \cdot m}{n \cdot n}$ nicht gleich der natürlichen Zahl 18. Also ist $\sqrt{18}$ keine rationale Zahl.

215

8. c) $\frac{m}{n} = \sqrt{1\,000}$, also $\frac{m \cdot m}{n \cdot n} = 1\,000$. Da $\sqrt{1\,000}$ zwischen 31 und 32 liegt, ist $\frac{m}{n}$ keine natürliche Zahl, also $n \neq 1$. Da $\frac{m \cdot m}{n \cdot n}$ bereits gekürzt und $n \cdot n \neq 1$ ist, ist $\frac{m \cdot m}{n \cdot n}$ nicht gleich der natürlichen Zahl 1 000. Also ist $\sqrt{1\,000}$ keine rationale Zahl.

d) $\frac{m}{n} = \sqrt{\frac{1}{6}}$, also $\frac{m \cdot m}{n \cdot n} = \frac{1}{6}$. Da $\sqrt{\frac{1}{6}}$ zwischen $\sqrt{\frac{1}{9}} = \frac{1}{3}$ und $\sqrt{\frac{1}{4}} = \frac{1}{2}$ liegt, ist $\frac{m}{n}$ keine natürliche Zahl, also $n \neq 1$. Da $\frac{m \cdot m}{n \cdot n}$ bereits gekürzt ist, müsste $n \cdot n = 6$ sein. Es gibt aber keine natürliche Zahl, dessen Quadrat gleich 6 ist. Also ist $\sqrt{\frac{1}{6}}$ keine rationale Zahl.

e) $\frac{m}{n} = \sqrt{0{,}2} = \frac{1}{5}$, also $\frac{m \cdot m}{n \cdot n} = \frac{1}{5}$. Da $\sqrt{\frac{1}{5}}$ zwischen $\sqrt{\frac{1}{9}} = \frac{1}{3}$ und $\sqrt{\frac{1}{4}} = \frac{1}{2}$ liegt, ist $\frac{m}{n}$ keine natürliche Zahl, also $n \neq 1$. Da $\frac{m \cdot m}{n \cdot n}$ bereits gekürzt ist, müsste $n \cdot n = 5$ sein. Es gibt aber keine natürliche Zahl, dessen Quadrat gleich 5 ist. Also ist $\sqrt{\frac{1}{5}}$ keine rationale Zahl.

9. Die Zahl $10\,n^2$ endet mit einer Null, also müsste die Zahl m^2 auch mit einer Null enden.
Da m^2 das Quadrat einer Zahl ist, muss sie dann aber auf 0 oder 2 oder 4 oder 6 oder … Nullen enden. Die Zahl $10\,n^2$ endet aber auf 1 oder 3 oder 5 oder … Nullen.

Das kann ich noch!

A) 1) Der Quader hat das Volumen: $V_Q = 3\,cm \cdot 3\,cm \cdot 4\,cm = 36\,cm^3$.
Ein Würfel mit 1 cm Kantenlänge hat das Volumen:
$V_W = 1\,cm \cdot 1\,cm \cdot 1\,cm = 1\,cm^3$.
Daher gilt für die Anzahl der Würfel $\frac{36\,cm^3}{1\,cm^3} = 36$. Es entstehen 36 Würfel.

2) Entlang jeder der 4 Kanten von 4 cm Länge werden Würfel mit zwei grünen Flächen entstehen. Daher gilt: $4 \cdot 4 = 16$
Es sind 16 Würfel, die jeweils zwei grüne Flächen haben.

3) Entlang der beiden roten quadratischen Flächen werden Würfel mit einer roten Fläche entstehen. Daher gilt: $3 \cdot 3 \cdot 2 = 18$
Es sind 18 Würfel, die jeweils eine rote Fläche haben.

4) 18 Würfel haben eine rote Fläche, 16 Würfel haben jeweils zwei grüne, davon überscheiden sich 4 Würfel an den 3 cm langen Kanten.
Daher sind $18 + 16 - 4 = 30$ Würfel farbig und sind $36 - 30 = 6$ Würfel ungefärbt.

6.2 Reelle Zahlen

216

Einstieg:
Das Quadrat wird in vier gleich große rechtwinklige Dreiecke mit den Schenkellängen $r = 3\,cm$ zerlegt.
Der Flächeninhalt eines Dreiecks ist also $A_D = \frac{1}{2} \cdot 3\,cm \cdot 3\,cm = 4{,}5\,cm^2$.
Der Flächeninhalt des Quadrats beträgt dann $4 \cdot 4{,}5\,cm^2 = 18\,cm^2$.
Die Seitenlänge des Quadrats ist also $\sqrt{18}$ cm. Es schneidet die Koordinatenachsen in einem Abstand von $\frac{1}{2} \cdot \sqrt{18}$ cm vom Koordinatenursprung.

217

2. a) Man erhält durch Bildung des arithmetischen Mittels der Zahlen immer wieder eine rationale Zahl, die zwischen beiden liegt. Man erhält so unendlich viele rationale Zahlen.
   b) Wie in a) findet man immer wieder eine rationale Zahl, die noch näher an 1 liegt. Daher ist die Angabe einer rationalen Zahl, die direkt auf 1 folgt, nicht möglich.

3. *Behauptung:* Das Produkt zu $n \cdot \sqrt{2}$ ist für alle natürlichen Zahlen ungleich 0 wieder eine irrationale Zahl. (Man erhält so schon unendlich viele irrationale Zahlen.)
   Beweis: Wäre $n \cdot \sqrt{2}$ rational, dann wäre $(n \cdot \sqrt{2}) : n$ auch rational, da Dividend und Divisor rational sind.
   $(n \cdot \sqrt{2}) : n = \sqrt{2}$ ist aber irrational, also ist auch $n \cdot \sqrt{2}$ irrational.
   Daher gibt es unendlich viele irrationale Zahlen.

4. $\sqrt{2}$ wird in der Lösung zu Aufgabe 1 Seite 216 des Schülerbandes konstruiert. Für $5 \cdot \sqrt{2}$ wird mithilfe des Zirkels diese Strecke dann noch viermal daran abgetragen.
   Für $\frac{1}{2} \cdot \sqrt{2}$ wird mithilfe des Zirkels und des Lineals die Strecke $\sqrt{2}$ halbiert.
   (Um die beiden Endpunkte der Strecke für $\sqrt{2}$ jeweils einen Kreis konstruieren und die beiden Schnittpunkte der Kreise verbinden. Die so entstandene Strecke (Mittelsenkrechte) halbiert die Strecke für $\sqrt{2}$.)

5. a) Jedes der vier rechtwinkligen zueinander kongruenten Dreiecke hat den Flächeninhalt $\frac{1}{2} \cdot 5 \cdot 5 = 12{,}5$. Der gesamte Flächeninhalt der Figur ist $4 \cdot 12{,}5 = 50$. Da es sich um ein Quadrat handelt, ist eine Seitenlänge $\sqrt{50}$.
   b) $8 = 4 \cdot 2$
   $\frac{1}{2} \cdot 2 \cdot 2 = 2$

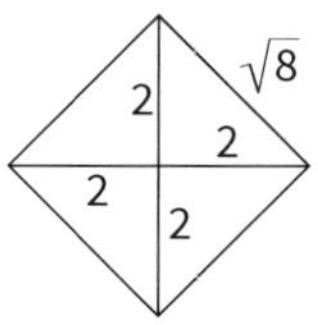

217 **5.** **c)** *Beispiele:*

$\sqrt{72}$, denn $72 = 4 \cdot 18$ und $18 = \frac{1}{2} \cdot 6 \cdot 6$

(Quadrat mit den Diagonalenlängen $2 \cdot 6 = 12$).

$\sqrt{32}$, denn $32 = 4 \cdot 8$ und $8 = \frac{1}{2} \cdot 4 \cdot 4$

(Quadrat mit den Diagonalenlängen $2 \cdot 4 = 8$).

$\sqrt{98}$, denn $98 = 4 \cdot 24{,}5$ und $24{,}5 = \frac{1}{2} \cdot 7 \cdot 7$

(Quadrat mit den Diagonalenlängen $2 \cdot 7 = 14$).

d) $14 = 4 \cdot 3{,}5$; Die Quadratwurzel aus der Maßzahl des doppelten Flächeninhalts des rechtwinkligen Dreiecks muss rational sein. Das ist hier nicht der Fall $(2 \cdot 3{,}5 = 7)$.

6. **(1)** Der Flächeninhalt des Quadrats ist $\sqrt{A} \cdot \sqrt{A} = A$ (Definition der Wurzel).

(2) Ersichtlich hat das Quadrat mit der Seitenlänge x (Diagonalenlänge des kleinen Quadrates) einen doppelt so großen Flächeninhalt wie das kleine Quadrat.
Also: $x^2 = 2a^2$.
Nach Definition der Wurzel ist dann: $x = \sqrt{2a^2}$.

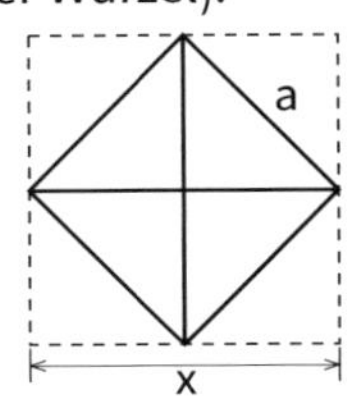

7. **(1)** $0{,}1223334444\overline{5}$ oder $0{,}12233344445\overline{6}$ oder $0{,}\overline{12233344445}$
Der Dezimalbruch ist periodisch und deshalb als Bruch darstellbar.

(2) 0,1223334444555556... (6 Sechsen, dann 7 Sieben, dann 8 Achten usw.)
oder 0,1223334444565565556...
0,1223334444575575557...
Die so konstruierten Dezimalbrüche sind nicht periodisch und daher irrational.

8. **(1)** Es folgen nur Einsen; rationale Zahl
(2) Es folgen 188881888881 usw.; irrationale Zahl
(3) Es folgen 818181...; rationale Zahl
(4) Es folgen 474849410411 usw.; irrationale Zahl
(5) Es folgen 1521521521 usw.; rationale Zahl
(6) Es folgen 51525152 usw.; rationale Zahl

9. **a)** Durch Bildung des arithmetischen Mittels erhält man unendlich viele Zahlen dazwischen (siehe Weiterführende Aufgabe 2).

b) Zum Beispiel: $\frac{1}{3} = \frac{2}{6}$; $\frac{2}{3} = \frac{4}{6}$; $\frac{3}{6} = \frac{1}{2}$ liegt zwischen $\frac{2}{6}$ und $\frac{4}{6}$, also auch zwischen $\frac{1}{3}$ und $\frac{2}{3}$.

217

10. *Behauptung:* Das Produkt zu $n \cdot \sqrt{3}$ ist für alle natürlichen Zahlen ungleich 0 wieder eine irrationale Zahl. Dann sind alle Vielfachen von $\sqrt{3}$ irrational.
Beweis: Wir zeigen, dass $n \cdot \sqrt{3}$ nicht rational ist und daher irrational sein muss. Wäre $n \cdot \sqrt{3}$ rational, dann wäre $(n \cdot \sqrt{3}) : n$ auch rational, da Dividend und Divisor rational sind. $(n \cdot \sqrt{3}) : n = \sqrt{3}$ ist aber irrational, also ist $n \cdot \sqrt{3}$ irrational. Daher sind alle Vielfachen von $\sqrt{3}$ irrational.

11. $\sqrt{2}$ wird wie in Aufgabe 1 konstruiert. Das Quadrat mit der Seitenlänge $\sqrt{2}$ cm hat den Flächeninhalt 2 cm². Teilt man das Quadrat in vier gleich große Quadrate, so hat ein kleineres Quadrat den Flächeninhalt 0,5 cm², also die Seitenlänge $\sqrt{0{,}5}$ cm. Daher liegt $\sqrt{0{,}5}$ genau in der Mitte zwischen 0 und $\sqrt{2}$.

6.3 Intervallhalbierungsverfahren

218

Einstieg:
Man könnte z. B. zuerst fragen: „Ist die Zahl größer oder kleiner als 32?“ Man teilt also die Zahlen von 1 bis 64 in zwei Hälften. Danach bildet man jeweils wieder die Mitte der Hälfte, in der sich die Zahl befinden muss. So kann man sich dann bis zur gesuchten Zahl vortasten.

219

1. a) $4 < \sqrt{19} < 5$
$4 < \sqrt{19} < 4{,}5$
$4{,}25 < \sqrt{19} < 4{,}5$
$4{,}25 < \sqrt{19} < 4{,}375$
$4{,}3125 < \sqrt{19} < 4{,}375$

b) $5 < \sqrt{27} < 6$
$5 < \sqrt{27} < 5{,}5$
$5 < \sqrt{27} < 5{,}25$
$5{,}125 < \sqrt{27} < 5{,}25$
$5{,}1875 < \sqrt{27} < 5{,}27$

c) $0 < \sqrt{0{,}7} < 1$
$0{,}5 < \sqrt{0{,}7} < 1$
$0{,}75 < \sqrt{0{,}7} < 1$
$0{,}75 < \sqrt{0{,}7} < 0{,}875$
$0{,}8125 < \sqrt{0{,}7} < 0{,}875$

d) $7 < \sqrt{50} < 8$
$7 < \sqrt{50} < 7{,}5$
$7 < \sqrt{50} < 7{,}25$
$7 < \sqrt{50} < 7{,}125$
$7{,}0625 < \sqrt{50} < 7{,}125$

e) $2 < \sqrt{7{,}4} < 3$
$2{,}5 < \sqrt{7{,}4} < 3$
$2{,}5 < \sqrt{7{,}4} < 2{,}75$
$2{,}62 < \sqrt{7{,}4} < 2{,}75$
$2{,}685 < \sqrt{7{,}4} < 2{,}75$

f) $10 \leq \sqrt{100} \leq 10$
$\sqrt{100} = 10$

2. a) $\sqrt{30} \approx 5{,}48$
b) $\sqrt{50} \approx 7{,}07$
c) $\sqrt{163} \approx 12{,}77$
d) $\sqrt{197} \approx 14{,}04$
e) $\sqrt{\frac{1}{8}} \approx 0{,}35$
f) $\sqrt{\frac{1}{17}} \approx 0{,}24$

Im Blickpunkt: Schnelle Berechnung von Wurzeln mit dem Heronverfahren

221 1. a)

Faktor a	Faktor $b = \frac{30}{a}$	Mittelwert $m = \frac{a+b}{2}$	Kontrolle: $m^2 = 6$?
5	6	$\frac{11}{2} = 5{,}5$	30,25
$\frac{11}{2} = 5{,}5$	$\frac{60}{11} = 5{,}454\ldots$	$\frac{241}{44} = 5{,}4772727\ldots$	30,0005...
$\frac{241}{44} = 5{,}4772727\ldots$	$\frac{1\,320}{241} = 5{,}477178\ldots$	5,47722557	30,0000...

Man erhält den Näherungswert $\sqrt{30} = 5{,}47722557\ldots$.

b)

Faktor a	Faktor $b = \frac{13}{a}$	Mittelwert $m = \frac{a+b}{2}$	Kontrolle: $m^2 = 6$?
3	$\frac{13}{3} = 4{,}33\ldots$	$\frac{11}{3} = 3{,}666\ldots$	13,444...
$\frac{11}{3} = 3{,}666\ldots$	$\frac{39}{11} = 3{,}54545\ldots$	$\frac{119}{33} = 3{,}60606\ldots$	13,00367...
$\frac{119}{33} = 3{,}60606\ldots$	$\frac{429}{119} = 3{,}60504\ldots$	3,6055513...	13,0000...

Man erhält den Näherungswert $\sqrt{13} = 3{,}6055513\ldots$.

2. a) –
   b) Startwert 2 braucht einen Schritt mehr und Startwert 1 benötigt zwei Schritte mehr als Startwert 3 um dieselbe Genauigkeit zu erreichen.

3. Setzt man $b_0 = \frac{a}{a_0}$ in der Formel $a_1 = \frac{a_0 + b_0}{2}$ ein, so erhält man:
   $a_1 = \frac{1}{2}\left(a_0 + \frac{a}{a_0}\right)$. Die explizite Berechnung des zweiten Faktors wird eingespart.

4. –

5. Das Heronverfahren ist wesentlich schneller.

6.4 Rechenregeln für Quadratwurzeln und ihre Anwendung

222 **Einstieg:**

$\sqrt{a} \cdot \sqrt{b} = \sqrt{a \cdot b}$: $\sqrt{7} \cdot \sqrt{5} = \sqrt{7 \cdot 5} = \sqrt{35}$

$\sqrt{2} \cdot \sqrt{5} = \sqrt{2 \cdot 5} = \sqrt{10}$

$\frac{\sqrt{a}}{\sqrt{b}} = \sqrt{\frac{a}{b}}$: $\frac{\sqrt{6}}{\sqrt{3}} = \sqrt{\frac{6}{3}} = \sqrt{2}$

Regeln siehe Wurzelgesetze auf Seite 223 im Schülerband.

224

2. a) $\sqrt{18} = \sqrt{9 \cdot 2} = \sqrt{9} \cdot \sqrt{2} = 3 \cdot \sqrt{2}$ $\quad \sqrt{18} - \sqrt{2} = 3 \cdot \sqrt{2} - \sqrt{2} = 2 \cdot \sqrt{2}$

$\sqrt{18} + \sqrt{2} = 3 \cdot \sqrt{2} + \sqrt{2} = 4 \cdot \sqrt{2}$

Allgemein gilt: $\sqrt{a^2 \cdot b} = \sqrt{a^2} \cdot \sqrt{b} = |a| \cdot \sqrt{b}$

b) (1) $\sqrt{a^2 b} = \sqrt{a^2}\sqrt{b} = |a|\sqrt{b}$ $\quad$ (3) $\sqrt{\frac{a^2}{b}} = \frac{\sqrt{a^2}}{\sqrt{b}} = \frac{|a|}{\sqrt{b}}$

(2) $\sqrt{\frac{a}{b^2}} = \frac{\sqrt{a}}{\sqrt{b^2}} = \frac{\sqrt{a}}{|b|}$

c) (1) $5\sqrt{2}$ $\quad$ (2) $\frac{\sqrt{3}}{4}$ $\quad$ (3) $\frac{3}{\sqrt{11}}$

3. a) Anwendung des Distributivgesetzes: Ausklammern der Wurzel.

b) (1) $\sqrt{3} + \sqrt{12} = \sqrt{3} + \sqrt{4 \cdot 3} = \sqrt{3} + 2\sqrt{3} = 3\sqrt{3} = \sqrt{9 \cdot 3} = \sqrt{27}$

(2) $\sqrt{12} - \sqrt{3} = \sqrt{4 \cdot 3} - \sqrt{3} = 2\sqrt{3} - \sqrt{3} = \sqrt{3}$

4. a) 12 b) 8 c) 30 d) 10 e) 13 f) 40 g) 1,2 h) 4 i) 8

5. a) 15 b) 24 c) 120 d) 156 e) 2,8 f) 9,9 g) 84 h) 8 i) 54

6. a) 2 b) 5 c) 6 d) 7 e) 4 f) 5 g) 2 h) 12 i) 3

7. Druckfehler in der ersten Auflage in Teilaufgabe c): $\sqrt{\frac{361}{144}}$

a) $\frac{7}{3}$ b) $\frac{25}{2}$ c) $\frac{19}{12}$ d) $\frac{1,2}{5} = 0,24$ e) $\frac{5}{7}$ f) $\frac{2,5}{1,5} = \frac{5}{3}$ g) $\frac{1,3}{1,6} = \frac{13}{16}$ h) $\frac{3}{2}$

225

8. a) $2\sqrt{3}$ b) $4\sqrt{2}$ c) $6\sqrt{2}$ d) $6\sqrt{5}$ e) $5\sqrt{5}$ f) $8\sqrt{3}$ g) $6\sqrt{10}$ h) $5\sqrt{21}$ i) $12\sqrt{5}$ j) $14\sqrt{5}$ k) $11\sqrt{11}$ l) $\frac{\sqrt{3}}{4}$ m) $\frac{\sqrt{7}}{5}$ n) $\frac{\sqrt{3}}{20}$

9. –

10. a) $\sqrt{68}$ b) $\sqrt{490}$ c) $\sqrt{7}$ d) $\sqrt{\frac{99}{16}}$ e) $\sqrt{\frac{11}{6}}$ f) $\sqrt{13}$ g) $\sqrt{1733}$ h) $\sqrt{\frac{1}{8}}$

225 **11.** Druckfehler in der ersten Auflage in Teilaufgabe d): $\sqrt{48\,400}$

a) 250 b) 900 c) 7 000 d) 220 e) 0,05 f) 0,11 g) 0,006 h) 0,025 i) 0,002

12. a) $\sqrt{0{,}09} = 0{,}3$ $\sqrt{0{,}9} \approx 0{,}9486833$

$\sqrt{9} = 3$ $\sqrt{90} \approx 9{,}486833$

$\sqrt{900} = 30$ $\sqrt{9\,000} \approx 94{,}86833$

$\sqrt{90\,000} = 300$

Verhundertfacht sich der Radikand, so verzehnfacht sich das Ergebnis.

b) $\sqrt{a \cdot 100} = \sqrt{a} \cdot \sqrt{100} = \sqrt{a} \cdot 10$ $\sqrt{a : 100} = \sqrt{a} : \sqrt{100} = \sqrt{a} : 100$

13. a) $11\sqrt{5}$ b) $-4\sqrt{7}$ c) $5\sqrt{5}$ d) $2{,}1\sqrt{6}$ e) $\frac{5}{4}\sqrt{7}$ f) $-\frac{1}{24}\sqrt{2}$ g) $7\sqrt{3}$ h) $5\sqrt{10}$ i) $11{,}5\sqrt{2} - 13{,}5\sqrt{3}$

14. a) $5\sqrt{2}$ b) $2\sqrt{3}$ c) $\sqrt{5}$ d) $-\sqrt{2}$ e) $8\sqrt{3}$ f) $-2\sqrt{5}$ g) $37\sqrt{3}$ h) $12\sqrt{7}$ i) $-15\sqrt{11}$

15. a) Richtig, denn $\sqrt{27} = 3\sqrt{3}$, $\sqrt{48} = 4\sqrt{3}$.

b) Richtig, denn $\sqrt{50} = 5\sqrt{2}$, $\sqrt{32} = 4\sqrt{2}$.

c) Richtig, denn $\sqrt{20} = 2\sqrt{5}$, $\sqrt{45} = 3\sqrt{5}$.

d) Richtig, denn $\sqrt{28} = 2\sqrt{7}$.

e) Richtig, denn $\sqrt{28} = 2\sqrt{7}$, $\sqrt{63} = 3\sqrt{7}$, $5\sqrt{7} = \sqrt{175}$.

f) Richtig, denn $\sqrt{147} = 7\sqrt{3}$, $\sqrt{75} = 5\sqrt{3}$, $\sqrt{12} = 2\sqrt{3}$.

g) Falsch, denn $\sqrt{18} = 3\sqrt{2}$, richtiges Ergebnis: $-2\sqrt{2}$.

h) Richtig, denn $\sqrt{27} = 3\sqrt{3}$.

i) Richtig, denn $\sqrt{2} = \sqrt{4 \cdot 0{,}5} = 2\sqrt{0{,}5}$.

6.5 Anwenden der Wurzelgesetze auf Terme mit Variablen

226 **Einstieg:**

Fall 1: Steht unter der Wurzel x^2, so kann dieses x^2 auch für negative Einsetzungen von x positiv sein, da Minus mal Minus ebenfalls Plus ergibt. Daher ist auch die Wurzel aus x^2 für $x \in \mathbb{R}$ definiert und daher ist bei negativen Einsetzungen für x des Ergebnis nach dem Radizieren der Betrag, weil durch das vorherige Quadrieren das Vorzeichen positiv geworden ist und weil die Wurzel für negative Radikanden nicht definiert ist. Für positive Einsetzungen ändert sich am Betrag der Wert nicht, dies zeigt auch, dass z. B. der Betrag von 5 gleich 5 ist.

226 Fortsetzung

Deutlich wird dies bei den folgenden Einsetzungen:

$\sqrt{5^2} = \sqrt{25} = 5 = |5|$ $\sqrt{(-5)^2} = \sqrt{25} = 5 = |-5|$

Fall 2: Begründung wie bei Fall 1 unter Hinweis auf die Anwendung des Wurzelgesetzes W1 für die Multiplikation.

Fall 3: Begründung wie bei Fall 1und 2 unter Hinweis auf die Anwendung des Wurzelgesetzes W1 für die Multiplikation.

228

3. a) Nur für $x \geq 1{,}5$ ist der Term $8x - 12$ nichtnegativ und der Rechner kann die Wurzel berechnen

b) (1) $D = \{x \in \mathbb{R} \mid x \geq -4\}$ (3) $D = \{0\}$
(2) $D = \mathbb{R}$ (4) $D = \{\ \}$

4. a) $|c|$ **c)** $-c;\ c \geq 0$ **e)** $-c^2$ **g)** $3|r|$ **i)** $|2-a|$
b) $|c|$ **d)** $c;\ c \geq 0$ **f)** $3r$ **h)** $-3|r|$ **j)** $1-a;\ a \geq 1$

5. Linker Graph: $y = \sqrt{x^2}$; rechter Graph: $y = (\sqrt{x})^2$

229

6. a) Falsch; gilt nur für $x \geq 0$. **e)** Falsch; gilt nur für $x = 0$.
b) Falsch; gilt nur für $x \leq 0$. **f)** Richtig.
c) Falsch; gilt nur für $x \geq 0$. **g)** Falsch; gilt nur für $x \leq 0$.
d) Richtig. **h)** Richtig.

7. a) y (für $y \geq 0$) **e)** $3 \cdot |a| \cdot b$ (für $b \geq 0$)
b) y^2 (für $y \geq 0$) **f)** $12z$ (für $z \geq 0$)
c) $x \cdot |y|$ (für $x \geq 0$) **g)** $0{,}1u$ (für $u \geq 0$)
d) $10y$ (für $y \geq 0$) **h)** $0{,}6 \cdot |x|$

8. a) x (für $x > 0$) **c)** $\frac{1}{|b|}$ (für $a > 0,\ b \neq 0$)
b) $|x|$ (für $y > 0$) **d)** $\frac{\sqrt{v}}{u}$ (für $u > 0,\ v \geq 0$)

9. a) $8uv$ (für $u \geq 0$ und $v \geq 0$) **d)** $\sqrt{18}\,m \cdot \sqrt{m} \cdot n$ (für $n \geq 0$ und $m \geq 0$)
b) $6x \cdot \sqrt{xy}$ (für $x \geq 0$) **e)** $x^2y \cdot \sqrt{y}$ (für $y \geq 0$)
c) $5a \cdot |b|$ (für $a \geq 0$) **f)** $\sqrt{12}\,p^2q^2$ (für $p \geq 0$ und $q \geq 0$)

10. a) $3|x|$ **c)** $6a^2$ **e)** $|pqr|$ **g)** $1{,}4 \cdot |x| \cdot y^2$
b) $|xy|$ **d)** $9|m \cdot n|$ **f)** $3m^2n^2$ **h)** $5|u| \cdot v^2 \cdot |w^3|$

229

11.
a) $|a| \cdot \sqrt{7}$
b) $|b| \cdot \sqrt{2}$
c) $2\sqrt{x}$ (für $x \geq 0$)
d) $2\sqrt{3} \cdot |c|$
e) $|x| \cdot \sqrt{y}$ (für $y \geq 0$)
f) $|d| \cdot \sqrt{c}$ (für $c \geq 0$)
g) $z^2 \cdot \sqrt{z}$ (für $z \geq 0$)
h) $5x \cdot \sqrt{x}$ (für $x \geq 0$)
i) $3 \cdot |b| \cdot \sqrt{2a}$ (für $a \geq 0$)
j) $|a| \cdot b^2 \cdot \sqrt{3}$
k) $a \cdot |b| \cdot \sqrt{10a}$ (für $a \geq 0$)
l) $0{,}9 \cdot |z| \cdot \sqrt{xz}$ ($x \cdot z \geq 0$)
m) $\frac{\sqrt{30}}{|a|}$ (für $a \neq 0$)
n) $\frac{\sqrt{a}}{7}$ (für $a \geq 0$)
o) $\left|\frac{a}{b}\right| \cdot \sqrt{2}$ (für $b \neq 0$)
p) $\frac{\sqrt{a}}{b^2}$ (für $a \geq 0$, $b \neq 0$)
q) $\frac{a\sqrt{a}}{b^2}$ (für $a \geq 0$, $b \neq 0$)
r) $\frac{2r^2}{|s|} \cdot \sqrt{\frac{2}{5}}$ (für $s \neq 0$)

12.
a) $\sqrt{a^2 b}$ (für $b \geq 0$)
b) $\sqrt{4c^2 d^2}$
c) $\sqrt{u^3 v}$ $\left(\text{für } v \neq 0, \frac{u}{v} \geq 0\right)$
d) $\sqrt{a^3 b c}$ $\left(\text{für } b \neq 0, c \neq 0, \frac{a}{bc} \geq 0\right)$
e) $\sqrt{x^5 y}$ $\left(\text{für } y \neq 0, \frac{x}{y} \geq 0\right)$
f) $\sqrt{\frac{p}{q}}$ $\left(\text{für } q \neq 0, \frac{q}{p} \geq 0\right)$

13.
a) $\sqrt{20} \cdot |a|$
b) $2 \cdot |x| \cdot \sqrt{y}$
c) $|xy^3|$
d) $z \cdot \sqrt{z}$ (für $z \geq 0$)
e) $5x \cdot \sqrt{5x}$ (für $x \geq 0$)
f) $\frac{3\sqrt{3} \cdot |b|}{|a|}$
g) $\frac{a^2 \cdot \sqrt{a}}{5}$ (für $a \geq 0$)
h) $\frac{|x|}{b^2}$
i) $0{,}5 \cdot |r|$
j) $2\sqrt{2} \cdot |a| \cdot b \cdot |c^3|$

14.
a) falsch; Wurzelgesetz gilt nicht für die Addition.
b) falsch; $\sqrt{p^2 \cdot q^2} = |p| \cdot |q| = |pq|$
c) richtig
d) falsch; Wurzelgesetz gilt *nicht* für Subtraktion und $\sqrt{p^2} = |p|$.

230

15.
a) $D = \{x \mid x \geq -5\}$
b) $D = \{a \mid a \geq 3\}$
c) $D = \{a \mid a \leq 5\}$
d) $D = \{p \mid p \geq -7\}$
e) $D = \{x \mid x \geq -2\}$
f) $D = \left\{x \mid x \leq \frac{7}{5}\right\}$
g) $D = \{x \mid x \geq -9\}$
h) $D = \{x \mid x \geq 24\}$
i) $D = \left\{v \mid v \leq \frac{7}{5}\right\}$
j) $D = \left\{x \mid x \leq \frac{4}{3}\right\}$
k) $D = \left\{x \mid x \geq -\frac{2}{3}\right\}$
l) $D = \{z \mid z \geq 0\}$

16.

	Definitionsmenge	Vereinfachter Term
a)	$\{a \in \mathbb{R} \mid a \geq 0\}$	$10a^2$
b)	$\{b \in \mathbb{R} \mid b > 0\}$	$\frac{b}{3}$

	Definitionsmenge	Vereinfachter Term
c)	$\{x \in \mathbb{R} \mid x > 1\}$	$2(x-1)$
d)	$\{b \in \mathbb{R} \mid b > 0\}$	$\frac{5}{b}$

Das kann ich noch!

230 A) 1)

	Absolute Häufigkeit
Sehr große Eier	8
Große Eier	14
Mittelgroße Eier	21
Kleine Eier	7

2)

	Relative Häufigkeit
Sehr große Eier	16 %
Große Eier	28 %
Mittelgroße Eier	42 %
Kleine Eier	14 %

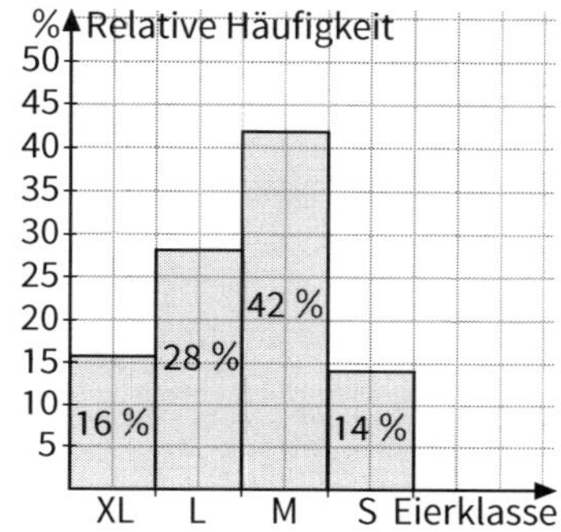

3) Minimum: 45,4 g; Maximum: 82,8 g;
Spannweite 82,8 g – 45,4 = 37,4 g

4) Arithmetisches Mittel:
m = 3 097,5 g : 50 = 61,95 g

6.6 Umformen von Wurzeltermen

232

1. a) $3+\sqrt{3}$ b) $\sqrt{343}-7$ c) $12+\sqrt{1,5}$ d) $\sqrt{275}-5,5$ e) $5+\sqrt{10}$ f) $1-\sqrt{40}$ g) $-\left(2+\sqrt{\frac{1}{32}}\right)$ h) $3-\sqrt{108}$

2. a) $(a-b)\cdot\sqrt{5}$
b) $(a+2)\cdot\sqrt{b}$ (für $b\geq 0$)
c) $(x-y)\cdot\sqrt{z}$ (für $z\geq 0$)
d) $(3-a)\cdot x\cdot\sqrt{x}$ (für $x\geq 0$)
e) $(1-2x)\cdot x\cdot\sqrt{7x}$ (für $x\geq 0$)
f) $(\sqrt{7}+2)\cdot\sqrt{a}$ (für $a\geq 0$)
g) $(1+\sqrt{s})\cdot\sqrt{r}$ (für $r\geq 0,\ s\geq 0$)
h) $(|b|-|c|)\cdot\sqrt{a}$ (für $a\geq 0$)

3. Gedachte Zahl: x
Frau Lindemann lässt folgenden Term berechnen:
$\left(\sqrt{x}-\frac{1}{\sqrt{x}}\right)\cdot\sqrt{x}=x-1$
Sie muss demnach zum errechneten Ergebnis nur 1 addieren und erhält die gedachte Zahl.

4. Einschränkende Bedingung bei allen Teilaufgaben: Die Variablen stehen für nichtnegative Zahlen.
a) $11c$ b) $9a+9\sqrt{a}$ c) $x+x^2+x^3$ d) $u\sqrt{v}-v\sqrt{u}$ e) $x\sqrt{yz}+x\sqrt{y}$ f) $24a-35b-41\sqrt{ab}$

5. a) 12 b) 1 c) 165 d) 45 e) 6 f) 98

232

6. **a)** Falsch, richtig ist: $p + q + 2\sqrt{pq}$.

b) Falsch, richtig ist: $r - 2\sqrt{rs} + s$.

c) Falsch, richtig ist: $\sqrt{(1+r)^2} = |1+r|$.

7. **a)** $a + b - 2\sqrt{ab}$ (für $a \geq 0,\ b \geq 0$)

b) $2h + 2\sqrt{h^2 - 1}$ (für $h \geq 1$)

c) $v^2 - w$ (für $w \geq 0$)

d) $2a + 2\sqrt{a^2 - b^2}$ (für $a \geq |b|$)

8. **a)** $\frac{7}{30}\sqrt{30}$

b) $\frac{\sqrt{6}}{18}$

c) $\frac{\sqrt{5}}{5}$

d) $\frac{\sqrt{5}}{10} + 1$

e) $\sqrt{5} - \sqrt{10}$

f) $\frac{3 - \sqrt{5}}{2}$

g) $\frac{3\sqrt{5} - 5}{4}$

h) $\frac{7 + 3\sqrt{5}}{2}$

i) $\sqrt{a}$ (für $a > 0$)

j) $\frac{a + \sqrt{b}}{a^2 - b}$ (für $b \geq 0,\ b \neq a^2$)

9. $\sqrt{r} \cdot \sqrt{s} = \sqrt{r \cdot s}$ (für $r \geq 0,\ s \geq 0$)

$\sqrt{r} \cdot \left(\sqrt{r} + \sqrt{s}\right) = r + \sqrt{rs}$ (für $r \geq 0,\ s \geq 0$)

$\sqrt{r} \cdot \frac{1}{\sqrt{s}} = \sqrt{\frac{r}{s}}$ (für $r \geq 0,\ s > 0$)

$\frac{1}{\sqrt{r}} \cdot \sqrt{s} = \sqrt{\frac{s}{r}}$ (für $r > 0,\ s \geq 0$)

$\frac{1}{\sqrt{r}} \cdot \left(\sqrt{r} + \sqrt{s}\right) = 1 + \sqrt{\frac{s}{r}}$ (für $r > 0,\ s \geq 0$)

$\frac{1}{\sqrt{r}} \cdot \left(\frac{1}{\sqrt{s}}\right) = \frac{1}{\sqrt{r \cdot s}}$ (für $r > 0,\ s > 0$)

$\left(\sqrt{r} - \sqrt{s}\right) \cdot \sqrt{s} = \sqrt{rs} - s$ (für $r \geq 0,\ s \geq 0$)

$\left(\sqrt{r} - \sqrt{s}\right) \cdot \left(\sqrt{r} - \sqrt{s}\right) = r - s$ (für $r \geq 0,\ s \geq 0$)

$\left(\sqrt{r} - \sqrt{s}\right) \cdot \left(\frac{1}{\sqrt{s}}\right) = \sqrt{\frac{r}{s}} - 1$ (für $r \geq 0,\ s > 0$)

6.7 Vergleich der Zahlenbereiche $\mathbb{N}$, $\mathbb{Q}_+$, $\mathbb{Q}$ und $\mathbb{R}$

233 **Einstieg:** Keine Lösungen

234 **1.**

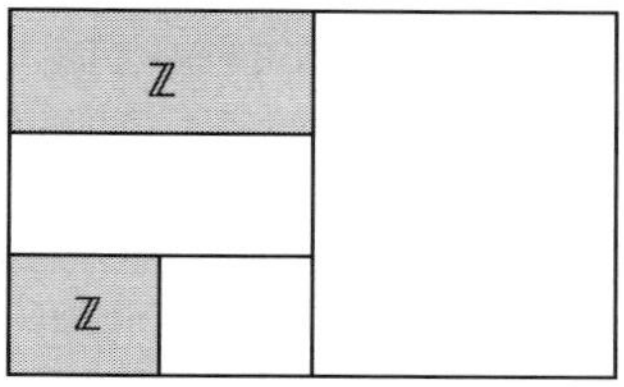

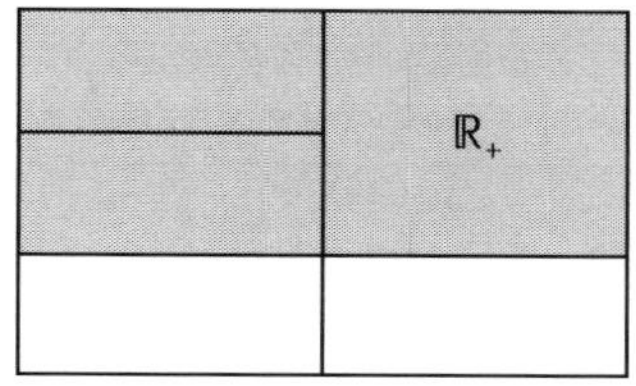

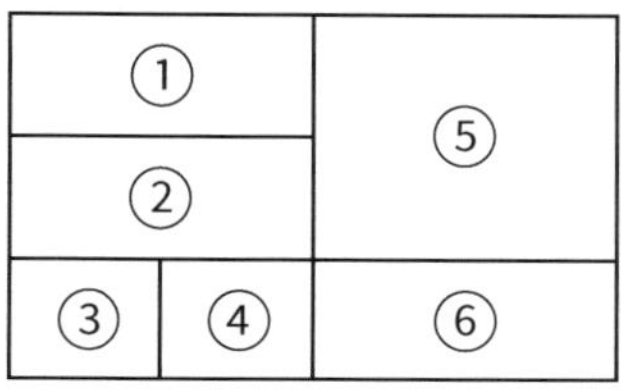

Gebiet 1:
natürliche Zahlen, z. B. 1; 2; 10
Gebiet 2:
nicht negative rationale Zahlen, die sich nicht als natürliche Zahlen schreiben lassen, z. B. $\frac{1}{2}$; $\frac{7}{3}$; $\frac{8}{5}$
Gebiet 3:
negative ganze Zahlen; z. B. -2; -3; -10
Gebiet 4:
negative rationale Zahlen, die sich nicht als ganze Zahlen schreiben lassen, z. B. $-\frac{1}{2}$; $-\frac{7}{3}$; $-\frac{8}{5}$
Gebiet 5:
positive irrationale Zahlen, z. B. $\sqrt{2}$; $\sqrt{3}$; $\sqrt{10}$
Gebiet 6:
negative irrationale Zahlen, z. B. $-\sqrt{2}$; $-\sqrt{3}$; $-\sqrt{10}$

2. a) $c = 0$ folgt sofort.

$c > 0$:

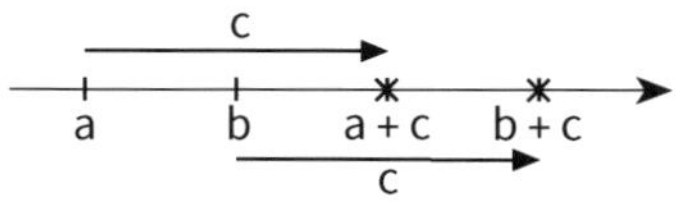

$c < 0$:

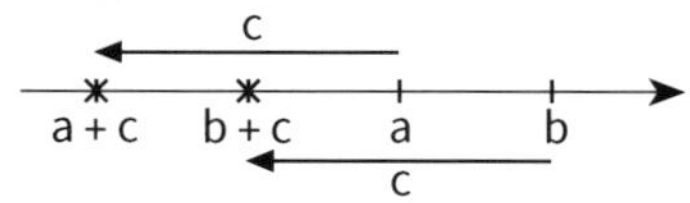

b) $a > 0$

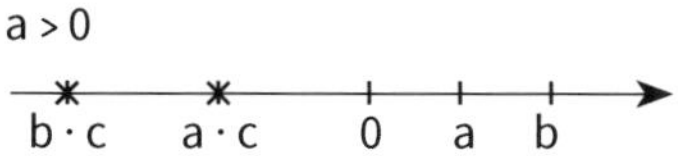

$a = 0$

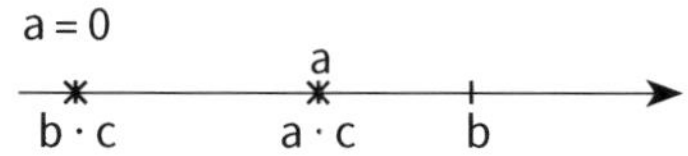

$a < 0$; $b \geq 0$

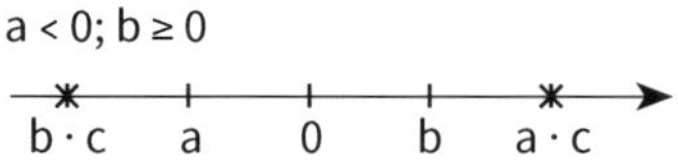

$a < 0$; $b < 0$

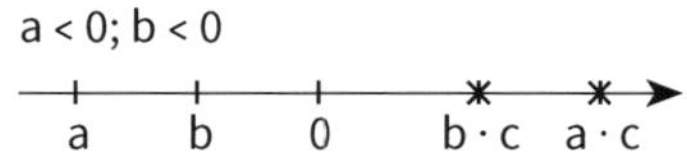

234

3. a) 3,5253
   b) Ja. Man bildet die Differenz der ersten i Dezimalstellen beider Zahlen. i muss so gewählt werden, dass diese Differenz d größer null ist. Da beide Zahlen verschieden sein sollen, ist ihre Differenz größer null und es muss folglich ein solches i geben. Man teilt die Differenz durch 2 und addiert das Ergebnis zu der Zahl, die entsteht, wenn man von der kleineren Zahl nur die ersten i Ziffern nimmt. Es entsteht eine rationale Zahl, die zwischen den beiden reellen Zahlen liegt. Teilt man die Differenz d statt durch 2 durch $\sqrt{2}$ und addiert das Ergebnis zu den ersten i Ziffern der kleineren Zahl, erhält man eine irrationale Zahl, die zwischen beiden reellen Zahlen liegt.

4. a) Wäre $\sqrt{\sqrt{2}}$ rational, dann müsste $\sqrt{\sqrt{2}} = \frac{m}{n}$ mit $m \in \mathbb{R}$ und $n \in \mathbb{R}$ gelten. Also wäre $\sqrt{2} = \frac{m^2}{n^2}$ eine rationale Zahl. Das ist falsch.
   Daher ist die Annahme falsch und $\sqrt{\sqrt{2}}$ muss irrational sein.
   b) Wäre $\sqrt{a}$ rational, dann müsste $\sqrt{a} = \frac{m}{n}$ mit $m \in \mathbb{R}$ und $n \in \mathbb{R}$ gelten. Also wäre $a = \frac{m^2}{n^2}$ eine rationale Zahl. Das ist falsch. Daher ist die Annahme falsch und $\sqrt{a}$ muss irrational sein.

5. a) Wäre $a + b$ eine rationale Zahl q, dann wäre auch die Differenz $q - b$ rational als Differenz zweier Brüche. Diese Differenz ist aber auch die Zahl a, die aber irrational sein sollte.
   Also kann $a + b$ keine rationale Zahl sein.
   b) (1) Diese Aussage ist falsch; setze z. B. $a = \sqrt{2}$ und $b = -\sqrt{2}$. Oder setze wie in (2) $a = 0{,}121221222\ldots$ und $b = 0{,}878778777\ldots$
   (2) Diese Aussage ist falsch; setze z. B.
   $a = 0{,}121221222\ldots$ und $b = 0{,}878778777\ldots$
   $a + b$ ist rational (nämlich 1); a und b sind aber beide irrational.
   Oder setze wie in (1) $a = \sqrt{2}$; $b = -\sqrt{2}$.
   (3) Diese Aussage ist wahr.

6. Sei $a > 0$ eine irrationale Zahl und der Kehrwert $\frac{1}{a}$ eine rationale Zahl. Dann müsste $\frac{1}{a} = \frac{m}{n}$ mit $m \in \mathbb{R}$ und $n \in \mathbb{R}$ gelten. Dann wäre $a = \frac{n}{m}$ eine rationale Zahl. Das ist aber falsch. Daher ist die Annahme falsch und $\frac{1}{a}$ muss irrational sein. Für $a < 0$ geht der Beweis analog.

Im Blickpunkt: Wie viele rationale und irrationale Zahlen gibt es?

235 1. a) Nein, für eine rationale Zahl kann man keine nächst größere rationale Zahl angeben, denn zwischen zwei beliebigen rationalen Zahlen a und b liegt immer die rationale Zahl $\frac{a+b}{2}$.

b) (1) Da sich jede rationale Zahl als gekürzten Bruch $\frac{m}{n}$ mit m, $n \in \mathbb{Z}$ darstellen lässt, findet sich diese Zahl in Spalte $2m - 1$ bzw. $2m$ und Zeile n im Zahlenschema.

(2) –

236 (3) Da man zwischen zwei aufeinanderfolgenden natürlichen Zahlen unendlich viele rationale Zahlen finden kann, liegt die Vermutung nahe, dass es mehr rationale als natürliche Zahlen gibt. Die Vermutung ist aber nicht richtig, da man mit dem Cantor'schen Diagonalverfahren beide Zahlmengen umkehrbar eindeutig einander zuordnen kann.

2. a) (1) So klein die Intervalle auch werden, sie decken trotzdem die dazugehörende rationale Zahl ab. Da für jede rationale Zahl ein Intervall eingetragen wird, werden folglich alle rationalen Zahlen abgedeckt. Die Intervalle überschneiden sich teilweise. Z. B. das Intervall um 0 von $-\frac{1}{2}$ bis $+\frac{1}{2}$ beinhaltet $\frac{1}{3}$ und überschneidet sich folglich mit dem Intervall, welches $\frac{1}{3}$ abdeckt.

(2) Die Länge aller Intervalle zusammen ergibt sich aus der Konstruktionsvorschrift $L = 1,\overline{1}$ dm. Dass alle rationalen Zahlen erfasst werden, folgt aus Aufgabe 2 a) (1).

b) $0,\overline{1}$ dm

c) Die rationalen Zahlen nehmen im Vergleich zu den irrationalen Zahlen nur einen sehr kleinen Anteil ein.

6.8 Aufgaben zur Vertiefung

237 1. a) Die polnische Regierung möchte die Stimmgewichte innerhalb der europäischen Union so verteilen, dass die Gewichtung proportional zur Quadratwurzel aus der Einwohnerzahl jedes Landes ist. Würden unterschiedlich große Länder eine gleiche Gewichtung erfahren, so wäre dies ungerecht. Ebenso könne es gemäß der polnischen Regierung auch zu einem Extremfall kommen, wenn die Stimmengewichtung proportional zur Einwohnerzahl geregelt sei, da dann ein einziges Land entscheide. Aufgrund dieser beiden „ungerechten" Fälle plädiert die polnische Regierung für die oben beschriebene Stimmengewichtung.

237 1. b)

Zur Zeit zwischen 2005 und 2007	Einwohner-zahl (in Mio.)	Anteil	Wurzel aus Einwohnerzahl	Anteil bezüg-lich der Wurzel
Belgien	10,51	2,13 %	3 241,91	3,37 %
Bulgarien	7,68	1,56 %	2 771,28	2,88 %
Dänemark	5,55	1,13 %	2 355,84	2,45 %
Deutschland	82,31	16,69 %	9 072,49	9,44 %
Estland	1,35	0,27 %	1 161,90	1,21 %
Finnland	5,28	1,07 %	2 297,83	2,39 %
Frankreich	60,66	12,30 %	7 788,45	8,10 %
Griechenland	11,06	2,24 %	3 325,66	3,46 %
Großbritanien	60,21	12,21 %	7 759,51	8,07 %
Irland	4,24	0,86 %	2 059,13	2,14 %
Italien	58,88	11,94 %	7 673,33	7,98 %
Lettland	2,29	0,46 %	1 513,27	1,57 %
Litauen	3,38	0,69 %	1 838,48	1,91 %
Luxemburg	0,47	0,10 %	685,57	0,71 %
Malta	0,41	0,08 %	640,31	0,67 %
Niederlande	16,37	3,32 %	4 045,99	4,21 %
Österreich	8,31	1,69 %	2 882,71	3,00 %
Polen	38,54	7,82 %	6 208,06	6,46 %
Portugal	10,95	2,22 %	3 309,08	3,44 %
Rumänien	21,71	4,40 %	4 659,40	4,85 %
Schweden	9,13	1,85 %	3 021,59	3,14 %
Slowakei	5,43	1,10 %	2 330,24	2,42 %
Slowenien	2,00	0,41 %	1 414,21	1,47 %
Spanien	45,12	9,15 %	6 717,14	6,99 %
Tschechische Republik	10,31	2,09 %	3 210,92	3,34 %
Ungarn	9,96	2,02 %	3 155,95	3,28 %
Zypern	0,95	0,19 %	974,68	1,01 %
Summe	**493,06**	**100 %**	**96 114,91**	**100 %**

c) Die Werte liegen zumeist etwa zwischen den beiden berechneten Werten. Es gibt insgesamt 751 Sitze, von denen auf Deutschland beispielsweise 96 fallen (also 96 von 751 = 12,78 %).

237 1. d)

	Einwohner (in 1 000)	Anteil	Wurzel aus der Einwohnerzahl	Anteil bezüglich der Wurzel
Nordrhein-Westfalen	17 571,86	21,76 %	4 191,88	12,81 %
Bayern	12 604,24	15,61 %	3 550,25	10,85 %
Baden-Württemberg	10 631,28	13,16 %	3 260,56	9,97 %
Niedersachsen	7 790,56	9,65 %	2 791,16	8,53 %
Hessen	6 045,48	7,49 %	2 458,76	7,52 %
Sachsen	4 046,39	5,01 %	2 011,56	6,15 %
Rheinland-Pfalz	3 994,37	4,95 %	1 998,59	6,11 %
Berlin	3 421,83	4,24 %	1 849,82	5,65 %
Schleswig-Holstein	2 815,96	3,49 %	1 678,08	5,13 %
Brandenburg	2 449,19	3,03 %	1 564,99	4,78 %
Sachsen-Anhalt	2 244,58	2,78 %	1 498,19	4,58 %
Thüringen	2 160,84	2,68 %	1 469,98	4,49 %
Hamburg	1 746,34	2,16 %	1 321,49	4,04 %
Mecklenburg-Vorpommern	1 596,51	1,98 %	1 263,53	3,86 %
Saarland	990,72	1,23 %	995,35	3,04 %
Bremen	657,39	0,81 %	810,80	2,48 %
Summe	**80 767,54**	**100 %**	**32 714,99**	**100 %**

Es gibt nur insgesamt 69 Sitze, die je nach Größe verteilt werden.
„Das abgestufte Stimmengewicht ist ein Kompromiss zwischen der „föderativen“ Forderung nach Gleichbehandlung der Länder und dem demokratischen Ideal einer exakten Repräsentation der jeweiligen Einwohnerzahlen.“

2. $\frac{1}{\sqrt{101}-\sqrt{99}} = \frac{\sqrt{101}+\sqrt{99}}{2}$ (da der Term größer 0)

$$= \sqrt{\left(\frac{\sqrt{101}+\sqrt{99}}{2}\right)\cdot\left(\frac{\sqrt{101}+\sqrt{99}}{2}\right)}$$

$$= \sqrt{\frac{101+2\sqrt{99}\sqrt{101}+99}{4}}$$

$$= \sqrt{\frac{101+2\cdot 100+99}{4}} \quad \text{da } \sqrt{99}\cdot\sqrt{101}\approx 100$$

$$= \sqrt{100} = 10$$

(1) 8 (2) 6 (3) 5 (4) 4 (5) 3

3. (1) $\frac{20-\sqrt{96}}{\sqrt{8}} = \frac{\sqrt{400}-\sqrt{96}}{\sqrt{8}} = \sqrt{50}-\sqrt{12}$

(2) $\frac{100}{4+\sqrt{7}} = \frac{100\left(4x-\sqrt{7}\right)}{16-7} = \frac{400-100\sqrt{7}}{9} = 44\frac{4}{9} - 11\frac{1}{9}\cdot\sqrt{7}$

237 4. $a > 1$ $\left(\text{und damit } \sqrt{a} - 1 > 0 \text{ und } (a-1) > 0\right)$

$$\frac{1}{\sqrt{a}-1} - \frac{\sqrt{a}}{a-1} = \frac{\sqrt{a}+1}{a-1} - \frac{\sqrt{a}}{a-1}$$
$$= \frac{\sqrt{a}+1-\sqrt{a}}{a-1}$$
$$= \frac{1}{a-1}$$
$$\left[\frac{1}{\sqrt{a}+1} - \frac{\sqrt{a}}{a-1} = \frac{\sqrt{a}-1}{a-1} - \frac{\sqrt{a}}{a-1} = \frac{-1}{a-1} = \frac{1}{1-a}\right]$$

Auf den Punkt gebracht: Rechnen mit Näherungswerten

238 1. a) a und b liegen auf der Zahlengeraden auf jeden Fall in den angegebenen Intervallen.

b) Die Summe $a + b$ ist auf jeden Fall größer als die Summe der linken Intervallgrenzen $0{,}408 + 0{,}2931 = 0{,}7011$ und kleiner als die Summe der rechten Intervallgrenzen $0{,}409 + 0{,}2932 = 0{,}7022$. Es ergibt sich $a + b = 0{,}70\ldots$ Zwei Dezimalstellen sind gesichert.

c) Dem Produkt $a \cdot b$ entspricht der Flächeninhalt des entsprechenden Rechtecks. Dieser Flächeninhalt ist in jedem Fall größer [kleiner] als der Flächeninhalt, wenn man als Seitenlänge die untere [obere] Intervallgrenze nimmt. Das Produkt $a \cdot b$ liegt demnach zwischen 0,1195848 und 0,1199188. Es ergibt sich: $a \cdot b = 0{,}119\ldots.$ Drei Dezimalstellen sind gesichert.

d) Für die Differenz $a - b$ gilt dasselbe wie für die Summe in Teilaufgabe b). Linke Intervallgrenze: $0{,}408 - 0{,}2931 = 0{,}1149$, rechte Intervallgrenze: $0{,}409 - 0{,}2932 = 0{,}1158$ d. h. $0{,}1149 \le a - b \le 0{,}1158$, $a - b = 0{,}11\ldots$ Zwei Dezimalstellen sind gesichert.

e) Der kleinste Quotient ergibt sich falls a so klein wie möglich und b so groß wie möglich ist. Die linke Intervallgrenze für a bzw. b ist deshalb 0,409 bzw. 0,2931. Analog gilt für die rechte Intervallgrenze 0,409 bzw. 0,2931. Zwei Dezimalstellen sind gesichert: a bzw. b = 1,39…

2. $32{,}65\,\text{cm} < a < 32{,}74\,\text{cm}$; $18{,}85\,\text{cm} < b < 18{,}94\,\text{cm}$

(1) a) $103\,\text{cm} < 2 \cdot (a + b) < 103{,}36\,\text{cm}$

b) $615{,}4525\,\text{cm}^2 < a \cdot b < 620{,}0956\,\text{m}^2$

c) $1{,}72386483633 < a : b < 1{,}73687002653$

(2) $29{,}65\,\text{cm} < a < 29{,}74\,\text{cm}$; $20{,}95\,\text{cm} < b < 21{,}04\,\text{cm}$

a) $101{,}2\,\text{cm} < 2 \cdot (a + b) < 101{,}56\,\text{cm}$

b) $621{,}1675\,\text{cm}^2 < a \cdot b < 625{,}7296\,\text{cm}^2$

c) $1{,}40922053232 < a : b < 1{,}41957040573$

238

3. Angabe der Werte für die jeweiligen Kantenlängen
   $46{,}5\,\text{cm} < a < 47{,}4\,\text{cm}$; $29{,}5\,\text{cm} < b < 30{,}4\,\text{cm}$, $18{,}5\,\text{cm} < c < 19{,}4\,\text{cm}$
   a) Für das Volumen gilt: $V = a \cdot b \cdot c$
      $46{,}5\,\text{cm} \cdot 29{,}5\,\text{cm} \cdot 18{,}5\,\text{cm} < V < 47{,}4\,\text{cm} \cdot 30{,}4\,\text{cm} \cdot 19{,}4\,\text{cm}$
      $25\,377{,}375\,\text{cm}^3 < V < 27\,954{,}624\,\text{cm}^3$
      $25{,}377375\,\text{dm}^3 < V < 27{,}954624\,\text{dm}^3$
   b) Für den Oberflächeninhalt gilt: $O = 2ab + 2ac + 2bc$
      $5\,555{,}5\,\text{cm}^2 < O < 5\,900{,}56\,\text{cm}^2$
      $55{,}555\,\text{dm}^2 < O < 59{,}0056\,\text{dm}^2$
   c) Für die Kantenlänge k gilt $k = 4a + 4b + 4c$
      $378\,\text{cm} < k < 388{,}8\,\text{cm}$
      $37{,}8\,\text{dm} < k < 38{,}88\,\text{dm}$

7. Berechnungen an Kreisen

241 **Einstiegsseite:**

→ 5000 Stadien entsprechen einer Strecke von 900 000 m, also 900 km.
7,2° sind der 50. Teil 360°, also sind 900 km auch der 50. Teil des Erdumfangs.
Für den Erdumfang erhält man $50 \cdot 900\,\text{km} = 45\,000\,\text{km}$.
Die genaue Entfernung von Assuan nach Alexandria beträgt 835 km.
Damit erhält man einen Erdumfang von $50 \cdot 835\,\text{km} = 41\,750\,\text{km}$

→ Nach heutigen Erkenntnissen gibt man den Erdumfang mit 40 074 km an.

Lernfeld: Wie groß sind Kreise?

241 **1. Auftrag: Dosen messen**

→ Der Umfang ist offensichtlich etwas mehr als das Dreifache des Durchmessers.

2. Auftrag: Tuben untersuchen

Intension des Arbeitsauftrags ist die experimentelle Bestimmung des Umfangs eines Kreises in Abhängigkeit vom Radius oder Durchmesser.
Das Experimentieren mit Gegenständen des Alltags soll dabei die Motivation steigern und die Aufgaben in die Lebenswelt der Schülerinnen und Schüler einbetten.

→ Die Beschreibung des Herstellungsverfahrens soll die Messidee herausstellen und die Falzbreite als halben Umfang erkennen lassen.

→ Dieser Auftrag erwartet beispielsweise eine Tabelle mit Falzbreiten und Durchmesser oder eine entsprechende grafische Darstellung.

→ Anknüpfend an Punkt 1 ist zunächst der Zusammenhang zwischen Falzbreite und Durchmesser zu formulieren und die Tabelle (Graph) aus Punkt 2 entsprechend abzuändern oder zu interpretieren.
Die Proportionalität zwischen Durchmesser und Umfang wird entdeckt, die Kreiszahl näherungsweise als Proportonalitätsfaktor bestimmt.

3. Auftrag: Kreise wiegen

Intension des Arbeitsauftrages ist die experimentelle Bestimmung des Flächeninhalts eines Kreises in Abhängigkeit vom Radius oder Durchmesser. Die Angabe der Papierqualität erlaubt eine recht genaue Flächenbestimmung. Bei der Bearbeitung der Aufgabe werden zusätzliche Vernetzungen zur Proportionalität hergestellt.

→ Die Durchführung in Gruppen beschleunigt das Herstellen der Kreise und verlangt gemeinsame Planung des experimentellen Vorgehens.

→ Die Genauigkeit kann erhöht werden, indem nicht einzelne Kreise gewogen werden, sondern eine Vielzahl (Gruppenarbeit) mit gleichem Radius.

242 **3. Auftrag:** Fortsetzung

→ Hier entdecken die Schülerinnen und Schüler, dass mit einer Verdopplung des Radius eine Vervierfachung des Flächeninhalts verbunden ist. Die Verwendung mehrerer Datensätze (Zusammenarbeit mehrerer Gruppen) ermöglicht eine Bestätigung dieser Vermutung. Die Bestimmung der Kreiszahl kann mit einem Kreis mit Einheitsradius (z. B. 1 dm) vorgenommen werden oder aus einem Vergleich unterschiedlicher Datensätze als konstanter Faktor ermittelt werden.

7.1 Umfang eines Kreises

243 **Einstieg:**

Man kann z. B. mit einem Faden den Umfang messen. So stellt man fest, dass der Umfang etwa sechsmal so groß ist wie der Radius bzw. dreimal so groß wie der Durchmesser.

244 **2.** $120\,\text{cm} : 19{,}2\,\text{cm} = 6{,}25$ $\quad$ $250\,\text{cm} : 39{,}6\,\text{cm} \approx 6{,}31$

$140\,\text{cm} : 22{,}6\,\text{cm} \approx 6{,}19$ $\quad$ $270\,\text{cm} : 43\,\text{cm} \approx 6{,}28$

Die Fahrstrecke ist etwas länger als das Sechsfache des Kurvenradius.

3. **a)** $u \approx 12{,}57\,\text{m}$ **c)** $u \approx 4{,}08\,\text{m}$ **e)** $u \approx 37{,}7\,\text{mm}$

b) $u \approx 106{,}8\,\text{cm}$ **d)** $u \approx 15{,}71\,\text{m}$ **f)** $u \approx 5{,}341\,\text{km}$

4. **a)** $u \approx 37{,}7\,\text{cm}$ **b)** $u \approx 141{,}4\,\text{cm}$ **c)** $u \approx 185{,}4\,\text{cm}$ **d)** $u \approx 226{,}2\,\text{mm}$

245 **5.** **a)** $d \approx 54{,}1\,\text{cm}$

b) Man muss für jeden Jahresring 4 mm rechnen, 2 mm auf beiden Seiten. Die Buche ist ungefähr 135 Jahre alt.

6. **a)** $d \approx 8{,}6\,\text{cm}$, $r \approx 4{,}3\,\text{cm}$ **c)** $d \approx 257{,}8\,\text{mm}$, $r \approx 128{,}9\,\text{mm}$ **e)** $d \approx 3{,}18\,\text{m}$, $r \approx 1{,}59\,\text{m}$

b) $d \approx 0{,}38\,\text{m}$, $r \approx 0{,}19\,\text{m}$ **d)** $d \approx 3{,}92\,\text{m}$, $r \approx 1{,}96\,\text{m}$

7. **a)** Das Mountainbike ist ungefähr 102 m weit gerollt.

b) Die Räder des Citybikes drehen sich auf der gleichen Strecke ungefähr 46-mal.

8. $u = 2\,\pi \cdot 2{,}80\,\text{m} \approx 17{,}59\,\text{m}$; $500\,\text{m} : 2\,\pi \cdot 2{,}80\,\text{m} \approx 28{,}42$

Das Rad muss sich ungefähr $28\frac{1}{2}$-mal drehen.

9. *Zum Beispiel:* Wie lange dauert es, bis das Riesenrad sich einmal gedreht hat?
Rechnung: $u = \pi \cdot 135\,\text{m} \approx 424{,}12\,\text{m}$; $u : 0{,}26 \approx 1\,631{,}23$
Antwort: Das Rad benötigt gut 1 631 Sekunden für eine Umdrehung, also etwa $27\frac{1}{5}$ Minuten.

245 10. Länge der Umlaufbahn: 42 240 km
Radius der Umlaufbahn: 6 723 km
Der Satellit fliegt in einer Höhe von ungefähr 345 km über der Erde.

11. 41 330 km; 27 554 pro Stunde

12. a) $942\,477\,796\,\text{km} \approx 942\,500\,000\,\text{km}$
$[2\,582\,131\,\text{km} \approx 2\,582\,000\,\text{km};\ 29{,}886\,\text{km} \approx 30\,\text{km}]$
b) $29{,}886\,\frac{\text{km}}{\text{s}} \approx 107{,}6\,\frac{\text{km}}{\text{h}} \approx 108\,\frac{\text{km}}{\text{h}}$

13. a) Radius Taille: $80\,\text{cm} : 2 : \pi \approx 12{,}7\,\text{cm}$
Radius Gürtel: $180\,\text{cm} : 2 : \pi \approx 28{,}6\,\text{cm}$
Differenz: $28{,}6\,\text{cm} - 12{,}7\,\text{cm} \approx 15{,}9\,\text{cm}$
Da der Gürtel auch zugemacht werden muss, steht er 5 cm bis 10 cm über, d. h. der Radius ist dann gut 27 cm. Der Gürtel steht immer noch etwa 15 cm ab.
b) Radius der Erde: $40\,000\,\text{km} : \pi : 2 \approx 6\,366{,}197724\,\text{km} = 6\,366\,197{,}724\,\text{m}$
Radius des Seil-Kreises: $40\,000\,001\,\text{m} : \pi : 2 \approx 6\,366\,197{,}883\,\text{m}$
Differenz: $6\,366\,197{,}883\,\text{m} - 6\,366\,197{,}724\,\text{m} = 0{,}159\,\text{m}$
Zwischen Erde und Seil ist etwa 16 cm „Luft“.
c) Der Abstand ist gleich der Differenz der Umfänge geteilt durch $2\,\pi$, ist also proportional zur Differenz der Abstände. Der Proportionalitätsfaktor ist $\frac{1}{2\pi}$.

7.2 Flächeninhalt eines Kreises

246 **Einstieg:**
Man erhält den Zusammenhang $A \approx 3\,r^2$.

247 2. a) $A = \left(\frac{2\,\text{cm}}{2}\right)^2 \cdot \pi = \pi\,\text{cm}^2 \approx 3{,}14\,\text{cm}^2$
b) Da der Radius gleich dem halben Durchmesser ist, gilt:
$$A = \pi r^2 = \pi \cdot \left(\frac{d}{2}\right)^2 = \pi \cdot \frac{d^2}{4} = \frac{\pi}{4} d^2$$

3. a) $A = \pi \cdot (5{,}3\,\text{cm})^2 - \pi \cdot (2{,}8\,\text{cm})^2 \approx 63{,}6\,\text{cm}^2$
b) $A = \pi r_2^2 - \pi r_1^2 = \pi\left(r_2^2 - r_1^2\right)$

248 4. a) $78{,}54\,\text{cm}^2$
b) $5{,}31\,\text{m}^2$
c) $63{,}62\,\text{cm}^2$
d) $1{,}65\,\text{m}^2$
e) $10{,}75\,\text{km}^2$

5. $15\,393{,}80\,km^2 \approx 15\,400\,km^2$

6. $A \approx 1{,}54\,m^2$

248 7. a) $A \approx 1{,}13\,m^2$ b) $r = 0{,}8\,m$; $A \approx 2{,}01\,m^2$

8. Die beiden kleinen Pizzen sind zusammen ungefähr $454\,cm^2$ groß, die große Pizza ist ungefähr $491\,cm^2$ groß.

9. a) $A \approx 25{,}78\,m^2$ c) $A \approx 91{,}99\,km^2$ e) $A \approx 0{,}08\,km^2$
b) $A \approx 19{,}37\,cm^2$ d) $A \approx 0{,}08\,cm^2$

10. $A \approx 804{,}25\,m^2$, 10 kg Rasenkalk reichen für $100\,m^2$, 12 kg also für $120\,m^2$.
$804{,}25\,m^2 : 120\,m^2 = 6{,}7$
7 Packungen reichen. Sie kosten 17,92 €.

11. a) Auf das Vierfache. b) Auf das Neunfache. c) Auf das 25-fache.

12. $A_{Blech} = 256\,cm^2$
$A_{Kreise} \approx 4 \cdot 45{,}36\,cm^2 \approx 181{,}46\,cm^2$
$A_{Abfall} \approx 74{,}54\,cm^2$

13. Es entsteht 21,46 % Verschnitt.

14. a) $1{,}13\,mm^2$ [$10{,}18\,mm^2$; $0{,}28\,mm^2$]
b) Der Widerstand beträgt den 9ten Teil bzw. das Vierfache.
c) $1{,}54\,mm^2$ [$11{,}34\,mm^2$; $0{,}50\,mm^2$]

15.

Pizza	Junior	Classic	Maxi	Family
Flächeninhalt	$314\,cm^2$ $3{,}14\,dm^2$	$616\,cm^2$ $6{,}16\,dm^2$	$1134\,cm^2$ $11{,}34\,dm^2$	$2000\,cm^2$ $20\,dm^2$
Preis	4,30 €	5,90 €	10,50 €	16,90 €
Preis pro dm^2	1,37 €	0,96 €	0,93 €	0,85 €

Die rechteckige Family-Pizza ist am günstigsten.

249 16. a) $A \approx 58{,}90\,cm^2$ b) $A \approx 5{,}69\,cm^2$ c) $A \approx 235{,}62\,cm^2$

17. $1\,591\,m^2$

18. a) $r_{Teich} = 22\,m : 2 : \pi - 0{,}5\,m \approx 3{,}0\,m$; $A \approx 28{,}27\,m^2$
b) $r_1 \approx 3{,}5\,m$; $r_2 \approx 5{,}5\,m$; $A \approx 56{,}55\,m^2$

19. a) $d = 62{,}2\,cm + 2 \cdot 3{,}7\,cm = 69{,}6\,cm$; $u \approx 218{,}65\,cm$

b) $d = 62{,}2\,cm + 2 \cdot 4{,}7\,cm = 71{,}6\,cm$; $u \approx 224{,}93\,cm$; $224{,}93\,cm : 218{,}65\,cm \approx 1{,}0287$
Der Umfang ist um etwa 2,9 % größer.

249

20. a) In den beiden Kurven läuft der Läufer auf Bahn 1 auf zwei halbkreisförmigen Kreislinien mit dem Radius $r_1 = 36{,}80\,m + 30\,cm = 37{,}10\,m$.
Die beiden Halbkreislinien sind $u_1 = 2 \cdot \pi \cdot r_1 \approx 233{,}11\,m$ lang.
Die beiden geraden Teilstücke der Bahn sind zusammen ungefähr 166,89 m lang. Die Zielgerade ist also ungefähr 83,45 m lang.

b) $u = 2 \cdot \pi \cdot 36{,}80\,m + 166{,}89\,m \approx 398{,}11\,m$

c) Der Radius der beiden Halbkreislinien für den Läufer auf Bahn 2 beträgt:
$r_2 = r_1 + 1{,}22\,m = 38{,}32\,m$
Die Länge der beiden Halbkreislinien auf Bahn 2 beträgt:
$u_2 = 2 \cdot \pi \cdot r_2 \approx 240{,}77\,m$
Dazu kommt die Länge der beiden geraden Laufbahnen;
$240{,}77\,m + 166{,}89\,m = 407{,}66\,m$.
Der Läufer auf Bahn 2 muss einen Vorsprung von 7,66 m haben.

21. Der Teig ist ungefähr 707 cm^2 groß, ein Plätzchen ungefähr 15,9 cm^2.
Rebecca erhält ungefähr 44 Plätzchen.
Falls der Teig unterschiedlich dick gewalzt wird, kann die Anzahl der Plätzchen stark abweichen.

250

22. a) $u \approx 15{,}4\,m$; Kosten für 77 Pflanzen: 219,45 €

b) $A \approx 18{,}86\,m^2$; Kosten für 151 Pflanzen: 1 094,75 €

c) $A \approx 23\,m^2$; Preis ohne MwSt. 598 €; Preis einschließlich MwSt. 711,62 €

23. a) $2 \cdot 0{,}65 \cdot 175\,mm + 14 \cdot 25{,}4\,mm = 583{,}1\,mm \approx 583\,mm$

b) $u_1 = \pi \cdot 583{,}1\,mm \approx 1\,831{,}9\,mm \approx 1{,}83\,m$

c) Ungefähr 546 Umdrehungen

d) 81 900 Umdrehungen pro Stunde; 1 365 Umdrehungen pro Minute; knapp 23 Umdrehungen pro Sekunde

e) $u_2 = \pi \cdot 571{,}1\,mm \approx 1\,794{,}2\,mm \approx 1{,}79\,m$; $1\,794{,}2\,mm : 1\,831{,}9\,mm \approx 0{,}9794$
Der Reifenumfang ist um etwa 2 % geringer, also ist auch die Geschwindigkeit etwa um 2 % geringer als angezeigt.

24. a) Die grüne Fläche des Halbkreises um M ist genauso groß wie die weiße Fläche des Halbkreises um N. Verschiebt man den Halbkreis um M auf den Halbkreis um N, so ist das Rechteck mit den Seitenlängen 6 cm und 12 cm gefärbt, das ist genau die Hälfte der gesamten Quadratfläche, also:

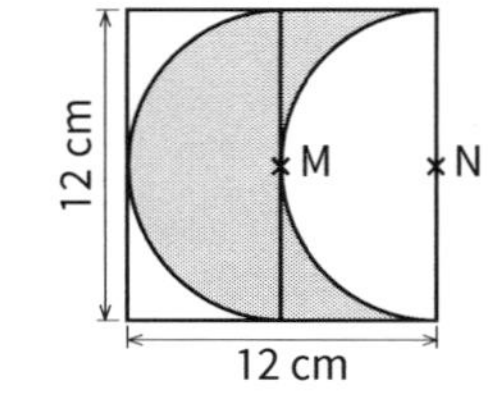

$A = \frac{1}{2} \cdot 12\,cm \cdot 12\,cm = 6\,cm \cdot 12\,cm = 72\,m^2$
$u = 2 \cdot \pi \cdot 6\,cm + 2 \cdot 6\,cm \approx 49{,}7\,cm$

250

24. b) Die grüne Fläche des Halbkreises um M ist genauso groß wie die weiße Fläche des Halbkreises um N. Dreht man den Halbkreis um M auf den Halbkreis um N, so ist der Halbkreis mit dem Durchmesser 12 cm (Radius 6 cm) gefärbt.

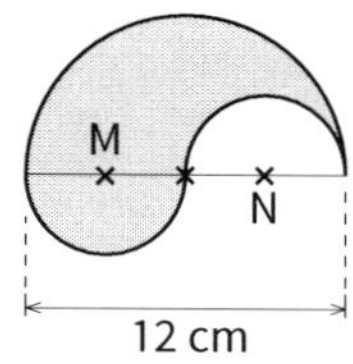

$A = \frac{1}{2}\pi \cdot (6\,cm)^2 \approx 56{,}55\,cm^2$

$u = \pi \cdot 6\,cm + 2 \cdot \pi \cdot 6\,cm \approx 37{,}7\,cm$

c) Die beiden grün gefärbten Teile sind genauso groß wie die beiden weißen Flächen bei C und D im Rechteck ABCD.

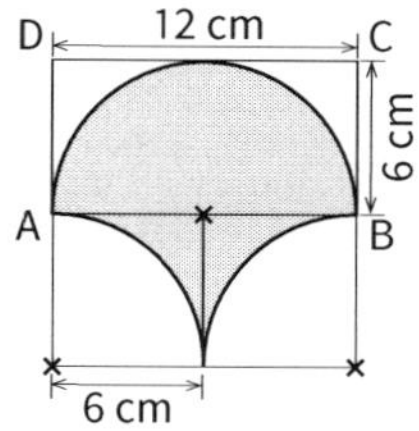

$A = 6\,cm \cdot 12\,cm = 72\,cm^2$

$u = \frac{1}{2} \cdot 2 \cdot \pi \cdot 6\,cm + 2 \cdot \frac{1}{4} \cdot 2 \cdot \pi \cdot 6\,cm \approx 37{,}7\,cm$

d) Man erhält den Flächeninhalt der grünen Fläche, wenn man von dem Flächeninhalt der beiden Halbkreise mit dem Radius 4 cm um M bzw. um N den Flächeninhalt der kleineren Halbkreise mit dem Radius 2 cm um O bzw. um P subtrahiert.

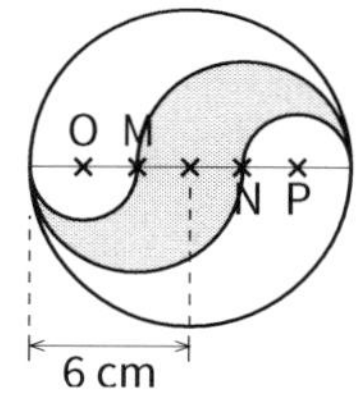

$A = 2 \cdot \frac{1}{2} \cdot \pi \cdot (4\,cm)^2 - 2 \cdot \frac{1}{2} \cdot \pi \cdot (2\,cm)^2 \approx 37{,}70\,cm^2$

$u = 2 \cdot \frac{1}{2} \cdot 2 \cdot \pi \cdot 4\,cm + 2 \cdot \frac{1}{2} \cdot 2 \cdot \pi \cdot 2\,cm \approx 37{,}7\,cm$

25. a) **(1)** Von dem Flächeninhalt des Halbkreises mit dem Radius 24 cm wird der Flächeninhalt der beiden kleinen Halbkreise mit dem Radius 12 cm subtrahiert.

$A = \frac{1}{2} \cdot \pi \cdot (24\,cm)^2 - 2 \cdot \frac{1}{2} \cdot \pi \cdot (12\,cm)^2 = \frac{1}{2} \cdot \pi \cdot (24\,cm)^2 - \pi \cdot (12\,cm)^2$
$\approx 452{,}39\,cm^2$

$u = \frac{1}{2} \cdot 2 \cdot \pi \cdot 24\,cm + 2 \cdot \frac{1}{2} \cdot 2 \cdot \pi \cdot 12\,cm = \pi \cdot 24\,cm + 2 \cdot \pi \cdot 12\,cm \approx 150{,}8\,cm$

(2) Von dem Flächeninhalt des Halbkreises mit dem Radius 24 cm wird der Flächeninhalt der vier kleinen Halbkreise mit dem Radius 6 cm subtrahiert.

$A = \frac{1}{2} \cdot \pi \cdot (24\,cm)^2 - 4 \cdot \frac{1}{2} \cdot \pi \cdot (6\,cm)^2 = \frac{1}{2} \cdot \pi \cdot (24\,cm)^2 - 2 \cdot \pi \cdot (6\,cm)^2$
$\approx 678{,}58\,cm^2$

$u = \frac{1}{2} \cdot 2 \cdot \pi \cdot 24\,cm + 4 \cdot \frac{1}{2} \cdot 2 \cdot \pi \cdot 6\,cm = \pi \cdot 24\,cm + 4 \cdot \pi \cdot 6\,cm \approx 150{,}8\,cm$

(3) Von dem Flächeninhalt des Halbkreises mit dem Radius 24 cm wird der Flächeninhalt der acht kleinen Halbkreise mit dem Radius 3 cm subtrahiert.

$A = \frac{1}{2} \cdot \pi \cdot (24\,cm)^2 - 8 \cdot \frac{1}{2} \cdot \pi \cdot (3\,cm)^2 = \frac{1}{2} \cdot \pi \cdot (24\,cm)^2 - 4 \cdot \pi \cdot (3\,cm)^2$
$\approx 791{,}68\,cm^2$

$u = \frac{1}{2} \cdot 2 \cdot \pi \cdot 24\,cm + 8 \cdot \frac{1}{2} \cdot 2 \cdot \pi \cdot 3\,cm = \pi \cdot 24\,cm + 8 \cdot \pi \cdot 3\,cm \approx 150{,}8\,cm$

250 25. b) Bei jedem Schritt werden vom Flächeninhalt des großen Halbkreises immer doppelt so viele Halbkreise mit einem halb so großen Radius abgezogen. Der Flächeninhalt eines kleinen Halbkreises ist aber nur ein Viertel des Flächeninhalts eines kleinen Halbkreises im Schritt davor. Der Flächeninhalt der kleinen Halbkreise wird also von Schritt zu Schritt halbiert, wird also immer kleiner.

Vom Flächeninhalt des großen Halbkreises wird also immer weniger subtrahiert. Der Flächeninhalt nähert sich also immer mehr dem Flächeninhalt des Halbkreises:

$A = \frac{1}{2} \cdot \pi \cdot (24\,\text{cm})^2 \approx 904{,}78\,\text{cm}^2$

Der Umfang ändert sich nicht: $u = 2 \cdot \pi \cdot 24\,\text{cm} \approx 150{,}8\,\text{cm}$

7.3 Kreisausschnitt und Kreisbogen

251 **Einstieg:**

a) Oberes Ende: $2 \cdot \pi \cdot 60\,\text{cm} \cdot \frac{170°}{360°} \approx 178{,}0\,\text{cm}$

Unteres Ende: $2 \cdot \pi \cdot 10\,\text{cm} \cdot \frac{170°}{360°} \approx 29{,}7\,\text{cm}$

b) $A = \pi \cdot (60\,\text{cm})^2 \cdot \frac{170°}{360°} - \pi \cdot (10\,\text{cm})^2 \cdot \frac{170°}{360°}$

$\approx 5\,340{,}71\,\text{cm}^2 - 148{,}35\,\text{cm}^2 = 5\,192{,}36\,\text{cm}^2 \approx 52\,\text{dm}^2$

253 2. a) $A = 8{,}1\,\text{cm}^2$

b) Der Flächeninhalt des Kreisausschnitts ist genauso groß wie der Flächeninhalt eines Dreiecks mit der Grundseite k und der Höhe h.

3. a) $A \approx 6{,}70\,\text{cm}^2$; $b \approx 1{,}68\,\text{m}$
b) $A \approx 61{,}81\,\text{m}^2$; $b \approx 25{,}2\,\text{m}$
c) $A \approx 12{,}15\,\text{dm}^2$; $b \approx 7{,}6\,\text{dm}$

4. –

5. Druckfehler in der 1. Auflage: In der 2. Zeile fehlt das α. Man kann auch die Formel $A = \frac{1}{2} b \cdot r$ aus Aufgabe 2 verwenden.

	a)	b)	c)	d)	e)	f)	g)
r	5 cm	86 mm	6 cm	9 m	6 cm	12 cm	20 cm
α	35°	249°	203,7°	79,6°	143,2°	119,4°	149°
A_a	7,64 cm²	16 071,03 mm²	64 cm²	56,25 m²	45 cm²	150 cm²	520 cm²
b_a	3,1 cm	374 mm	21,3 m	12,5 m	15 cm	25 cm	52 cm

Anmerkung: Unterschiedliches Runden und Reihenfolge der Berechnungen können leicht abweichende Ergebnisse ergeben.

6. Ja, denn $u = 2r\pi > r$ und für b gilt: $0 < b \leq u$

Durch Probieren findet man $\alpha \approx 57°$; genauer $\alpha \approx 57{,}3°$.

253 7. a) Mittelpunktswinkel → Kreisradius: $r = \frac{180 \cdot 10}{\pi} \cdot \frac{1}{\alpha}$

$r = 572{,}96 \cdot \frac{1}{\alpha}$; $0 < \alpha \leq 360°$

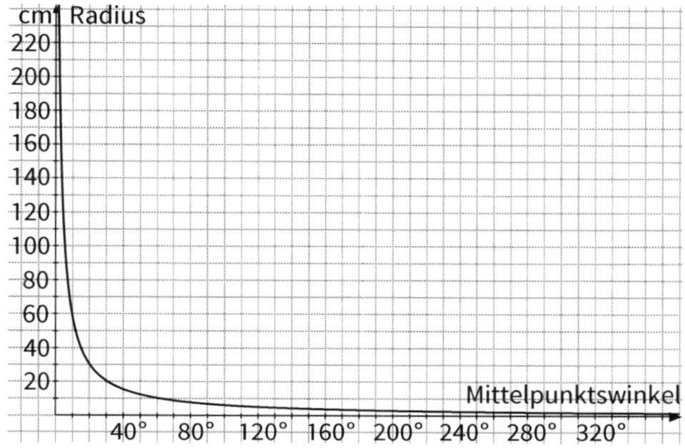

b) Es liegt eine antiproportionale Zuordnung vor.
Die Gesamtgröße ist $\frac{3\,600}{2\pi} = \frac{1\,800}{\pi} \approx 573$.

Im Blickpunkt: Die Zahl π in der Geschichte der Menschheit

254 1. Durchmesser: 10 Ellen
Umfang: 30 Ellen
Näherungswert für π: $\frac{u}{d} = 3$

2. $600\,000 \cdot 7\,500\,\text{km} = 4\,500\,000\,000\,\text{km} = 4\,500\,000\,000\,000\,000\,\text{mm}$
Wir wissen, dass der berechnete Wert von Al-Kasi für 2 π für alle angegebenen Stellen richtig ist: 6,2831853071795865
Der Fehler (an der nächsten Nachkommastelle) zu dem richtigen Wert von π kann höchstens 0,00000000000000005 betragen. Für den Umfang des Universums, wie Al-Kasi ihn berechnete, erhält man also höchstens folgende Fehler:
$4\,500\,000\,000\,000\,000\,\text{mm} \cdot 0{,}00000000000000005$
Durch Kommaverschiebung um 15 Stellen nach links beim 1. Faktor und nach rechts beim 2. Faktor erhält man:
$4{,}5\,\text{mm} \cdot 0{,}05 = 0{,}225\,\text{mm}$
Das ist nur etwa die Hälfte der Dicke eines Pferdehaares.

254

3. Die Berechnungen können gut mit einer Tabellenkalkulation durchgeführt werden.

1. Schritt: $\frac{\pi}{4} = \frac{1}{1} =$ 1,000; also $\pi \approx 4{,}000$
2. Schritt: $\frac{\pi}{4} = \frac{1}{1} - \frac{1}{3} \approx$ 0,333; also $\pi \approx 2{,}667$
3. Schritt: $\frac{\pi}{4} = \frac{1}{1} - \frac{1}{3} + \frac{1}{5} \approx$ 0,200; also $\pi \approx 3{,}467$
4. Schritt: $\frac{\pi}{4} = \frac{1}{1} - \ldots - \frac{1}{7} \approx$ 0,143; also $\pi \approx 2{,}895$
5. Schritt: $\frac{\pi}{4} = \frac{1}{1} - \ldots + \frac{1}{9} \approx$ 0,111; also $\pi \approx 3{,}340$
6. Schritt: $\frac{\pi}{4} = \frac{1}{1} - \ldots - \frac{1}{11} \approx$ 0,091; also $\pi \approx 2{,}976$
7. Schritt: $\frac{\pi}{4} = \frac{1}{1} - \ldots + \frac{1}{13} \approx$ 0,077; also $\pi \approx 3{,}284$
8. Schritt: $\frac{\pi}{4} = \frac{1}{1} - \ldots - \frac{1}{15} \approx$ 0,067; also $\pi \approx 3{,}017$
9. Schritt: $\frac{\pi}{4} = \frac{1}{1} - \ldots + \frac{1}{17} \approx$ 0,059; also $\pi \approx 3{,}252$
10. Schritt: $\frac{\pi}{4} = \frac{1}{1} - \ldots - \frac{1}{19} \approx$ 0,053; also $\pi \approx 3{,}042$
11. Schritt: $\frac{\pi}{4} = \frac{1}{1} - \ldots + \frac{1}{21} \approx$ 0,048; also $\pi \approx 3{,}232$
12. Schritt: $\frac{\pi}{4} = \frac{1}{1} - \ldots - \frac{1}{23} \approx$ 0,043; also $\pi \approx 3{,}058$
13. Schritt: $\frac{\pi}{4} = \frac{1}{1} - \ldots + \frac{1}{25} \approx$ 0,040; also $\pi \approx 3{,}218$
14. Schritt: $\frac{\pi}{4} = \frac{1}{1} - \ldots - \frac{1}{27} \approx$ 0,037; also $\pi \approx 3{,}070$
15. Schritt: $\frac{\pi}{4} = \frac{1}{1} - \ldots + \frac{1}{29} \approx$ 0,034; also $\pi \approx 3{,}208$
16. Schritt: $\frac{\pi}{4} = \frac{1}{1} - \ldots - \frac{1}{31} \approx$ 0,032; also $\pi \approx 3{,}079$
17. Schritt: $\frac{\pi}{4} = \frac{1}{1} - \ldots + \frac{1}{33} \approx$ 0,030; also $\pi \approx 3{,}200$
18. Schritt: $\frac{\pi}{4} = \frac{1}{1} - \ldots - \frac{1}{35} \approx$ 0,029; also $\pi \approx 3{,}086$
19. Schritt: $\frac{\pi}{4} = \frac{1}{1} - \ldots + \frac{1}{37} \approx$ 0,027; also $\pi \approx 3{,}194$
20. Schritt: $\frac{\pi}{4} = \frac{1}{1} - \ldots - \frac{1}{39} \approx$ 0,026; also $\pi \approx 3{,}092$
21. Schritt: $\frac{\pi}{4} = \frac{1}{1} - \ldots + \frac{1}{41} \approx$ 0,024; also $\pi \approx 3{,}189$
22. Schritt: $\frac{\pi}{4} = \frac{1}{1} - \ldots - \frac{1}{43} \approx$ 0,023; also $\pi \approx 3{,}096$
23. Schritt: $\frac{\pi}{4} = \frac{1}{1} - \ldots + \frac{1}{45} \approx$ 0,022; also $\pi \approx 3{,}185$
24. Schritt: $\frac{\pi}{4} = \frac{1}{1} - \ldots - \frac{1}{47} \approx$ 0,021; also $\pi \approx 3{,}100$
25. Schritt: $\frac{\pi}{4} = \frac{1}{1} - \ldots + \frac{1}{49} \approx$ 0,020; also $\pi \approx 3{,}182$
26. Schritt: $\frac{\pi}{4} = \frac{1}{1} - \ldots - \frac{1}{51} \approx$ 0,020; also $\pi \approx 3{,}103$
27. Schritt: $\frac{\pi}{4} = \frac{1}{1} - \ldots + \frac{1}{53} \approx$ 0,019; also $\pi \approx 3{,}179$
28. Schritt: $\frac{\pi}{4} = \frac{1}{1} - \ldots - \frac{1}{55} \approx$ 0,018; also $\pi \approx 3{,}106$
29. Schritt: $\frac{\pi}{4} = \frac{1}{1} - \ldots + \frac{1}{57} \approx$ 0,018; also $\pi \approx 3{,}176$
30. Schritt: $\frac{\pi}{4} = \frac{1}{1} - \ldots - \frac{1}{59} \approx$ 0,017; also $\pi \approx 3{,}108$

Nach dem 23. Schritt ändert sich die erste Ziffer nach dem Komma nicht mehr.